TURING 图灵原创

推荐系统实践

项亮 编著　　陈义 王益 审校

人民邮电出版社
北　京

图书在版编目（CIP）数据

推荐系统实践 / 项亮编著. -- 北京 : 人民邮电出版社, 2012.6（2023.12重印）
（图灵原创）
ISBN 978-7-115-28158-6

Ⅰ. ①推… Ⅱ. ①项… Ⅲ. ①计算机网络 Ⅳ. ①TP393

中国版本图书馆CIP数据核字(2012)第095118号

内 容 提 要

本书通过大量代码和图表全面系统地阐述了和推荐系统有关的理论基础，介绍了评价推荐系统优劣的各种标准（比如覆盖率、满意度）和方法（比如AB测试），总结了当今互联网领域中各种和推荐有关的产品和服务。另外，本书为有兴趣开发推荐系统的读者给出了设计和实现推荐系统的方法与技巧，并解答了在真实场景中应用推荐技术时最常遇到的一些问题。

本书适合对推荐技术感兴趣的读者学习参考。

◆ 编著　项 亮
审校　陈 义 王 益
责任编辑　毛倩倩
◆ 人民邮电出版社出版发行　北京市丰台区成寿寺路11号
邮编　100164　电子邮件　315@ptpress.com.cn
网址　http://www.ptpress.com.cn
北京九州迅驰传媒文化有限公司印刷
◆ 开本：800×1000　1/16
印张：13.5　2012年6月第1版
字数：319千字　2023年12月北京第50次印刷

定价：69.80元

读者服务热线：(010)84084456-6009　印装质量热线：(010)81055316

反盗版热线：(010)81055315

广告经营许可证：京东市监广登字 20170147 号

序　一

推荐在今天互联网的产品和应用中被广泛采用，包括今天大家经常使用的相关搜索、话题推荐、电子商务的各种产品推荐、社交网络上的交友推荐等。但是，至今还没有一本书从理论上对它进行系统地分析和论述。《推荐系统实践》这本书恰恰弥补了这个空白。

该书总结了当今互联网主要领域、主要公司、各种和推荐有关的产品和服务，包括：

- 亚马逊的个性化产品推荐；
- Netflix的视频和DVD推荐；
- Pandora的音乐推荐；
- Facebook的好友推荐；
- Google Reader的个性化阅读；
- 各种个性化广告。

书的名称虽然是《推荐系统实践》，但作者也阐述了和推荐系统有关的理论基础和评价推荐系统优劣的各种标准与方法，比如覆盖率、满意度、AB测试等。由于这些评估很大程度上取决于对用户行为的分析，因此本书也介绍了用户行为分析方法，并且给出了计算机实现的算法。

本书对有兴趣自己开发推荐系统的读者给出了设计和实现推荐系统的方法与技巧，非常具有指导意义。

本书文笔流畅，可读性较高，是一部值得推荐给IT从业人员的优秀参考书。

——吴军

腾讯副总裁，《数学之美》和《浪潮之巅》作者

序　二

项亮的书写完了。开始写作这本书时，我的身份是作者，但交稿时，我变成了审稿人。这让我想起了多年前流传的一个“四大傻”的段子：炒房炒成房东，炒股炒成股东，……写书写成审稿人，我看也可以并肩成为一景。

去年五六月份，图灵公司的杨海玲老师通过朋友问我有没有兴趣参与写一本推荐系统方面的书，我欣然答应。近几年推荐技术在互联网领域的应用越来越广泛，但对相关技术做系统介绍的书却非常少，相关的外文书倒是见过两三本。但一方面，对国内读者来说语言障碍或多或少会是个问题，另一方面，这些书大多以研究人员为目标读者，并不完全适合推荐技术的普及。能参与填补这项空白，何乐而不为？书开写后的最初一两个月，我的确贡献过不到万把字的内容，但随着各种不足为外人道的事务纷至沓来，能花在写作上的时间越来越少，每次答应项亮要去填补内容，最后都不了了之，一直到项亮自己把这本书写完。我最初贡献的内容，也因为写作目标和本书整体风格的逐步调整没法添加进来了。这种情况下，我实在不好意思呆在作者列表里了，所以有机会写了这篇序。

提到项亮，就不能不提Netflix推荐算法竞赛，虽然项亮自己不见得喜欢把自己定格在过去时。这项赛事，非常罕见地召集了数以万计的技术人员共同解决同一个技术问题，并且把解决方案公布出来。这为这个领域的工程人员和研究人员不同创意的碰撞提供了条件，因而产生了很多有价值的新方法，使很多以前只被少数专家掌握的技术细节能够被更广泛地传播开来，使专家们解读数据的方法、解构算法模型的思路能够被巨细无遗地发表出来。项亮在Netflix竞赛中有非常出色的表现，书中总结了很多他在Netflix竞赛以及相关研究和工程工作中学到或悟到的分析数据与设计算法的思路。虽然我一直在追踪推荐技术的发展，在书中仍然能看到很多本不了解的方法，相信其他读者读过本书也不会失望。

在大家一起讨论的过程中，项亮经常提到另外一本非常流行的书，即《集体智慧编程》。项亮非常希望他写的书能像《集体智慧编程》那样简明实用，帮助那些对推荐技术或数据挖掘原理完全不了解的读者快速实现自己的推荐系统。出于这个目的，本书尽可能地用代码和图表与读者交流，尽可能地用直观的讨论代替数学公式，这对于大多数工程技术人员来说应该是更为喜闻乐见的形式。另一方面，可能是因为数据资源的限制，大多数学术论文都把推荐问题看做评分预测问题，而实际应用中最常见的是TopN推荐，虽然TopN推荐问题可以归约成评分问题，但并不是每种评分预测算法都能直接用来解决TopN推荐问题。本书大部分篇幅都在讨论TopN推荐问题，这样的安排对实际应用的实现应该帮助会更大一点。最后，本书比较系统地讨论了把推荐技术应用到真实应用场景时最常遇到的问题，希望可以帮助那些有机器学习经验的技术人员快速了解推荐技术。

最近一两年，国内大型互联网公司对个性化服务越来越重视，以个性化技术做支撑的创业公司也在不断涌现，个性化的浪潮方兴未艾，相信本书能帮助更多的技术人员投身于这一技术浪潮。能参与这本书的出版，我深感荣幸，虽然我的贡献，其实只有这篇序。

——陈义

豆瓣资深算法工程师

序　三

翻翻我的邮箱，可以看到2010年6月就有项亮组织大家讨论《推荐系统实践》一书目录结构的记录。实际上最初的讨论比这还早，而且从北京初夏难得一见的暴雨砸在咖啡馆的玻璃窗上开始，一直持续到了金秋时节。讨论的焦点在于为什么要写一本关于推荐系统的书、从什么角度写以及写给谁看。

第一个问题相对好回答。推荐系统是目前互联网世界最常见的智能产品形式。从电子商务、音乐视频网站，到作为互联网经济支柱的在线广告和新颖的在线应用推荐，到处都有推荐系统的身影。这些网站和业务的开创者大都是年轻热情的工程师，或者有志于投身互联网行业的同学。虽然我们并非都有相关学术研究的背景，也并非都有在企业中积累的经验，但是大家都不乏学习的热情，而且充满着对研发成功推荐系统的期待。因此参与讨论的朋友都赞同从实践者的角度来写这本书，写给希望一起学习和实践的朋友们。讨论并不是空想。在此期间，项亮建立了一个wiki系统，样章一发布在上面，一些朋友就开始修改。经过将近一年的努力，我们看到了本书的初稿。

初识项亮是在2009年，当时项亮还是中国科学院的一名博士研究生，一方面积极参与Netflix和其他推荐系统比赛并取得了漂亮的成绩，一方面积极参与组织了recsys学术会议。作为一个有很多业界公司支持的学术交流活动，recsys在建立之初就吸引了很多同学和工程师。项亮毕业后进入Hulu公司，开始了工业级别推荐系统的开发工作，并一如既往地注意学习、总结和分享。我在recsys做了一次关于并行机器学习技术的报告后，项亮介绍我认识了本书的几位主要贡献者。随后不久，大家就开始酝酿本书的写作。项亮的经历在很大程度上决定了本书的写作目标：希望帮助在校学生了解推荐系统的业界起源和应用，把握研究方向；帮助工程师总结各类方法，迅速开发出一个推荐系统并持续优化之。

推荐系统是一个很大的话题。各种在线甚至部分离线应用中，都有各式各样目标不一的推荐系统，小到论文推荐，大到用户兴趣定向的在线广告系统。在学术圈，相关的研究成果亦可谓多矣。实际上，几周前大家还在讨论最新的机器学习方法可能给推荐系统带来的变化。可是，本书不论是写成一本学术专著，还是一部产品大全，都难免浩瀚空泛的尴尬，对大家难有帮助。因此，作者花费了大量精力在组织目录结构上，希望覆盖推荐系统的若干重要问题，同时让每个问题下既有实际产品介绍，也有技术思路介绍。为了保证可读性，本书重在常见方法和技术思路，而非全面介绍各种思想和最新研究成果。为了保证可操作性，重要的算法都配有 Python 语言的示例程序。

我想，这本实践者写给实践者的书，留下的是作者对“思考”和“学习”的辩证足迹。我希望本书的出版能带动更多的朋友一起把足迹走成大路，而大路的前方，是更多成功的互联网应用和完美的技术方法。

——王益

腾讯公司情境广告中心总监

前　言

说起本书，还要追溯到2010年3月份的ResysChina推荐系统大会。在那次会议上，我遇到了刘江老师。刘老师看过我之前写的一些推荐系统方面的博客，希望我能总结总结，写本简单的书。当时国内还没有推荐系统方面的书，而国外已经有这方面的专业书了，因此图灵公司很想出版一本介绍推荐系统的书。所以，去年7月博士毕业时，我感觉有时间可以总结一下这方面的工作了，于是准备开始写这本书。

写这本书的目的有下面几个。首先，从个人角度讲，虽然写博士论文时已经总结了读博期间在推荐系统方面的工作，但并没有全部涉及整个推荐系统的各个方面，因此我很希望通过写作这本书全面地阅读一下相关的文献，并在此基础上总结一下推荐系统各个方面的发展现状，供大家参考。其次，最近几年从事推荐系统研究的人越来越多，这些人中有些原来是工程师，对机器学习和数据挖掘不太了解，有些是在校学生，虽然对数据挖掘和机器学习有所了解，却对业界如何实现推荐系统不太清楚。因此，我希望能够通过本书让工程师了解推荐系统的相关算法，让学生了解如何将自己了解的算法实现到一个真实的工业系统中去。

一般认为，推荐系统这个研究领域源于协同过滤算法的提出。这么说来，推荐系统诞生快20年了。这期间，很多学者和公司对推荐系统的发展起到了重要的推动作用，各种各样的推荐算法也层出不穷。本书希望将这20年间诞生的典型方法进行总结。但由于方法太多，这些方法的归类有很多不同的方式。比如，可以按照数据分成协同过滤、内容过滤、社会化过滤，也可以按照算法分成基于邻域的算法、基于图的算法、基于矩阵分解或者概率模型的算法。为了方便读者入门，本书基本采用数据分类的方法，每一章都介绍了一种可以用于推荐系统设计的、新类型的用户数据，然后介绍如何通过各种方法利用该数据，最后在公开数据集上评测这些方法。当然，不是所有数据都有公开的数据集，并且不是所有算法都可以进行离线评测。因此，在遇到没有数据集或无法进行离线评测的问题时，本书引用了一些著名学者的实验结果来说明各种方法的效果。

为了使本书同时适合工程师和在校学生阅读，本书在写作中同时使用了两种介绍方法。一种是利用公式，这样方便有一些理论基础的同学很快明白算法的含义。另一种是利用代码，这样可以方便工程师迅速了解算法的含义。不过因为本人是学生出身，工程经验还不是特别足，所以有些代码写得不是那么完美，还请工程师们海涵。

本书一开始写的时候有3位作者，除了我之外还有豆瓣的陈义和腾讯的王益。他们两位都是这方面的前辈，在写作过程中提出了很多宝贵的意见。但因为二位工作实在太繁忙，所以本书主要由我操刀。但书中的很多论述融合了大家的思想和经验，是我们很多次讨论的结果。因此在这里感谢王益和陈义二位合作者，虽然二位没有动笔，但对这本书做出了很大的贡献。

其次，还要感谢吴军老师为本书作序。感谢谷文栋、稳国柱、张夏天各自审阅了书中部分内容，提出了很多宝贵的意见。感谢我在Hulu的同事郑华和李航，郑华给了我充分的时间完成这本书，对这本书能够按时出版功不可没，而李航审阅了书中的部分内容，提出了很多有价值的修改意见。

最后感谢我的父母和妻子，他们在我写作过程中给予了很大照顾，感谢他们的辛勤付出。

目　　录

第 1 章　好的推荐系统 1
1.1　什么是推荐系统 1
1.2　个性化推荐系统的应用 4
1.2.1　电子商务 4
1.2.2　电影和视频网站 8
1.2.3　个性化音乐网络电台 10
1.2.4　社交网络 12
1.2.5　个性化阅读 15
1.2.6　基于位置的服务 16
1.2.7　个性化邮件 17
1.2.8　个性化广告 18
1.3　推荐系统评测 19
1.3.1　推荐系统实验方法 20
1.3.2　评测指标 23
1.3.3　评测维度 34

第 2 章　利用用户行为数据 35
2.1　用户行为数据简介 36
2.2　用户行为分析 39
2.2.1　用户活跃度和物品流行度的分布 39
2.2.2　用户活跃度和物品流行度的关系 41
2.3　实验设计和算法评测 41
2.3.1　数据集 42
2.3.2　实验设计 42
2.3.3　评测指标 42
2.4　基于邻域的算法 44
2.4.1　基于用户的协同过滤算法 44
2.4.2　基于物品的协同过滤算法 51
2.4.3　UserCF 和 ItemCF 的综合比较 59
2.5　隐语义模型 64
2.5.1　基础算法 64
2.5.2　基于 LFM 的实际系统的例子 70
2.5.3　LFM 和基于邻域的方法的比较 72
2.6　基于图的模型 73
2.6.1　用户行为数据的二分图表示 73
2.6.2　基于图的推荐算法 73

第 3 章　推荐系统冷启动问题 78
3.1　冷启动问题简介 78
3.2　利用用户注册信息 79
3.3　选择合适的物品启动用户的兴趣 85
3.4　利用物品的内容信息 89
3.5　发挥专家的作用 94

第 4 章　利用用户标签数据 96
4.1　UGC 标签系统的代表应用 97
4.1.1　Delicious 97
4.1.2　CiteULike 98
4.1.3　Last.fm 98
4.1.4　豆瓣 99
4.1.5　Hulu 99
4.2　标签系统中的推荐问题 100
4.2.1　用户为什么进行标注 100
4.2.2　用户如何打标签 101
4.2.3　用户打什么样的标签 102
4.3　基于标签的推荐系统 103
4.3.1　实验设置 104
4.3.2　一个最简单的算法 105
4.3.3　算法的改进 107
4.3.4　基于图的推荐算法 110
4.3.5　基于标签的推荐解释 112
4.4　给用户推荐标签 115
4.4.1　为什么要给用户推荐标签 115

4.4.2 如何给用户推荐标签 ········ 115
4.4.3 实验设置 ········ 116
4.4.4 基于图的标签推荐算法 ········ 119
4.5 扩展阅读 ········ 119

第5章 利用上下文信息 ········ 121
5.1 时间上下文信息 ········ 122
5.1.1 时间效应简介 ········ 122
5.1.2 时间效应举例 ········ 123
5.1.3 系统时间特性的分析 ········ 125
5.1.4 推荐系统的实时性 ········ 127
5.1.5 推荐算法的时间多样性 ········ 128
5.1.6 时间上下文推荐算法 ········ 130
5.1.7 时间段图模型 ········ 134
5.1.8 离线实验 ········ 136
5.2 地点上下文信息 ········ 139
5.3 扩展阅读 ········ 143

第6章 利用社交网络数据 ········ 144
6.1 获取社交网络数据的途径 ········ 144
6.1.1 电子邮件 ········ 145
6.1.2 用户注册信息 ········ 146
6.1.3 用户的位置数据 ········ 146
6.1.4 论坛和讨论组 ········ 146
6.1.5 即时聊天工具 ········ 147
6.1.6 社交网站 ········ 147
6.2 社交网络数据简介 ········ 148
社交网络数据中的长尾分布 ········ 149
6.3 基于社交网络的推荐 ········ 150
6.3.1 基于邻域的社会化推荐算法 ········ 151
6.3.2 基于图的社会化推荐算法 ········ 152
6.3.3 实际系统中的社会化推荐算法 ········ 153
6.3.4 社会化推荐系统和协同过滤推荐系统 ········ 155
6.3.5 信息流推荐 ········ 156
6.4 给用户推荐好友 ········ 159
6.4.1 基于内容的匹配 ········ 161
6.4.2 基于共同兴趣的好友推荐 ········ 161
6.4.3 基于社交网络图的好友推荐 ········ 161
6.4.4 基于用户调查的好友推荐算法对比 ········ 164
6.5 扩展阅读 ········ 165

第7章 推荐系统实例 ········ 166
7.1 外围架构 ········ 166
7.2 推荐系统架构 ········ 167
7.3 推荐引擎的架构 ········ 171
7.3.1 生成用户特征向量 ········ 172
7.3.2 特征-物品相关推荐 ········ 173
7.3.3 过滤模块 ········ 174
7.3.4 排名模块 ········ 174
7.4 扩展阅读 ········ 178

第8章 评分预测问题 ········ 179
8.1 离线实验方法 ········ 180
8.2 评分预测算法 ········ 180
8.2.1 平均值 ········ 180
8.2.2 基于邻域的方法 ········ 184
8.2.3 隐语义模型与矩阵分解模型 ········ 186
8.2.4 加入时间信息 ········ 192
8.2.5 模型融合 ········ 193
8.2.6 Netflix Prize的相关实验结果 ········ 195

后记 ········ 196

图表目录

图 1-1　推荐系统的基本任务是联系用户和物品，解决信息过载的问题……2
图 1-2　推荐系统常用的 3 种联系用户和物品的方式……3
图 1-3　亚马逊的个性化推荐列表……4
图 1-4　单击 Fix this recommendation 按钮后打开的页面……5
图 1-5　基于 Facebook 好友的个性化推荐列表……6
图 1-6　相关推荐列表，购买过这个商品的用户经常购买的其他商品……6
图 1-7　相关推荐列表，浏览过这个商品的用户经常购买的其他商品……7
图 1-8　亚马逊的打包销售界面……7
图 1-9　Netflix 的电影推荐系统用户界面……8
图 1-10　视频网站 Hulu 的个性化推荐界面……9
图 1-11　Pandora 个性化网络电台的用户界面……10
图 1-12　Last.fm 个性化网络电台的用户界面……11
图 1-13　豆瓣个性化网络电台的用户界面……11
图 1-14　Clicker 利用好友的行为给用户推荐电视剧……13
图 1-15　用户在 Facebook 的信息流……14
图 1-16　不同社交网站中好友推荐系统的界面……14
图 1-17　Google Reader 社会化阅读……15
图 1-18　Zite 个性化阅读界面……16
图 1-19　FourSquare 的探索功能界面……17
图 1-20　Gmail 的优先级邮箱……18
图 1-21　Facebook 让广告商选择定向投放的目标用户……19
图 1-22　推荐系统的参与者……19
图 1-23　AB 测试系统……22
图 1-24　Hulu 让用户直接对推荐结果进行反馈，以便度量用户满意度……24
图 1-25　豆瓣网络电台通过红心和垃圾箱的反馈来度量用户满意度……24
图 1-26　不同网站收集用户评分的界面……25
图 1-27　Epinion 的信任系统界面……31
图 2-1　当当网在用户浏览《数据挖掘导论》时给用户推荐“购买本商品的顾客还买过”的书……36
图 2-2　各种显性反馈界面……37
图 2-3　物品流行度的长尾分布……40

图 2-4 用户活跃度的长尾分布……40
图 2-5 MovieLens 数据集中用户活跃度和物品流行度的关系……41
图 2-6 用户行为记录举例……45
图 2-7 物品–用户倒排表……47
图 2-8 Digg 的 My News 界面……51
图 2-9 亚马逊提供的用户购买 iPhone 后还会购买的其他商品……52
图 2-10 Hulu 的个性化视频推荐……52
图 2-11 一个计算物品相似度的简单例子……54
图 2-12 一个简单的基于物品推荐的例子……56
图 2-13 UserCF 和 ItemCF 算法在不同 *K* 值下的召回率曲线……61
图 2-14 UserCF 和 ItemCF 算法在不同 *K* 值下的覆盖率曲线……62
图 2-15 UserCF 和 ItemCF 算法在不同 *K* 值下的流行度曲线……62
图 2-16 两个用户在豆瓣的读书列表……65
图 2-17 雅虎首页的界面……71
图 2-18 用户物品二分图模型……73
图 2-19 基于图的推荐算法示例……74
图 2-20 PersonalRank 的简单例子……75
图 2-21 不同次迭代中不同节点的访问概率……76
图 3-1 Pandora 的用户注册界面……79
图 3-2 IMDB 中不同美剧的评分用户的性别分布……80
图 3-3 一个基于用户人口统计学特征推荐的简单例子……81
图 3-4 Lastfm 数据集中男女用户的分布……84
图 3-5 Lastfm 数据集中用户年龄的分布……84
图 3-6 Lastfm 数据集中用户国家的分布……84
图 3-7 Jinni 在新用户登录推荐系统时提示用户需要给多部电影评分……86
图 3-8 Jinni 让用户选择自己喜欢的电影类别……86
图 3-9 Jinni 让用户对电影进行评分的界面……87
图 3-10 给用户选择物品以解决冷启动问题的例子……88
图 3-11 关键词向量的生成过程……90
图 3-12 通过 LDA 对词进行聚类的结果……93
图 3-13 Jinni 中专家给《功夫熊猫》标注的基因……94
图 4-1 推荐系统联系用户和物品的几种途径……96
图 4-2 Delicious 中被打上 recommender 和 system 标签的网页……97
图 4-3 Delicious 中“豆瓣电台”网页被用户打的最多的标签……97
图 4-4 CiteULike 中一篇论文的标签……98
图 4-5 Last.fm 中披头士乐队的标签云……98
图 4-6 豆瓣读书中《数据挖掘导论》一书的常用标签……99
图 4-7 Hulu 中《豪斯医生》的常用标签……99
图 4-8 标签流行度的长尾分布……101
图 4-9 著名美剧《豪斯医生》在视频网站 Hulu 上的标签分类……102

图 4-10 Jinni 让用户对编辑给的标签进行反馈……110
图 4-11 简单的用户–物品–标签图的例子……111
图 4-12 SimpleTagGraph 的例子……111
图 4-13 豆瓣读书的个性化推荐应用“豆瓣猜”的界面……112
图 4-14 Last.fm（左）和豆瓣（右）的标签推荐系统界面……115
图 4-15 豆瓣给我推荐的《MongoDB 权威指南》一书的标签……118
图 5-1 sourcetone.com 个性化音乐推荐系统，该图右侧的圆盘可以让用户选择现在的心情……122
图 5-2 facebook、twitter 和 myspace 3 个词的搜索变化曲线……123
图 5-3 手机品牌的搜索量变化曲线……124
图 5-4 一些食品相关搜索词的搜索量变化曲线……124
图 5-5 不同数据集中物品流行度和物品平均在线时间的关系曲线……126
图 5-6 相隔 T 天系统物品流行度向量的平均相似度……127
图 5-7 推荐系统实时性举例……128
图 5-8 时间段图模型示例……134
图 5-9 BlogSpot 数据集的召回率和准确率曲线……137
图 5-10 NYTimes 数据集的召回率和准确率曲线……137
图 5-11 SourceForge 数据集的召回率和准确率曲线……138
图 5-12 Wikipedia 数据集的召回率和准确率曲线……138
图 5-13 YouTube 数据集的召回率和准确率曲线……139
图 5-14 左图是大众点评提供的附近商户推荐，右图是街旁网提供的探索功能界面……140
图 5-15 Hotpot 地点推荐界面……140
图 5-16 一个简单的利用用户位置信息进行推荐的例子……142
图 6-1 Facebook 提供的导入电子邮件好友的方式……145
图 6-2 Facebook 在用户注册时让用户提供的一部分信息……146
图 6-3 社交网络（Slashdot）中用户入度的分布……149
图 6-4 社交网络（Slashdot）中用户出度的分布……149
图 6-5 视频推荐网站 Clicker 利用 Facebook 好友信息给用户推荐视频……150
图 6-6 亚马逊利用 Facebook 好友信息给用户推荐商品……150
图 6-7 社交网络图和用户物品二分图的结合……152
图 6-8 融合两种社交网络信息的图模型……153
图 6-9 Twitter 的用户信息流……156
图 6-10 Facebook 的用户信息流……157
图 6-11 Jilin Chen 的用户调查实验结果……159
图 6-12 Twitter 的好友推荐界面……159
图 6-13 LinkedIn 的好友推荐界面……160
图 6-14 Facebook 的好友推荐界面……160
图 6-15 新浪微博利用用户的学校、公司、位置、标签给用户推荐好友……161
图 7-1 推荐系统和其他系统之间的关系……166
图 7-2 3 种联系用户和物品的推荐系统……168
图 7-3 基于特征的推荐系统架构……168

图 7-4 亚马逊同时给用户推荐电子产品和图书 …… 169
图 7-5 亚马逊的社会化推荐结果中包含了各种物品 …… 170
图 7-6 亚马逊给用户推荐最新加入的物品 …… 170
图 7-7 豆瓣电台考虑用户来源的上下文（该页面地址链接中加入了 context 参数） …… 170
图 7-8 推荐系统的架构图 …… 171
图 7-9 推荐引擎的架构图 …… 172
图 7-10 相关物品之间流行度之间的关系 …… 176

表 1-1 使用了 Facebook Instant Personalization 工具的网站 …… 13
表 1-2 离线实验的优缺点 …… 21
表 1-3 获取各种评测指标的途径 …… 33
表 2-1 显性反馈数据和隐性反馈数据的比较 …… 37
表 2-2 各代表网站中显性反馈数据和隐性反馈数据的例子 …… 38
表 2-3 用户行为的统一表示 …… 38
表 2-4 MovieLens 数据集中 UserCF 算法在不同 K 参数下的性能 …… 48
表 2-5 两种基础算法在 MovieLens 数据集下的性能 …… 48
表 2-6 MovieLens 数据集中 UserCF 算法和 User-IIF 算法的对比 …… 50
表 2-7 利用 ItemCF 在 MovieLens 数据集上计算出的电影相似度 …… 54
表 2-8 MovieLens 数据集中 ItemCF 算法离线实验的结果 …… 57
表 2-9 MovieLens 数据集中 ItemCF 算法和 ItemCF-IUF 算法的对比 …… 58
表 2-10 MovieLens 数据集中 ItemCF 算法和 ItemCF-Norm 算法的对比 …… 59
表 2-11 UserCF 和 ItemCF 优缺点的对比 …… 61
表 2-12 惩罚流行度后 ItemCF 的推荐结果性能 …… 63
表 2-13 MovieLens 数据集中根据 LFM 计算出的不同隐类中权重最高的物品 …… 69
表 2-14 Netflix 数据集中 LFM 算法在不同 F 参数下的性能 …… 70
表 2-15 MovieLens 数据集中 PersonalRank 算法的离线实验结果 …… 76
表 3-1 年轻用户和老年用户经常看的图书的列表 …… 83
表 3-2 年轻用户比例最高的 5 本书和老年人比例最高的 5 本书 …… 83
表 3-3 4 种不同粒度算法的召回率、准确率和覆盖率 …… 85
表 3-4 常见物品的内容信息 …… 89
表 3-5 MovieLens/GitHub 数据集中几种推荐算法性能的对比 …… 91
表 4-1 Delicious 和 CiteULike 数据集的基本信息 …… 103
表 4-2 Delicious 和 CiteULike 数据集中最热门的 20 个标签 …… 103
表 4-3 基于标签的简单推荐算法在 Delicious 数据集上的评测结果 …… 107
表 4-4 Delicous 和 CiteULike 数据集上 TagBasedTFIDF 的性能 …… 107
表 4-5 Delicous 和 CiteULike 数据集上 TagBasedTFIDF++的性能 …… 108
表 4-6 CiteULike 数据集中 recommender_system 的相关标签 …… 108
表 4-7 Delicious 数据集中 google 的相关标签 …… 109
表 4-8 考虑标签扩展后的推荐性能 …… 109
表 4-9 10 个用户最满意的主观类标签 …… 114

表 4-10 10 个用户最满意的客观类标签 …… 114
表 4-11 3 种标签推荐算法在 N=10 时的准确率和召回率 …… 117
表 4-12 HybridPopularTags 算法在不同线性融合系数 α 下的准确率和召回率 …… 117
表 5-1 离线实验数据集的基本统计信息 …… 125
表 5-2 美国、英国、德国用户兴趣度最高的歌手 …… 141
表 6-1 3 种不同好友推荐算法的召回率和准确率 …… 163
表 6-2 不同好友推荐算法的问卷调查结果 …… 164
表 7-1 电子商务网站中的典型行为 …… 167
表 7-2 离线相关表在 MySQL 中的存储格式 …… 173
表 8-1 评分预测问题举例 …… 179
表 8-2 MovieLens 数据集上不同平均值方法的 RMSE …… 184
表 8-3 MovieLens 数据集中对平均值方法采用级联融合后的效果 …… 194
表 8-4 Netflix Prize 上著名算法的 RMSE …… 195

第1章

好的推荐系统

在研究如何设计推荐系统前，了解什么是好的推荐系统至关重要。只有了解了优秀推荐系统的特征，我们才能在设计推荐系统时根据实际情况进行取舍。本章分3个步骤来回答这个问题：首先，本章将介绍什么是推荐系统、推荐系统的主要任务、推荐系统和分类目录以及与搜索引擎的区别等；然后，本章将按照不同领域分门别类地介绍目前业界常见的个性化推荐应用；最后，本章将介绍推荐系统的评测，通过介绍评测指标给出“好”的定义，从而最终解答“什么是好的推荐系统”这个问题。

1.1 什么是推荐系统

如果想买一包花生米，你有多少种办法？假设附近有一个24小时便利店，你可以走进店里，看看所有的货架，转一圈找到花生米，然后比较几个牌子的口碑或者价格找到自己喜欢的牌子，掏钱付款。如果家附近有一家沃尔玛，你可以走进店里，按照分类指示牌走到食品所在的楼层，接着按照指示牌找到卖干果的货架，然后在货架上仔细寻找你需要的花生米，找到后付款。如果你很懒，不想出门，可以打开当当或者淘宝，在一个叫做搜索框的东西里输入花生米3个字，然后你会看到一堆花生米，找到喜欢的牌子，付费，然后等待送货上门。上面这几个例子描述了用户在有明确需求的情况下，面对信息过载所采用的措施。在24小时便利店，因为店面很小，用户可以凭自己的经验浏览所有货架找到自己需要的东西。在沃尔玛，商品已经被放在无数的货架上，此时用户就需要借用分类信息找到自己需要的商品。而在淘宝或者当当，由于商品数目巨大，用户只能通过搜索引擎找到自己需要的商品。

但是，如果用户没有明确的需求呢？比如你今天很无聊，想下载一部电影看看。但当你打开某个下载网站，面对100年来发行的数不胜数的电影，你会手足无措，不知道该看哪一部。此时，你遇到了信息过载的问题，需要一个人或者工具来帮助你做筛选，给出一些建议供你选择。如果这时候有个喜欢看电影的朋友在身边，你可能会请他推荐几部电影。不过，总不能时时刻刻都去麻烦“专家”给你推荐，你需要的是一个自动化的工具，它可以分析你的历史兴趣，从庞大的电影库中找到几部符合你兴趣的电影供你选择。这个工具就是个性化推荐系统。

随着信息技术和互联网的发展，人们逐渐从信息匮乏的时代走入了信息过载（information overload）的时代[1]。在这个时代，无论是信息消费者还是信息生产者都遇到了很大的挑战：对于

[1] 参见 http://en.wikipedia.org/wiki/Information_overload。

信息消费者，从大量信息中找到自己感兴趣的信息是一件非常困难的事情；对于信息生产者，让自己生产的信息脱颖而出，受到广大用户的关注，也是一件非常困难的事情。推荐系统就是解决这一矛盾的重要工具。推荐系统的任务就是联系用户和信息，一方面帮助用户发现对自己有价值的信息，另一方面让信息能够展现在对它感兴趣的用户面前，从而实现信息消费者和信息生产者的双赢（如图1-1所示）。（本书后面将信息统称为“物品”，即可以供用户消费的东西。）

图1-1　推荐系统的基本任务是联系用户和物品，解决信息过载的问题

众所周知，为了解决信息过载的问题，已经有无数科学家和工程师提出了很多天才的解决方案，其中代表性的解决方案是分类目录和搜索引擎。而这两种解决方案分别催生了互联网领域的两家著名公司——雅虎和谷歌。著名的互联网公司雅虎凭借分类目录起家，而现在比较著名的分类目录网站还有国外的DMOZ、国内的Hao123等。这些目录将著名的网站分门别类，从而方便用户根据类别查找网站。但是随着互联网规模的不断扩大，分类目录网站也只能覆盖少量的热门网站，越来越不能满足用户的需求。因此，搜索引擎诞生了。以谷歌为代表的搜索引擎可以让用户通过搜索关键词找到自己需要的信息。但是，搜索引擎需要用户主动提供准确的关键词来寻找信息，因此不能解决用户的很多其他需求，比如当用户无法找到准确描述自己需求的关键词时，搜索引擎就无能为力了。和搜索引擎一样，推荐系统也是一种帮助用户快速发现有用信息的工具。和搜索引擎不同的是，推荐系统不需要用户提供明确的需求，而是通过分析用户的历史行为给用户的兴趣建模，从而主动给用户推荐能够满足他们兴趣和需求的信息。因此，从某种意义上说，推荐系统和搜索引擎对于用户来说是两个互补的工具。搜索引擎满足了用户有明确目的时的主动查找需求，而推荐系统能够在用户没有明确目的的时候帮助他们发现感兴趣的新内容。

从物品的角度出发，推荐系统可以更好地发掘物品的长尾（long tail）。美国《连线》杂志主编Chris Anderson在2004年发表了“The Long Tail”（长尾）一文并于2006年出版了《长尾理论》一书。该书指出，传统的80/20原则（80%的销售额来自于20%的热门品牌）在互联网的加入下会受到挑战。互联网条件下，由于货架成本极端低廉，电子商务网站往往能出售比传统零售店更多的商品。虽然这些商品绝大多数都不热门，但与传统零售业相比，这些不热门的商品数量极其庞大，因此这些长尾商品的总销售额将是一个不可小觑的数字，也许会超过热门商品（即主流商品）带来的销售额。主流商品往往代表了绝大多数用户的需求，而长尾商品往往代表了一小部分用户的个性化需求。因此，如果要通过发掘长尾提高销售额，就必须充分研究用户的兴趣，而这正是个性化推荐系统主要解决的问题。推荐系统通过发掘用户的行为，找到用户的个性化需求，从而将长尾商品准确地推荐给需要它的用户，帮助用户发现那些他们感兴趣但很难发现的商品。

要了解推荐系统是如何工作的，可以先回顾一下现实社会中用户面对很多选择时做决定的过程。仍然以看电影为例，一般来说，我们可能用如下方式决定最终看什么电影。

- 向朋友咨询。我们也许会打开聊天工具，找几个经常看电影的好朋友，问问他们有没有什么电影可以推荐。甚至，我们可以打开微博，发表一句“我要看电影”，然后等待热心人推荐电影。这种方式在推荐系统中称为社会化推荐（social recommendation），即让好友给自己推荐物品。
- 我们一般都有喜欢的演员和导演，有些人可能会打开搜索引擎，输入自己喜欢的演员名，然后看看返回结果中还有什么电影是自己没有看过的。比如我非常喜欢周星驰的电影，于是就去豆瓣搜索周星驰，发现他早年的一部电影我还没看过，于是就会看一看。这种方式是寻找和自己之前看过的电影在内容上相似的电影。推荐系统可以将上述过程自动化，通过分析用户曾经看过的电影找到用户喜欢的演员和导演，然后给用户推荐这些演员或者导演的其他电影。这种推荐方式在推荐系统中称为基于内容的推荐（content-based filtering）。
- 我们还可能查看排行榜，比如著名的IMDB电影排行榜，看看别人都在看什么电影，别人都喜欢什么电影，然后找一部广受好评的电影观看。这种方式可以进一步扩展：如果能找到和自己历史兴趣相似的一群用户，看看他们最近在看什么电影，那么结果可能比宽泛的热门排行榜更能符合自己的兴趣。这种方式称为基于协同过滤（collaborative filtering）的推荐。

从上面3种方法可以看出，推荐算法的本质是通过一定的方式将用户和物品联系起来，而不同的推荐系统利用了不同的方式。图1-2展示了联系用户和物品的常用方式，比如利用好友、用户的历史兴趣记录以及用户的注册信息等。

图1-2 推荐系统常用的3种联系用户和物品的方式

通过这一节的讨论，我们可以发现推荐系统就是自动联系用户和物品的一种工具，它能够在信息过载的环境中帮助用户发现令他们感兴趣的信息，也能将信息推送给对它们感兴趣的用户。下一节将通过推荐系统的实际例子让大家加深对推荐系统的了解。

1.2 个性化推荐系统的应用

和搜索引擎不同，个性化推荐系统需要依赖用户的行为数据，因此一般都是作为一个应用存在于不同网站之中。在互联网的各类网站中都可以看到推荐系统的应用，而个性化推荐系统在这些网站中的主要作用是通过分析大量用户行为日志，给不同用户提供不同的个性化页面展示，来提高网站的点击率和转化率。广泛利用推荐系统的领域包括电子商务、电影和视频、音乐、社交网络、阅读、基于位置的服务、个性化邮件和广告等。

尽管不同的网站使用不同的推荐系统技术，但总地来说，几乎所有的推荐系统应用都是由前台的展示页面、后台的日志系统以及推荐算法系统3部分构成的。因此，本节在介绍不同的个性化推荐系统应用时，都尽量围绕这3个不同的部分进行。

1.2.1 电子商务

电子商务网站是个性化推荐系统的一大应用领域。著名的电子商务网站亚马逊是个性化推荐系统的积极应用者和推广者，被RWW（读写网）称为“推荐系统之王”。[1]亚马逊的推荐系统深入到了其各类产品中，其中最主要的应用有个性化商品推荐列表和相关商品的推荐列表。

图1-3是亚马逊的个性化推荐列表，这个界面是个性化推荐系统的标准用户界面，它包含以下几个组成部分。

截取自亚马逊网站，图中相关内容的著作权归原著作权人所有

图1-3 亚马逊的个性化推荐列表

① 参见读写网的文章 “A Guide to Recommender Systems”。

- **推荐结果的标题、缩略图以及其他内容属性**　告诉用户给他们推荐的是什么。
- **推荐结果的平均分**　平均分反应了推荐结果的总体质量，也代表了大部分用户对这本书的看法。
- **推荐理由**　亚马逊根据用户的历史行为给用户做推荐，因此如果它给你推荐了一本金庸的小说，大多是因为你曾经在亚马逊上对武侠方面的书给过表示喜欢的反馈。此外，亚马逊对每个推荐结果都给出了一个按钮Fix this recommendation（修正这一推荐），单击后可以看到推荐理由。如图1-4所示，亚马逊的推荐结果中有一本关于机器学习的书（*Introduction to Machine Learning*），单击该推荐结果的Fix this recommendaion按钮后，会弹出如图1-4所示的页面，该页面给用户提供了5种对这个推荐结果进行反馈的方式，包括Add to Cart（加入到购物车）、Add to Wish List（加入到心愿单）、Rate this item（给书打分）、I own it（我已经有这本书了）和Not interested（对这本书没兴趣）。同时，在推荐结果的下面还展示了推荐原因，此处是因为我曾经给*Probabilistic Graphical Models：Principles and Techniques*和*Data Mining:Practical Machine Learning Tools and Techniques，Second Edition*这两本书打过5分。亚马逊允许用户禁用推荐理由，这主要是出于隐私的考虑。有些用户可能不喜欢他对某些物品的行为被系统用来生成推荐结果，这个时候就可以禁用这些行为。

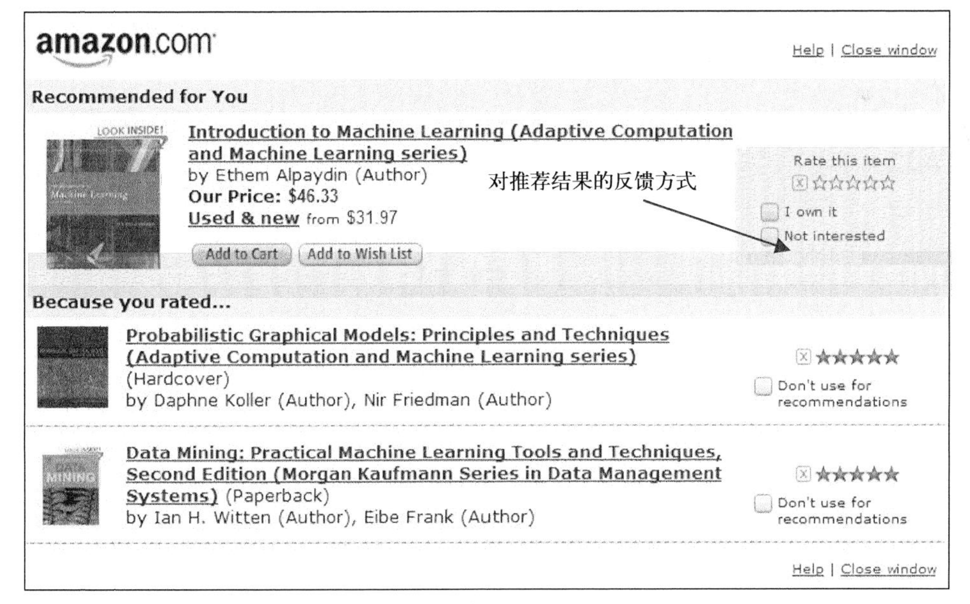

图1-4　单击Fix this recommendation按钮后打开的页面

图1-3提到的个性化推荐列表采用了一种基于物品的推荐算法（item-based method），该算法给用户推荐那些和他们之前喜欢的物品相似的物品。除此之外，亚马逊还有另外一种个性化推荐

列表，就是按照用户在Facebook的好友关系，给用户推荐他们的好友在亚马逊上喜欢的物品。如图1-5所示，基于好友的个性化推荐界面同样由物品标题、缩略图、物品平均分和推荐理由组成。不过这里的推荐理由换成了喜欢过相关物品的用户好友的头像。

截取自亚马逊网站，图中相关内容的著作权归原著作权人所有

图1-5　基于Facebook好友的个性化推荐列表

除了个性化推荐列表，亚马逊另一个重要的推荐应用就是相关推荐列表。当你在亚马逊购买一个商品时，它会在商品信息下面展示相关的商品。亚马逊有两种相关商品列表，一种是包含购买了这个商品的用户也经常购买的其他商品（如图1-6所示），另一种是包含浏览过这个商品的用户经常购买的其他商品（如图1-7所示）。这两种相关推荐列表的区别就是使用了不同用户行为计算物品的相关性。此外，相关推荐列表最重要的应用就是打包销售（cross selling）[①]。当你在购买某个物品的时候，亚马逊会告诉你其他用户在购买这个商品的同时也会购买的其他几个商品，然后让你选择是否要同时购买这些商品。如果你单击了同时购买，它会把这几件商品“打包”，有时会提供一定的折扣，然后卖给你（如图1-8所示）。这种销售手段是推荐算法最重要的应用，后来被很多电子商务网站作为标准的应用。

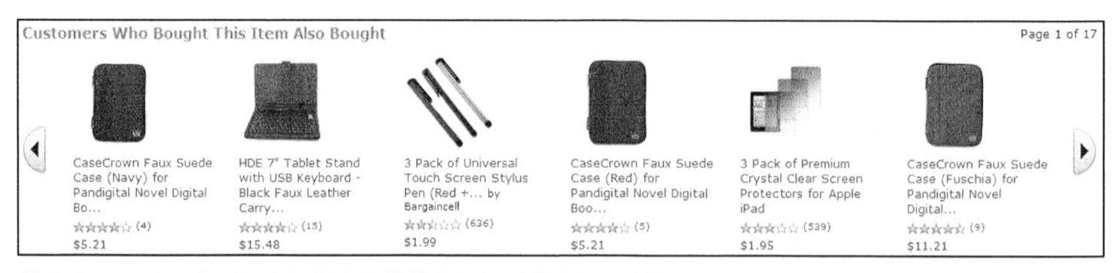

截取自亚马逊网站，图中相关内容的著作权归原著作权人所有

图1-6　相关推荐列表，购买过这个商品的用户经常购买的其他商品

在看过亚马逊的推荐产品后，读者最关心的应该是这些推荐的应用，究竟给亚马逊带来了多少商业利益。关于这方面的准确数字，亚马逊官方并没有明确公开过，但我们收集到了一些相关

① 更多关于Cross Selling的信息参见维基百科Crossing Selling词条。

的资料。亚马逊的前科学家Greg Linden在他的博客里曾经说过，在他离开亚马逊的时候，亚马逊至少有20%（之后的一篇博文则变更为35%）的销售来自于推荐算法。此外，亚马逊的前首席科学家Andreas Weigend在斯坦福曾经讲过一次推荐系统的课，据听他课的同学透露[①]，亚马逊有20%～30%的销售来自于推荐系统。

截取自亚马逊网站，图中相关内容的著作权归原著作权人所有

图1-7　相关推荐列表，浏览过这个商品的用户经常购买的其他商品

截取自亚马逊网站，图中相关内容的著作权归原著作权人所有

图1-8　亚马逊的打包销售界面

至于个性化推荐系统对亚马逊的意义，其CEO Jeff Bezos在接受采访时曾经说过，亚马逊相对于其他电子商务网站的最大优势就在于个性化推荐系统，该系统让每个用户都能拥有一个自己的在线商店，并且能在商店中找到自己感兴趣的商品。[②]

> We have 6.2 million customers, we should have 6.2 million stores. There should be the optimum store for each and every customer.
>
> 我们有620万用户，因此也应有620万个商店。我们应该给每个用户提供最符合他需求的商店。

---

① 参见Lessons on recommendation Systems, 地址为http://blog.Kiwitobes.com/?p=58。

② 参见Mark Levene的*An Introduction to Search Engines and Web Navigation, Second Edition*（*Wiley, 2010*）。

1.2.2　电影和视频网站

在电影和视频网站中，个性化推荐系统也是一种重要的应用。它能够帮助用户在浩瀚的视频库中找到令他们感兴趣的视频。在该领域成功使用推荐系统的一家公司就是Netflix，它和亚马逊是推荐系统领域最具代表性的两家公司。

Netflix原先是一家DVD租赁网站，最近这几年也开始涉足在线视频业务。Netflix非常重视个性化推荐技术，并且在2006年起开始举办著名的Netflix Prize推荐系统比赛[①]。该比赛悬赏100万美元，希望研究人员能够将Netflix的推荐算法的预测准确度提升10%。该比赛举办3年后，由AT&T的研究人员获得了最终的大奖。该比赛对推荐系统的发展起到了重要的推动作用：一方面该比赛给学术界提供了一个实际系统中的大规模用户行为数据集（40万用户对2万部电影的上亿条评分记录）；另一方面，3年的比赛中，参赛者提出了很多推荐算法，大大降低了推荐系统的预测误差。此外，比赛吸引了很多优秀的科研人员加入到推荐系统的研究中来，大大提高了推荐系统在业界和学术界的影响力。

图1-9是Netflix的电影推荐界面，从中可以看到Netflix的推荐结果展示页面包含了以下几个部分。

- 电影的标题和海报。
- 用户反馈模块——包括Play（播放）、评分和Not Interested（不感兴趣）3种。
- 推荐理由——因为用户曾经喜欢过别的电影。

截取自Netflix网站，图中相关内容的著作权归原著作权人所有

图1-9　Netflix的电影推荐系统用户界面

① 参见http://netflixprize.com/。

从Netflix的推荐理由来看，它们的算法和亚马逊的算法类似，也是基于物品的推荐算法，即给用户推荐和他们曾经喜欢的电影相似的电影。至于推荐系统在Netflix中起到的作用，Netflix在宣传资料①中宣称，有60%②的用户是通过其推荐系统找到自己感兴趣的电影和视频的。

YouTube作为美国最大的视频网站，拥有大量用户上传的视频内容。由于视频库非常大，用户在YouTube中面临着严重的信息过载问题。为此，YouTube在个性化推荐领域也进行了深入研究，尝试了很多算法。在YouTube最新的论文③中，他们的研究人员表示现在使用的也是基于物品的推荐算法。为了证明个性化推荐的有效性，YouTube曾经做过一个实验，比较了个性化推荐的点击率和热门视频列表的点击率，实验结果表明个性化推荐的点击率是热门视频点击率的两倍。

和YouTube类似，美国另一家著名的视频网站Hulu也有自己的个性化推荐页面。如图1-10所示，Hulu在展示推荐结果时也提供了视频标题、缩略图、视频的平均分、推荐理由和用户反馈模块。

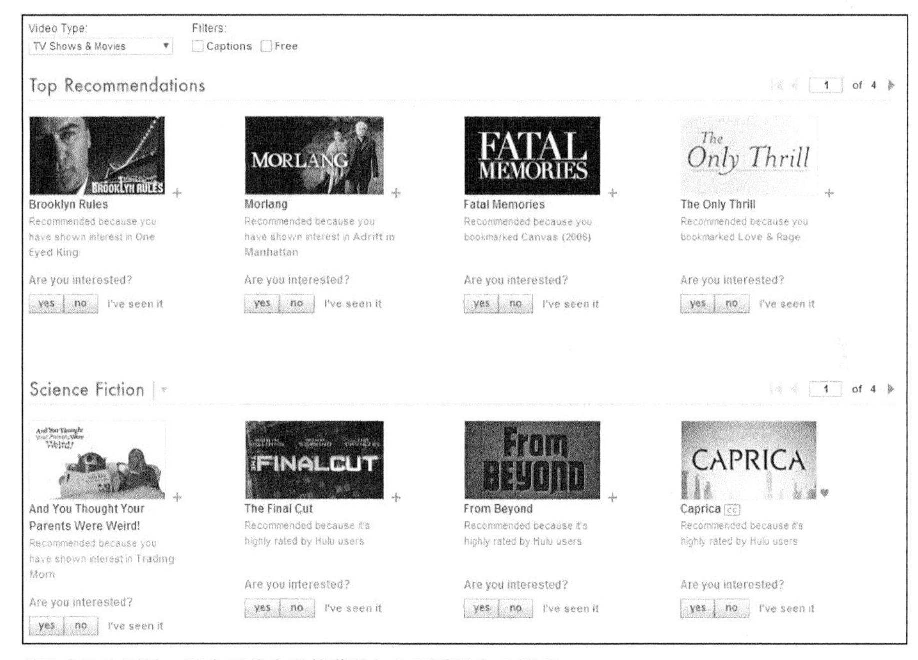

截取自Hulu网站，图中相关内容的著作权归原著作权人所有

图1-10 视频网站Hulu的个性化推荐界面

① 参见http://cdn-0.nflximg.com/us/pdf/Consumer_Press_Kit.pdf, Consumer Press Kit。

② 关于这个60%的数字和前面提到的与亚马逊有关的30%，我们想指出的是如果网站将推荐系统放在很重要的位置，比如放在首页，那么这个比例自然会高。但需要注意的是，用户在网站中除了推荐系统，还可以通过搜索和分类目录获得自己感兴趣的信息，那么在这3种方式中，如果利用推荐系统的比例能够达到30%～60%，还是能够说明推荐系统的有效性。当然，如果要彻底证明这个问题，只能将整个推荐系统去掉，然后对比有推荐系统的网站和没有推荐系统的网站的收入，当然这种实验永远不会发生。

③ 参见http://dl.acm. org/citation. cfm?id=1864770，The Youtube video recommendation system。

1.2.3　个性化音乐网络电台

个性化推荐的成功应用需要两个条件。第一是存在信息过载，因为如果用户可以很容易地从所有物品中找到喜欢的物品，就不需要个性化推荐了。第二是用户大部分时候没有特别明确的需求，因为用户如果有明确的需求，可以直接通过搜索引擎找到感兴趣的物品。

在这两个条件下，个性化网络电台无疑是最合适的个性化推荐产品。首先，音乐很多，用户不可能听完所有的音乐再决定自己喜欢听什么，而且每年新的歌曲在以很快的速度增加，因此用户无疑面临着信息过载的问题。其次，人们听音乐时，一般都是把音乐作为一种背景乐来听，很少有人必须听某首特定的歌。对于普通用户来说，听什么歌都可以，只要能够符合他们当时的心情就可以了。因此，个性化音乐网络电台是非常符合个性化推荐技术的产品。

目前有很多知名的个性化音乐网络电台。国际上著名的有Pandora（参见图1-11）和Last.fm（参见图1-12），国内的代表则是豆瓣电台（参见图1-13）。这3种应用虽然都是个性化网络电台，但背后的技术却不太一样。

图1-11　Pandora个性化网络电台的用户界面

截取自Last.fm网站，图中相关内容的著作权归原著作权人所有

图1-12　Last.fm个性化网络电台的用户界面

截取自豆瓣个性化网络电台，图中相关内容的著作权归原著作权人所有

图1-13　豆瓣个性化网络电台的用户界面

从前端界面上看，这3个个性化网络电台很类似。它们都不允许用户点歌，而是给用户几种反馈方式——喜欢、不喜欢和跳过。经过用户一定时间的反馈，电台就可以从用户的历史行为中习得用户的兴趣模型，从而使用户的播放列表越来越符合用户对歌曲的兴趣。

Pandora背后的音乐推荐算法主要来自于一个叫做音乐基因工程的项目。这个项目起始于2000年1月6日，它的成员包括音乐家和对音乐有兴趣的工程师。Pandora的算法主要基于内容，其音乐家和研究人员亲自听了上万首来自不同歌手的歌，然后对歌曲的不同特性（比如旋律、节奏、编曲和歌词等）进行标注，这些标注被称为音乐的基因。然后，Pandora会根据专家标注的基因计算歌曲的相似度，并给用户推荐和他之前喜欢的音乐在基因上相似的其他音乐。

Last.fm于2002年在英国成立。Last.fm记录了所有用户的听歌记录以及用户对歌曲的反馈，在这一基础上计算出不同用户在歌曲上的喜好相似度，从而给用户推荐和他有相似听歌爱好的其他用户喜欢的歌曲。同时，Last.fm也建立了一个社交网络，让用户能够和其他用户建立联系，同时也能让用户给好友推荐自己喜欢的歌曲。和Pandora相比，Last.fm没有使用专家标注，而是主要利用用户行为计算歌曲的相似度。

音乐推荐是推荐系统里非常特殊的领域。2011年的Recsys大会专门邀请了Pandora的研究人员对音乐推荐进行了演讲[①]。演讲人总结了音乐推荐的如下特点。

- **物品空间大**　物品数很多，物品空间很大，这主要是相对于书和电影而言。
- **消费每首歌的代价很小**　对于在线音乐来说，音乐都是免费的，不需要付费。
- **物品种类丰富**　音乐种类丰富，有很多的流派。
- **听一首歌耗时很少**　听一首音乐的时间成本很低，不太浪费用户的时间，而且用户大都把音乐作为背景声音，同时进行其他工作。
- **物品重用率很高**　每首歌用户会听很多遍，这和其他物品不同，比如用户不会反复看一个电影，不会反复买一本书。
- **用户充满激情**　用户很有激情，一个用户会听很多首歌。
- **上下文相关**　用户的口味很受当时上下文的影响，这里的上下文主要包括用户当时的心情（比如沮丧的时候喜欢听励志的歌曲）和所处情境（比如睡觉前喜欢听轻音乐）。
- **次序很重要**　用户听音乐一般是按照一定的次序一首一首地听。
- **很多播放列表资源**　很多用户都会创建很多个人播放列表。
- **不需要用户全神贯注**　音乐不需要用户全神贯注地听，很多用户将音乐作为背景声音。
- **高度社会化**　用户听音乐的行为具有很强的社会化特性，比如我们会和好友分享自己喜欢的音乐。

上面这些特点决定了音乐是一种非常适合用来推荐的物品。因此，尽管现在很多推荐系统都是作为一个应用存在于网站中，比如亚马逊的商品推荐和Netflix的电影推荐，唯有音乐推荐可以支持独立的个性化推荐网站，比如Pandora、Last.fm和豆瓣网络电台。

1.2.4　社交网络

最近5年，互联网最激动人心的产品莫过于以Facebook和Twitter为代表的社交网络应用。在社交网络中，好友们可以互相分享、传播信息。社交网络中的个性化推荐技术主要应用在3个方面：

- 利用用户的社交网络信息对用户进行个性化的物品推荐；
- 信息流的会话推荐；
- 给用户推荐好友。

---

① PPT为Music Recommendation and Discovery，见http://www.slideshare.net/plamere/music-recommendation-and-discovery。

Facebook最宝贵的数据有两个，一个是用户之间的社交网络关系，另一个是用户的偏好信息。因此，Facebook推出了一个推荐API，称为Instant Personalization。该工具根据用户好友喜欢的信息，给用户推荐他们的好友最喜欢的物品。很多网站都使用了Facebook的API来实现网站的个性化。表1-1中是使用了Facebook的Instant Personalization的具有代表性的网站。图1-14是著名的电视剧推荐网站Clicker使用Instant Personalization给用户进行个性化视频推荐的界面。

表1-1 使用了Facebook Instant Personalization工具的网站①

网站	网站类型
Clicker	个性化电视推荐
Rotten Tomatoes	电影评论
Docs.com	协作式文档编辑
Pandora	个性化音乐网络电台
Yelp	本地评论
Scribd	社会化阅读

截取自Clicker网站，图中相关内容的著作权归原著作权人所有

图1-14 Clicker利用好友的行为给用户推荐电视剧

除了利用用户在社交网站的社交网络信息给用户推荐本站的各种物品，社交网站本身也会利用社交网络给用户推荐其他用户在社交网站的会话。如图1-15所示，每个用户在Facebook的个人首页都能看到好友的各种分享，并且能对这些分享进行评论。每个分享和它的所有评论被称为一个会话，如何给这些会话排序是社交网站研究中的一个重要话题。为此，Facebook开发了EdgeRank算法对这些会话排序，使用户能够尽量看到熟悉的好友的最新会话。

①这些网站的详细信息见http://www.facebook.com/instantpersonalization/。

截取自Facebook，图中相关内容的著作权归原著作权人所有

图1-15　用户在Facebook的信息流

除了根据用户的社交网络以及用户行为给用户推荐内容，社交网站还通过个性化推荐服务给用户推荐好友。图1-16显示了著名社交网站的好友推荐界面。

截取自Facebook、Twitter、LinkedIn和新浪微博，图中相关内容的著作权归原著作权人所有

图1-16　不同社交网站中好友推荐系统的界面（左上为Facebook，左下为Twitter，右上为LinkedIn，右下为新浪微博）

1.2.5　个性化阅读

阅读文章是很多互联网用户每天都会做的事情。个性化阅读同样符合前面提出的需要个性化推荐的两个因素：首先，互联网上的文章非常多，用户面临信息过载的问题；其次，用户很多时候并没有必须看某篇具体文章的需求，他们只是想通过阅读特定领域的文章了解这些领域的动态。

目前互联网上的个性化阅读工具很多，国际知名的有Google Reader，国内有鲜果网等。同时，随着移动设备的流行，移动设备上针对个性化阅读的应用也很多，其中具有代表性的有Zite和Flipboard。

Google Reader是一款流行的社会化阅读工具。它允许用户关注自己感兴趣的人，然后看到所关注用户分享的文章。如图1-17所示，如果单击左侧的People you follow（你关注的人），就可以看到其他用户分享的文章。

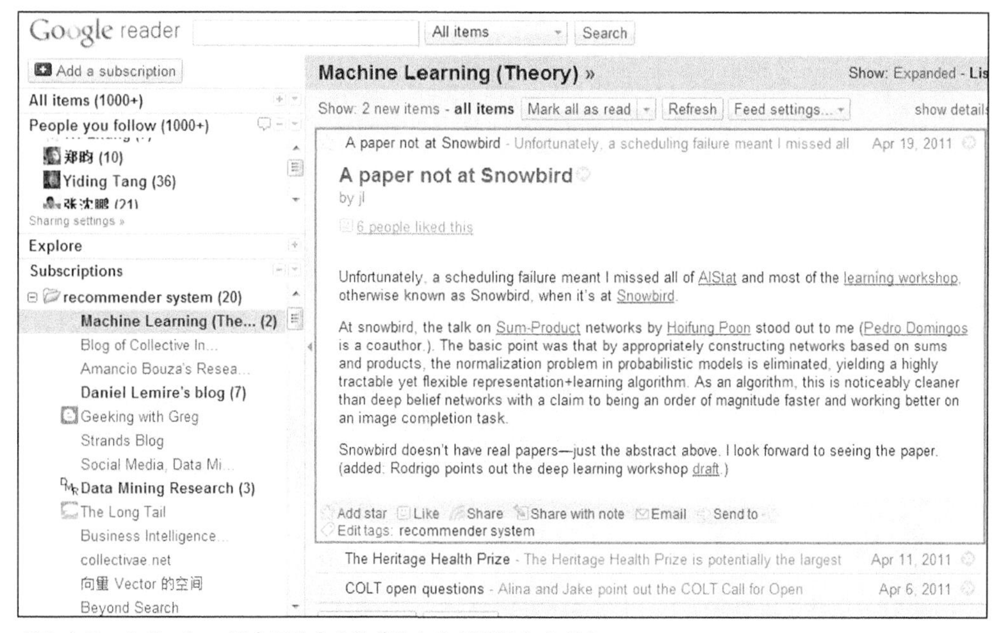

截取自Google Reader，图中相关内容的著作权归原著作权人所有

图1-17　Google Reader社会化阅读

和Google Reader不同，个性化阅读工具Zite则是收集用户对文章的偏好信息。如图1-18所示，在每篇文章右侧，Zite都允许用户给出喜欢或不喜欢的反馈，然后通过分析用户的反馈数据不停地更新用户的个性化文章列表。Zite推出后获得了巨大的成功，后被CNN收购。

截取自Zite，图中相关内容的著作权归原著作权人所有

图1-18 Zite个性化阅读界面

另一家著名的新闻阅读网站Digg也在首页尝试了推荐系统。[①]Digg首先根据用户的Digg历史计算用户之间的兴趣相似度，然后给用户推荐和他兴趣相似的用户喜欢的文章。根据Digg自己的统计，在使用推荐系统后，用户的digg行为明显更加活跃，digg总数提高了40%，用户的好友数平均增加了24%，评论数增加了11%。

1.2.6 基于位置的服务

在中关村闲逛时，肚子饿了，打开手机，发现上面给你推荐了几家中关村不错的饭馆，价格、环境、服务、口味都如你所愿，这几乎就是基于位置的个性化推荐系统最理想的场景了。随着移动设备的飞速发展，用户的位置信息已经非常容易获取，而位置是一种很重要的上下文信息，基于位置给用户推荐离他近的且他感兴趣的服务，用户就更有可能去消费。

基于位置的服务往往和社交网络结合在一起。比如Foursquare推出了探索功能，给用户推荐好友在附近的行为（如图1-19所示）。

① 详见Digg官方博客上的文章“Digg Recommendation Engine Updates”，地址为http://about.digg.com/blog/digg-recommendation-engine-updates。

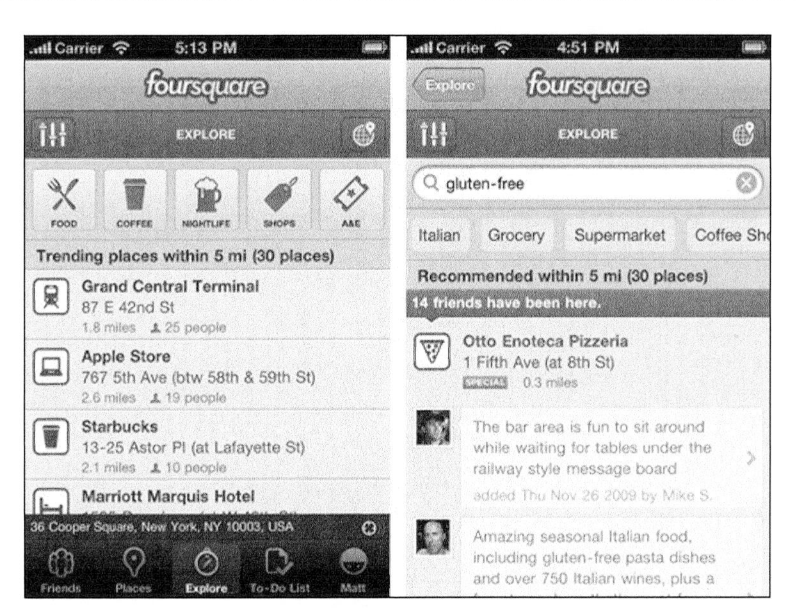

图1-19 Foursquare的探索功能界面

1.2.7 个性化邮件

我们每天都会收到大量的邮件，这些邮件有些对我们很重要（比如领导交代任务的邮件），有些比较次要（比如别人邀约周末打球的邮件），还有些是垃圾邮件。垃圾邮件可以通过垃圾邮件过滤器去除，这是一个专门的研究领域，这里就不讨论了。但在正常的邮件中，如果能够找到对用户重要的邮件让用户优先浏览，无疑会大大提高用户的工作效率。

其实，目前在文献中能够查到的第一个推荐系统Tapestry[①]就是一个个性化邮件推荐系统，它通过分析用户阅读邮件的历史行为和习惯对新邮件进行重新排序，从而提高用户的工作效率。

谷歌的研究人员在这个问题上也进行了深入研究，于2010年推出了优先级收件箱功能。如图1-20所示，该产品通过分析用户对邮件的历史行为，找到用户感兴趣的邮件，展示在一个专门的收件箱里。用户每天可以先浏览这个邮箱里的邮件，再浏览其他邮件。

谷歌的研究表明，该产品可以帮助用户节约6%的时间[②]。在如今这个时间就是金钱的年代，6%的节约无疑是一大进步。

---

① 通过协同过滤筛选信息。

② 参见读写网的报道Google Says Priority Inbox Users Spend 6% Less Time on Email(So Are You Using It?)（http://www.readwriteweb.com/search?query=google+says+priority+inbox+use&x=0&y=0）或者谷歌的论文The Learning Behind Gmail Priority Inbox（http://static.googleusercontent.com/external-content/untrusted_dlcp/research.google.com/zh-CN//pubs/archive/36955.pdf）。

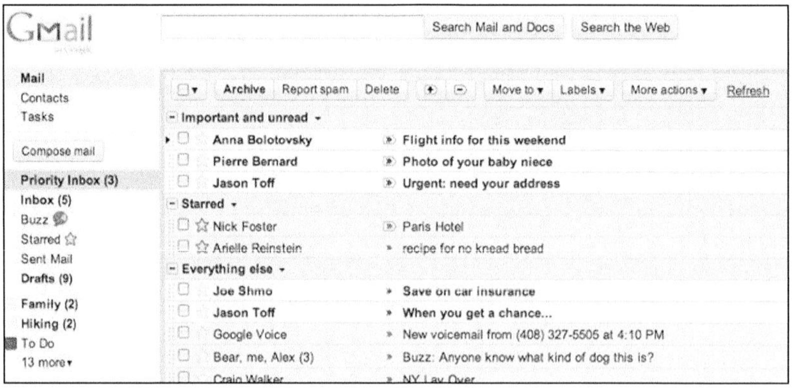

图1-20　Gmail的优先级邮箱

1.2.8　个性化广告

广告是互联网公司生存的根本。很多互联网公司的盈利模式都是基于广告的，而广告的CPC、CPM直接决定了很多互联网公司的收入。目前，很多广告都是随机投放的，即每次用户来了，随机选择一个广告投放给他。这种投放的效率显然很低，比如给男性投放化妆品广告或者给女性投放西装广告多半都是一种浪费。因此，很多公司都致力于广告定向投放（Ad Targeting）的研究，即如何将广告投放给它的潜在客户群。个性化广告投放目前已经成为了一门独立的学科——计算广告学——但该学科和推荐系统在很多基础理论和方法上是相通的，比如它们的目的都是联系用户和物品，只是在个性化广告中，物品就是广告。

个性化广告投放和狭义个性化推荐的区别是，个性化推荐着重于帮助用户找到可能令他们感兴趣的物品，而广告推荐着重于帮助广告找到可能对它们感兴趣的用户，即一个是以用户为核心，而另一个以广告为核心。目前的个性化广告投放技术主要分为3种。

- **上下文广告**　通过分析用户正在浏览的网页内容，投放和网页内容相关的广告。代表系统是谷歌的Adsense。
- **搜索广告**　通过分析用户在当前会话中的搜索记录，判断用户的搜索目的，投放和用户目的相关的广告。
- **个性化展示广告**　我们经常在很多网站看到大量展示广告（就是那些大的横幅图片），它们是根据用户的兴趣，对不同用户投放不同的展示广告。雅虎是这方面研究的代表。

广告的个性化定向投放是很多互联网公司的核心技术，很多公司都秘而不宣。不过，雅虎公司是个例外，它发表了大量个性化广告方面的论文。

在个性化广告方面最容易获得成功的无疑是Facebook，因为它拥有大量的用户个人资料，可以很容易地获取用户的兴趣，让广告商选择自己希望对其投放广告的用户。图1-21展示了Facebook的广告系统界面，该界面允许广告商选择自己希望的用户群，然后Facebook会根据广告商的选择告诉他们这些限制条件下广告将会覆盖的用户数量。

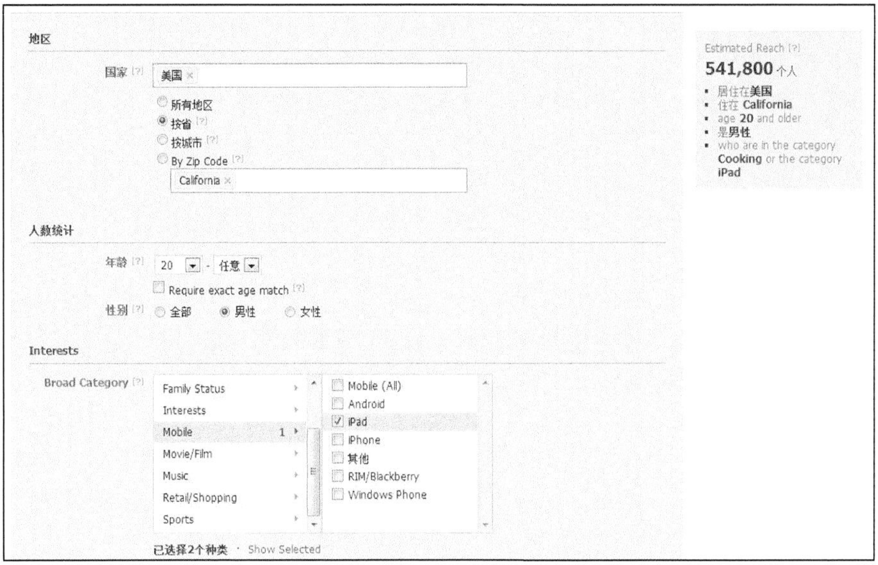

截取自Facebook，图中相关内容的著作权归原著作权人所有

图1-21　Facebook让广告商选择定向投放的目标用户

1.3　推荐系统评测

什么才是好的推荐系统？这是推荐系统评测需要解决的首要问题。一个完整的推荐系统一般存在3个参与方（如图1-22所示）：用户、物品提供者和提供推荐系统的网站。以图书推荐为例，首先，推荐系统需要满足用户的需求，给用户推荐那些令他们感兴趣的图书。其次，推荐系统要让各出版社的书都能够被推荐给对其感兴趣的用户，而不是只推荐几个大型出版社的书。最后，好的推荐系统设计，能够让推荐系统本身收集到高质量的用户反馈，不断完善推荐的质量，增加用户和网站的交互，提高网站的收入。因此在评测一个推荐算法时，需要同时考虑三方的利益，一个好的推荐系统是能够令三方共赢的系统。

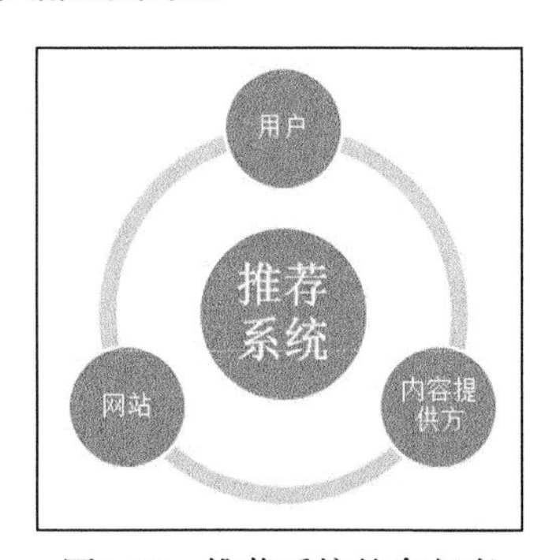

图1-22　推荐系统的参与者

在推荐系统的早期研究中，很多人将好的推荐系统定义为能够作出准确预测的推荐系统。比如，一个图书推荐系统预测一个用户将来会购买《C++ Primer中文版》这本书，而用户后来确实购买了，那么这就被看做一次准确的预测。预测准确度是推荐系统领域的重要指标（没有之一）。这个指标的好处是，它可以比较容易地通过离线方式计算出来，从而方便研究人员快速评价和选择不同的推荐算法。但是，很多研究表明，准确的预测并不代表好的推荐。[①]比如说，该用户早就准备买《C++ Primer中文版》了，无论是否给他推荐，他都准备购买，那么这个推荐结果显然是不好的，因为它并未使用户购买更多的书，而仅仅是方便用户购买一本他本来就准备买的书。那么，对于用户来说，他会觉得这个推荐结果很不新颖，不能令他惊喜。同时，对于《C++ Primer中文版》的出版社来说，这个推荐也没能增加这本书的潜在购买人数。所以，这是一个看上去很好，但其实却很失败的推荐。举一个更极端的例子，某推测系统预测明天太阳将从东方升起，虽然预测准确率是100%，却是一种没有意义的预测。

所以，好的推荐系统不仅仅能够准确预测用户的行为，而且能够扩展用户的视野，帮助用户发现那些他们可能会感兴趣，但却不那么容易发现的东西。同时，推荐系统还要能够帮助商家将那些被埋没在长尾中的好商品介绍给可能会对它们感兴趣的用户。这也正是《长尾理论》的作者在书中不遗余力介绍推荐系统的原因。

为了全面评测推荐系统对三方利益的影响，本章将从不同角度出发，提出不同的指标。这些指标包括准确度、覆盖度、新颖度、惊喜度、信任度、透明度等。这些指标中，有些可以离线计算，有些只有在线才能计算，有些只能通过用户问卷获得。下面各节将会依次介绍这些指标的出发点、含义，以及一些指标的计算方法。

1.3.1　推荐系统实验方法

在介绍推荐系统的指标之前，首先看一下计算和获得这些指标的主要实验方法。在推荐系统中，主要有3种评测推荐效果的实验方法，即离线实验（offline experiment）、用户调查（user study）和在线实验（online experiment）。下面将分别介绍这3种实验方法的优缺点。

1. 离线实验

离线实验的方法一般由如下几个步骤构成：

(1) 通过日志系统获得用户行为数据，并按照一定格式生成一个标准的数据集；

(2) 将数据集按照一定的规则分成训练集和测试集；

(3) 在训练集上训练用户兴趣模型，在测试集上进行预测；

(4) 通过事先定义的离线指标评测算法在测试集上的预测结果。

从上面的步骤可以看到，推荐系统的离线实验都是在数据集上完成的，也就是说它不需要一个实际的系统来供它实验，而只要有一个从实际系统日志中提取的数据集即可。这种实验方法的好处是不需要真实用户参与，可以直接快速地计算出来，从而方便、快速地测试大量不同的算法。

① 参见Sean M. McNee、John Riedl、Joseph A. Konstan的论文“Being accurate is not enough: how accuracy metrics have hurt recommender systems”。

它的主要缺点是无法获得很多商业上关注的指标，如点击率、转化率等，而找到和商业指标非常相关的离线指标也是很困难的事情。表1-2简单总结了离线实验的优缺点。

表1-2 离线实验的优缺点

优 点	缺 点
不需要有对实际系统的控制权	无法计算商业上关心的指标
不需要用户参与实验	离线实验的指标和商业指标存在差距
速度快，可以测试大量算法	

2. 用户调查

注意，离线实验的指标和实际的商业指标存在差距，比如预测准确率和用户满意度之间就存在很大差别，高预测准确率不等于高用户满意度。因此，如果要准确评测一个算法，需要相对比较真实的环境。最好的方法就是将算法直接上线测试，但在对算法会不会降低用户满意度不太有把握的情况下，上线测试具有较高的风险，所以在上线测试前一般需要做一次称为用户调查的测试。

用户调查需要有一些真实用户，让他们在需要测试的推荐系统上完成一些任务。在他们完成任务时，我们需要观察和记录他们的行为，并让他们回答一些问题。最后，我们需要通过分析他们的行为和答案了解测试系统的性能。

用户调查是推荐系统评测的一个重要工具，很多离线时没有办法评测的与用户主观感受有关的指标都可以通过用户调查获得。比如，如果我们想知道推荐结果是否很令用户惊喜，那我们最好直接询问用户。但是，用户调查也有一些缺点。首先，用户调查成本很高，需要用户花大量时间完成一个个任务，并回答相关的问题。有些时候，还需要花钱雇用测试用户。因此，大多数情况下很难进行大规模的用户调查，而对于参加人数较少的用户调查，得出的很多结论往往没有统计意义。因此，我们在做用户调查时，一方面要控制成本，另一方面又要保证结果的统计意义。

此外，测试用户也不是随便选择的。需要尽量保证测试用户的分布和真实用户的分布相同，比如男女各半，以及年龄、活跃度的分布都和真实用户分布尽量相同。此外，用户调查要尽量保证是双盲实验，不要让实验人员和用户事先知道测试的目标，以免用户的回答和实验人员的测试受主观成分的影响。

用户调查的优缺点也很明显。它的优点是可以获得很多体现用户主观感受的指标，相对在线实验风险很低，出现错误后很容易弥补。缺点是招募测试用户代价较大，很难组织大规模的测试用户，因此会使测试结果的统计意义不足。此外，在很多时候设计双盲实验非常困难，而且用户在测试环境下的行为和真实环境下的行为可能有所不同，因而在测试环境下收集的测试指标可能在真实环境下无法重现。

3. 在线实验

在完成离线实验和必要的用户调查后，可以将推荐系统上线做AB测试，将它和旧的算法进行比较。

AB测试是一种很常用的在线评测算法的实验方法。它通过一定的规则将用户随机分成几组，并对不同组的用户采用不同的算法，然后通过统计不同组用户的各种不同的评测指标比较不同算法，比如可以统计不同组用户的点击率，通过点击率比较不同算法的性能。对AB测试感兴趣的读者可以浏览一下网站http://www.abtests.com/，该网站给出了很多通过实际AB测试提高网站用户满意度的例子，从中我们可以学习到如何进行合理的AB测试。

AB测试的优点是可以公平获得不同算法实际在线时的性能指标，包括商业上关注的指标。AB测试的缺点主要是周期比较长，必须进行长期的实验才能得到可靠的结果。因此一般不会用AB测试测试所有的算法，而只是用它测试那些在离线实验和用户调查中表现很好的算法。其次，一个大型网站的AB测试系统的设计也是一项复杂的工程。一个大型网站的架构分前端和后端，从前端展示给用户的界面到最后端的算法，中间往往经过了很多层，这些层往往由不同的团队控制，而且都有可能做AB测试。如果为不同的层分别设计AB测试系统，那么不同的AB测试之间往往会互相干扰。比如，当我们进行一个后台推荐算法的AB测试，同时网页团队在做推荐页面的界面AB测试，最终的结果就是你不知道测试结果是自己算法的改变，还是推荐界面的改变造成的。因此，切分流量是AB测试中的关键，不同的层以及控制这些层的团队需要从一个统一的地方获得自己AB测试的流量，而不同层之间的流量应该是正交的。

图1-23是一个简单的AB测试系统。用户进入网站后，流量分配系统决定用户是否需要被进行AB测试，如果需要的话，流量分配系统会给用户打上在测试中属于什么分组的标签。然后用户浏览网页，而用户在浏览网页时的行为都会被通过日志系统发回后台的日志数据库。此时，如果用户有测试分组的标签，那么该标签也会被发回后台数据库。在后台，实验人员的工作首先是配置流量分配系统，决定满足什么条件的用户参加什么样的测试。其次，实验人员需要统计日志数据库中的数据，通过评测系统生成不同分组用户的实验报告，并比较和评测实验结果。

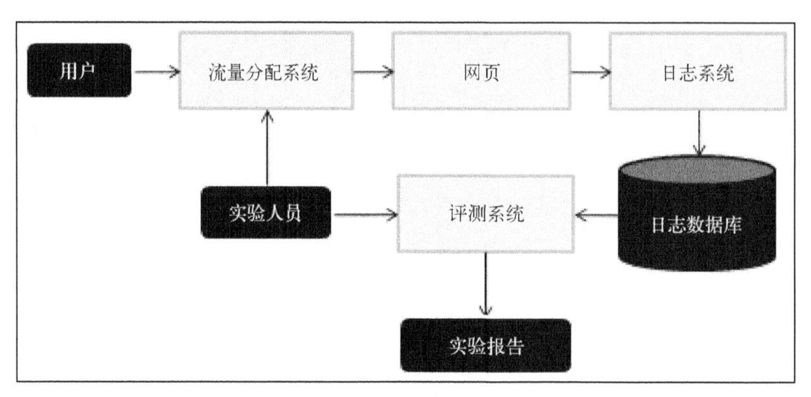

图1-23　AB测试系统

一般来说，一个新的推荐算法最终上线，需要完成上面所说的3个实验。

- 首先，需要通过离线实验证明它在很多离线指标上优于现有的算法。
- 然后，需要通过用户调查确定它的用户满意度不低于现有的算法。

- 最后，通过在线的AB测试确定它在我们关心的指标上优于现有的算法。

介绍完3种主要的实验方法后，下一节将开始介绍推荐系统常用的实验指标，这些指标大部分都可以通过本节介绍的3种实验方法获得。

1.3.2 评测指标

本节将介绍各种推荐系统的评测指标。这些评测指标可用于评价推荐系统各方面的性能。这些指标有些可以定量计算，有些只能定性描述，有些可以通过离线实验计算，有些需要通过用户调查获得，还有些只能在线评测。对于重要的评测指标，后面几章将会详细讨论如何优化它们，本章只给出指标的定义。但对于一些次要的指标，本章在给出定义的同时也会顺便讨论一下应该如何优化。下面几节将详细讨论各个不同的指标。

1. 用户满意度

用户作为推荐系统的重要参与者，其满意度是评测推荐系统的最重要指标。但是，用户满意度没有办法离线计算，只能通过用户调查或者在线实验获得。

用户调查获得用户满意度主要是通过调查问卷的形式。用户对推荐系统的满意度分为不同的层次。GroupLens曾经做过一个论文推荐系统的调查问卷，该问卷的调查问题是请问下面哪句话最能描述你看到推荐结果后的感受？[①]

- 推荐的论文都是我非常想看的。
- 推荐的论文很多我都看过了，确实是符合我兴趣的不错论文。
- 推荐的论文和我的研究兴趣是相关的，但我并不喜欢。
- 不知道为什么会推荐这些论文，它们和我的兴趣丝毫没有关系。

由此可以看出，这个调查问卷不是简单地询问用户对结果是否满意，而是从不同的侧面询问用户对结果的不同感受。比如，如果仅仅问用户是否满意，用户可能心里认为大体满意，但是对某个方面还有点不满，因而可能很难回答这个问题。因此在设计问卷时需要考虑到用户各方面的感受，这样用户才能针对问题给出自己准确的回答。

在在线系统中，用户满意度主要通过一些对用户行为的统计得到。比如在电子商务网站中，用户如果购买了推荐的商品，就表示他们在一定程度上满意。因此，我们可以利用购买率度量用户的满意度。此外，有些网站会通过设计一些用户反馈界面收集用户满意度。比如在视频网站Hulu的推荐页面（如图1-24所示）和豆瓣网络电台（如图1-25所示）中，都有对推荐结果满意或者不满意的反馈按钮，通过统计两种按钮的单击情况就可以度量系统的用户满意度。更一般的情况下，我们可以用点击率、用户停留时间和转化率等指标度量用户的满意度。

---

① 参见Sean M. McNee、Nishikant Kapoor和 Joseph A. Konstan的论文 “Don’t Look Stupid: Avoiding Pitfalls when Recommending Research Papers”。

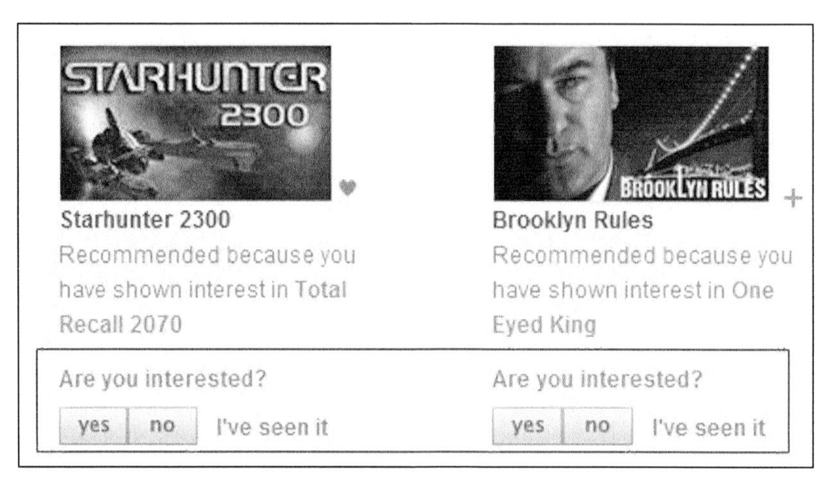

截取自Hulu，图中相关内容的著作权归原著作权人所有

图1-24　Hulu让用户直接对推荐结果进行反馈，以便度量用户满意度

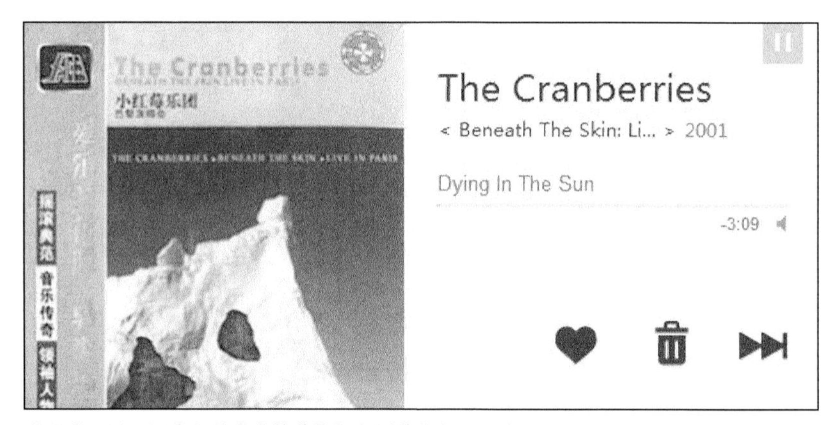

截取自豆瓣，图中相关内容的著作权归原著作权人所有

图1-25　豆瓣网络电台通过红心和垃圾箱的反馈来度量用户满意度

2. 预测准确度

预测准确度度量一个推荐系统或者推荐算法预测用户行为的能力。这个指标是最重要的推荐系统离线评测指标，从推荐系统诞生的那一天起，几乎99%与推荐相关的论文都在讨论这个指标。这主要是因为该指标可以通过离线实验计算，方便了很多学术界的研究人员研究推荐算法。

在计算该指标时需要有一个离线的数据集，该数据集包含用户的历史行为记录。然后，将该数据集通过时间分成训练集和测试集。最后，通过在训练集上建立用户的行为和兴趣模型预测用户在测试集上的行为，并计算预测行为和测试集上实际行为的重合度作为预测准确度。

由于离线的推荐算法有不同的研究方向，因此下面将针对不同的研究方向介绍它们的预测准确度指标。

● 评分预测

很多提供推荐服务的网站都有一个让用户给物品打分的功能（如图1-26所示）。那么，如果知道了用户对物品的历史评分，就可以从中习得用户的兴趣模型，并预测该用户在将来看到一个他没有评过分的物品时，会给这个物品评多少分。预测用户对物品评分的行为称为评分预测。

分别截取自Netflix、豆瓣、YouTube、Jinni、Digg和Pandora网站，图中相关内容的著作权归原著作权人所有

图1-26 不同网站收集用户评分的界面

评分预测的预测准确度一般通过均方根误差（RMSE）和平均绝对误差（MAE）计算。对于测试集中的一个用户u和物品i，令r_{ui}是用户u对物品i的实际评分，而$\hat{r}_{ui}$是推荐算法给出的预测评分，那么RMSE的定义为：

$$\text{RMSE}=\sqrt{\frac{\sum_{u,i\in T}(r_{ui}-\hat{r}_{ui})^2}{|T|}}$$

MAE采用绝对值计算预测误差，它的定义为：

$$\text{MAE}=\frac{\sum_{u,i\in T}|r_{ui}-\hat{r}_{ui}|}{|T|}$$

假设我们用一个列表`records`存放用户评分数据，令`records[i] = [u,i,rui,pui]`，其中`rui`是用户`u`对物品`i`的实际评分，`pui`是算法预测出来的用户`u`对物品`i`的评分，那么下面的代码分别实现了RMSE和MAE的计算过程。

```
def RMSE(records):
    return math.sqrt(\
        sum([(rui-pui)*(rui-pui) for u,i,rui,pui in records])\
        / float(len(records)))

def MAE(records):
    return sum([abs(rui-pui) for u,i,rui,pui in records])\
        / float(len(records))
```

关于RMSE和MAE这两个指标的优缺点，Netflix认为RMSE加大了对预测不准的用户物品评分的惩罚（平方项的惩罚），因而对系统的评测更加苛刻。研究表明，如果评分系统是基于整数建立的（即用户给的评分都是整数），那么对预测结果取整会降低MAE的误差①。

① Gábor Takács、István Pilászy和 Bottyán Németb的论文“Major components of the gravity recommendation system”。

- TopN推荐

网站在提供推荐服务时，一般是给用户一个个性化的推荐列表，这种推荐叫做TopN推荐。TopN推荐的预测准确率一般通过准确率（precision）/召回率（recall）度量。

令$R(u)$是根据用户在训练集上的行为给用户作出的推荐列表，而$T(u)$是用户在测试集上的行为列表。那么，推荐结果的召回率定义为：

$$\text{Recall} = \frac{\sum_{u\in U}|R(u)\cap T(u)|}{\sum_{u\in U}|T(u)|}$$

推荐结果的准确率定义为：

$$\text{Precision} = \frac{\sum_{u\in U}|R(u)\cap T(u)|}{\sum_{u\in U}|R(u)|}$$

下面的Python代码同时计算出了一个推荐算法的准确率和召回率：

```
def PrecisionRecall(test, N):
    hit = 0
    n_recall = 0
    n_precision = 0
    for user, items in test.items():
        rank = Recommend(user, N)
        hit += len(rank & items)
        n_recall += len(items)
        n_precision += N
    return [hit / (1.0 * n_recall), hit / (1.0 * n_precision)]
```

有的时候，为了全面评测TopN推荐的准确率和召回率，一般会选取不同的推荐列表长度N，计算出一组准确率/召回率，然后画出准确率/召回率曲线（precision/recall curve）。

- 关于评分预测和TopN推荐的讨论

评分预测一直是推荐系统研究的热点，绝大多数推荐系统的研究都是基于用户评分数据的评分预测。这主要是因为，一方面推荐系统的早期研究组GroupLens的研究主要就是基于电影评分数据MovieLens进行的，其次，Netflix大赛也主要面向评分预测问题。因而，很多研究人员都将研究精力集中在优化评分预测的RMSE上。

对此，亚马逊前科学家Greg Linden有不同的看法。2009年，他在Communications of the ACM网站发表了一篇文章①，指出电影推荐的目的是找到用户最有可能感兴趣的电影，而不是预测用户看了电影后会给电影什么样的评分。因此，TopN推荐更符合实际的应用需求。也许有一部电影用户看了之后会给很高的分数，但用户看的可能性非常小。因此，预测用户是否会看一部电影，应该比预测用户看了电影后会给它什么评分更加重要。因此，本书主要也是讨论TopN推荐。

① “What is a Good Recommendation Algorithm? ”，参见 http://cacm.acm.org/blogs/blog-cacm/22925-what-is-a-good-recommendation -algorithm/fulltext。

3. 覆盖率

覆盖率（coverage）描述一个推荐系统对物品长尾的发掘能力。覆盖率有不同的定义方法，最简单的定义为推荐系统能够推荐出来的物品占总物品集合的比例。假设系统的用户集合为U，推荐系统给每个用户推荐一个长度为N的物品列表$R(u)$。那么推荐系统的覆盖率可以通过下面的公式计算：

$$\text{Coverage} = \frac{\left|\bigcup_{u \in U} R(u)\right|}{|I|}$$

从上面的定义可以看到，覆盖率是一个内容提供商会关心的指标。以图书推荐为例，出版社可能会很关心他们的书有没有被推荐给用户。覆盖率为100%的推荐系统可以将每个物品都推荐给至少一个用户。此外，从上面的定义也可以看到，热门排行榜的推荐覆盖率是很低的，它只会推荐那些热门的物品，这些物品在总物品中占的比例很小。一个好的推荐系统不仅需要有比较高的用户满意度，也要有较高的覆盖率。

但是上面的定义过于粗略。覆盖率为100%的系统可以有无数的物品流行度分布。为了更细致地描述推荐系统发掘长尾的能力，需要统计推荐列表中不同物品出现次数的分布。如果所有的物品都出现在推荐列表中，且出现的次数差不多，那么推荐系统发掘长尾的能力就很好。因此，可以通过研究物品在推荐列表中出现次数的分布描述推荐系统挖掘长尾的能力。如果这个分布比较平，那么说明推荐系统的覆盖率较高，而如果这个分布较陡峭，说明推荐系统的覆盖率较低。在信息论和经济学中有两个著名的指标可以用来定义覆盖率。第一个是信息熵：

$$H = -\sum_{i=1}^{n} p(i) \log p(i)$$

这里$p(i)$是物品i的流行度除以所有物品流行度之和。

第二个指标是基尼系数（Gini Index）：[①]

$$G = \frac{1}{n-1} \sum_{j=1}^{n} (2j - n - 1) p(i_j)$$

这里，i_j是按照物品流行度p从小到大排序的物品列表中第j个物品。下面的代码可以用来计算给定物品流行度分布后的基尼系数：

```
def GiniIndex(p):
    j = 1
    n = len(p)
    G = 0
    for item, weight in sorted(p.items(), key=itemgetter(1)):
        G += (2 * j - n - 1) * weight
    return G / float(n - 1)
```

① 参见Guy Shani和 Asela Gunawardana的“Evaluating Recommendation Systems”。

基尼系数的计算原理

首先，我们将物品按照热门程度从低到高排列，那么右图中的黑色曲线表示最不热门的x%物品的总流行度占系统的比例y%。这条曲线肯定是在$y=x$曲线之下的，而且和$y=x$曲线相交在(0,0)和(1,1)。

令SA是A的面积，SB是B的面积，那么基尼系数的形象定义就是SA / (SA + SB)，从定义可知，基尼系数属于区间[0,1]。

如果系统的流行度很平均，那么SA就会很小，从而基尼系数很小。如果系统物品流行度分配很不均匀，那么SA就会很大，从而基尼系数也会很大。

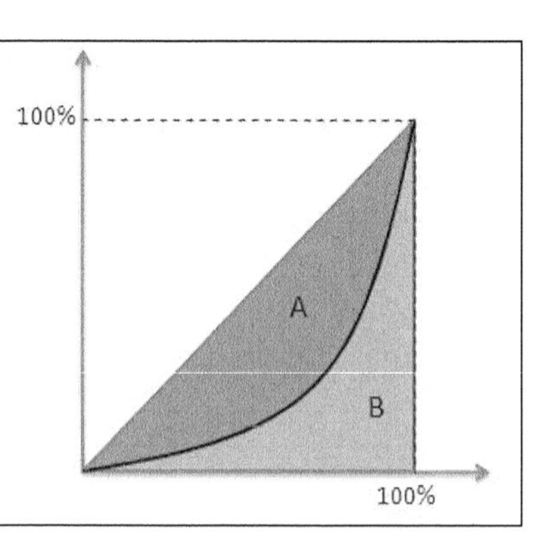

社会学领域有一个著名的马太效应，即所谓强者更强，弱者更弱的效应。如果一个系统会增大热门物品和非热门物品的流行度差距，让热门的物品更加热门，不热门的物品更加不热门，那么这个系统就有马太效应。比如，首页的热门排行榜就有马太效应。进入排行榜的都是热门的物品，但它们因为被放在首页的排行榜展示有了更多的曝光机会，所以会更加热门。相反，没有进入排行榜的物品得不到展示，就会更不热门。搜索引擎的PageRank算法也具有一定的马太效应，如果一个网页的某个热门关键词排名很高，并因此被展示在搜索结果的第一条，那么它就会获得更多的关注，从而获得更多的外链，PageRank排名也越高。

那么，推荐系统是否有马太效应呢？推荐系统的初衷是希望消除马太效应，使得各种物品都能被展示给对它们感兴趣的某一类人群。但是，很多研究表明现在主流的推荐算法（比如协同过滤算法）是具有马太效应的。评测推荐系统是否具有马太效应的简单办法就是使用基尼系数。如果$G1$是从初始用户行为中计算出的物品流行度的基尼系数，$G2$是从推荐列表中计算出的物品流行度的基尼系数，那么如果$G2 > G1$，就说明推荐算法具有马太效应。

4. 多样性

用户的兴趣是广泛的，在一个视频网站中，用户可能既喜欢看《猫和老鼠》一类的动画片，也喜欢看成龙的动作片。那么，为了满足用户广泛的兴趣，推荐列表需要能够覆盖用户不同的兴趣领域，即推荐结果需要具有多样性。多样性推荐列表的好处用一句俗话表述就是“不在一棵树上吊死”。尽管用户的兴趣在较长的时间跨度中是不一样的，但具体到用户访问推荐系统的某一刻，其兴趣往往是单一的，那么如果推荐列表只能覆盖用户的一个兴趣点，而这个兴趣点不是用户这个时刻的兴趣点，推荐列表就不会让用户满意。反之，如果推荐列表比较多样，覆盖了用户绝大多数的兴趣点，那么就会增加用户找到感兴趣物品的概率。因此给用户的推荐列表也需要满足用户广泛的兴趣，即具有多样性。

多样性描述了推荐列表中物品两两之间的不相似性。因此，多样性和相似性是对应的。假设$s(i,j)\in[0,1]$定义了物品i和j之间的相似度，那么用户u的推荐列表$R(u)$的多样性定义如下：

$$\text{Diversity}(R(u)) = 1 - \frac{\sum_{i,j\in R(u),i\neq j} s(i,j)}{\frac{1}{2}|R(u)|(|R(u)|-1)}$$

而推荐系统的整体多样性可以定义为所有用户推荐列表多样性的平均值：

$$\text{Diversity} = \frac{1}{|U|}\sum_{u \in U}\text{Diversity}(R(u))$$

从上面的定义可以看到，不同的物品相似度度量函数$s(i,j)$可以定义不同的多样性。如果用内容相似度描述物品间的相似度，我们就可以得到内容多样性函数，如果用协同过滤的相似度函数描述物品间的相似度，就可以得到协同过滤的多样性函数。

关于推荐系统多样性最好达到什么程度，可以通过一个简单的例子说明。假设用户喜欢动作片和动画片，且用户80%的时间在看动作片，20%的时间在看动画片。那么，可以提供4种不同的推荐列表：A列表中有10部动作片，没有动画片；B列表中有10部动画片，没有动作片；C列表中有8部动作片和2部动画片；D列表有5部动作片和5部动画片。在这个例子中，一般认为C列表是最好的，因为它具有一定的多样性，但又考虑到了用户的主要兴趣。A满足了用户的主要兴趣，但缺少多样性，D列表过于多样，没有考虑到用户的主要兴趣。B列表即没有考虑用户的主要兴趣，也没有多样性，因此是最差的。

5. 新颖性

新颖的推荐是指给用户推荐那些他们以前没有听说过的物品。在一个网站中实现新颖性的最简单办法是，把那些用户之前在网站中对其有过行为的物品从推荐列表中过滤掉。比如在一个视频网站中，新颖的推荐不应该给用户推荐那些他们已经看过、打过分或者浏览过的视频。但是，有些视频可能是用户在别的网站看过，或者是在电视上看过，因此仅仅过滤掉本网站中用户有过行为的物品还不能完全实现新颖性。

O'scar Celma在博士论文“Music Recommendation and Discovery in the Long Tail”[①]中研究了新颖度的评测。评测新颖度的最简单方法是利用推荐结果的平均流行度，因为越不热门的物品越可能让用户觉得新颖。因此，如果推荐结果中物品的平均热门程度较低，那么推荐结果就可能有比较高的新颖性。

但是，用推荐结果的平均流行度度量新颖性比较粗略，因为不同用户不知道的东西是不同的。因此，要准确地统计新颖性需要做用户调查。

最近几年关于多样性和新颖性的研究越来越受到推荐系统研究人员的关注。ACM的推荐系统会议在2011年有一个专门的研讨会讨论推荐的多样性和新颖性。[②]该研讨会的组织者认为，通过牺牲精度来提高多样性和新颖性是很容易的，而困难的是如何在不牺牲精度的情况下提高多样性和新颖性。关心这两个指标的读者可以关注一下这个研讨会最终发表的论文。

6. 惊喜度

惊喜度（serendipity）是最近这几年推荐系统领域最热门的话题。但什么是惊喜度，惊喜度与新颖性有什么区别是首先需要弄清楚的问题。注意，这里讨论的是惊喜度和新颖度作为推荐指

① 参见“Music Recommendation and Discovery in the Long Tail”，地址为http://mtg.upf.edu/static/media/PhD_ocelma.pdf。

② 参见“International Workshop on Novelty and Diversity in Recommender Systems”，地址为http://ir.ii.uam.es/divers2011/。

标在意义上的区别，而不是这两个词在中文里的含义区别（因为这两个词是英文词翻译过来的，所以它们在中文里的含义区别和英文词的含义区别并不相同），所以我们首先要摒弃大脑中关于这两个词在中文中的基本含义。

可以举一个例子说明这两种指标的区别。假设一名用户喜欢周星驰的电影，然后我们给他推荐了一部叫做《临歧》的电影（该电影是1983年由刘德华、周星驰、梁朝伟合作演出的，很少有人知道这部有周星驰出演的电影），而该用户不知道这部电影，那么可以说这个推荐具有新颖性。但是，这个推荐并没有惊喜度，因为该用户一旦了解了这个电影的演员，就不会觉得特别奇怪。但如果我们给用户推荐张艺谋导演的《红高粱》，假设这名用户没有看过这部电影，那么他看完这部电影后可能会觉得很奇怪，因为这部电影和他的兴趣一点关系也没有，但如果用户看完电影后觉得这部电影很不错，那么就可以说这个推荐是让用户惊喜的。这个例子的原始版本来自于Guy Shani的论文①，他的基本意思就是，如果推荐结果和用户的历史兴趣不相似，但却让用户觉得满意，那么就可以说推荐结果的惊喜度很高，而推荐的新颖性仅仅取决于用户是否听说过这个推荐结果。

目前并没有什么公认的惊喜度指标定义方式，这里只给出一种定性的度量方式。上面提到，令用户惊喜的推荐结果是和用户历史上喜欢的物品不相似，但用户却觉得满意的推荐。那么，定义惊喜度需要首先定义推荐结果和用户历史上喜欢的物品的相似度，其次需要定义用户对推荐结果的满意度。前面也曾提到，用户满意度只能通过问卷调查或者在线实验获得，而推荐结果和用户历史上喜欢的物品相似度一般可以用内容相似度定义。也就是说，如果获得了一个用户观看电影的历史，得到这些电影的演员和导演集合A，然后给用户推荐一个不属于集合A的导演和演员创作的电影，而用户表示非常满意，这样就实现了一个惊喜度很高的推荐。因此提高推荐惊喜度需要提高推荐结果的用户满意度，同时降低推荐结果和用户历史兴趣的相似度。

惊喜度的问题最近几年获得了学术界的一定关注，但这方面的工作还不是很成熟。相关工作可以参考Yuan Cao Zhang等的论文②和Tomoko Murakami等的论文③，本书就不对该问题进一步展开讨论了。

7. 信任度

如果你有两个朋友，一个人你很信任，一个人经常满嘴跑火车，那么如果你信任的朋友推荐你去某个地方旅游，你很有可能听从他的推荐，但如果是那位满嘴跑火车的朋友推荐你去同样的地方旅游，你很有可能不去。这两个人可以看做两个推荐系统，尽管他们的推荐结果相同，但用户却可能产生不同的反应，这就是因为用户对他们有不同的信任度。

对于基于机器学习的自动推荐系统，同样存在信任度（trust）的问题，如果用户信任推荐系统，那就会增加用户和推荐系统的交互。特别是在电子商务推荐系统中，让用户对推荐结果产生

① 参见Guy Shani和 Asela Gunawardana的“Evaluating Recommendation Systems”。

② 参见Yuan Cao Zhang、Diarmuid Ó Séaghdha、Daniele Quercia和 Tamas Jambor的“Auralist: introducing serendipity into music recommendation.”。

③ 参见Tomoko Murakami、Koichiro. Mori和Ryohei Orihara的“ Metrics for evaluating the serendipity of recommendation lists”。

信任是非常重要的。同样的推荐结果，以让用户信任的方式推荐给用户就更能让用户产生购买欲，而以类似广告形式的方法推荐给用户就可能很难让用户产生购买的意愿。

度量推荐系统的信任度只能通过问卷调查的方式，询问用户是否信任推荐系统的推荐结果。因为本书后面的章节不太涉及如何提高推荐系统信任度的问题，因此这里简单介绍一下如何提高用户对推荐结果的信任度，以及关于信任度的一些研究现状。

提高推荐系统的信任度主要有两种方法。首先需要增加推荐系统的透明度（transparency）①，而增加推荐系统透明度的主要办法是提供推荐解释。只有让用户了解推荐系统的运行机制，让用户认同推荐系统的运行机制，才会提高用户对推荐系统的信任度。其次是考虑用户的社交网络信息，利用用户的好友信息给用户做推荐，并且用好友进行推荐解释。这是因为用户对他们的好友一般都比较信任，因此如果推荐的商品是好友购买过的，那么他们对推荐结果就会相对比较信任。

关于推荐系统信任度的研究②主要集中在评论网站Epinion的推荐系统上。这是因为Epinion创建了一套用户之间的信任系统来建立用户之间的信任关系，帮助用户判断是否信任当前用户对某一个商品的评论。如图1-27所示，当用户在Epinion上浏览一个商品时，他会通过用户评论判断是否购买该商品。Epinion为了防止垃圾评论或者广告评论影响用户的决策，在每条用户评论的右侧都显示了评论作者的信息，并且让用户判断是信任该评论人还是将他加入黑名单。如果网站具有Epinion的用户信任系统，那么可以在给用户做推荐时，尽量推荐他信任的其他用户评论过的物品。

截取自Epinion网站，图中相关内容的著作权归原著作权人所有

图1-27 Epinion的信任系统界面

① 参见Henriette Cramer、Vanessa Evers、Satyan Ramlal、Maarten van Someren、Lloyd Rutledge、Natalia Stash、Lora Aroyo和Bob Wielinga的"The effects of transparency on trust in and acceptance of a content-based art recommender"。

② 参见Paolo Massa和Paolo Avesani的"Trust-aware recommender systems"。

8. 实时性

在很多网站中，因为物品（新闻、微博等）具有很强的时效性，所以需要在物品还具有时效性时就将它们推荐给用户。比如，给用户推荐昨天的新闻显然不如给用户推荐今天的新闻。因此，在这些网站中，推荐系统的实时性就显得至关重要。

推荐系统的实时性包括两个方面。首先，推荐系统需要实时地更新推荐列表来满足用户新的行为变化。比如，当一个用户购买了iPhone，如果推荐系统能够立即给他推荐相关配件，那么肯定比第二天再给用户推荐相关配件更有价值。很多推荐系统都会在离线状态每天计算一次用户推荐列表，然后于在线期间将推荐列表展示给用户。这种设计显然是无法满足实时性的。与用户行为相应的实时性，可以通过推荐列表的变化速率来评测。如果推荐列表在用户有行为后变化不大，或者没有变化，说明推荐系统的实时性不高。

实时性的第二个方面是推荐系统需要能够将新加入系统的物品推荐给用户。这主要考验了推荐系统处理物品冷启动的能力。关于如何将新加入系统的物品推荐给用户，本书将在后面的章节进行讨论，而对于新物品推荐能力，我们可以利用用户推荐列表中有多大比例的物品是当天新加的来评测。

9. 健壮性

任何一个能带来利益的算法系统都会被人攻击，这方面最典型的例子就是搜索引擎。搜索引擎的作弊和反作弊斗争异常激烈，这是因为如果能让自己的商品成为热门搜索词的第一个搜索结果，会带来极大的商业利益。推荐系统目前也遇到了同样的作弊问题，而健壮性（即robust，鲁棒性）指标衡量了一个推荐系统抗击作弊的能力。

2011年的推荐系统大会专门有一个关于推荐系统健壮性的教程[①]。作者总结了很多作弊方法，其中最著名的就是行为注入攻击（profile injection attack）。众所周知，绝大部分推荐系统都是通过分析用户的行为实现推荐算法的。比如，亚马逊有一种推荐叫做“购买商品A的用户也经常购买的其他商品”。它的主要计算方法是统计购买商品A的用户购买其他商品的次数。那么，我们可以很简单地攻击这个算法，让自己的商品在这个推荐列表中获得比较高的排名，比如可以注册很多账号，用这些账号同时购买A和自己的商品。还有一种攻击主要针对评分系统，比如豆瓣的电影评分。这种攻击很简单，就是雇用一批人给自己的商品非常高的评分，而评分行为是推荐系统依赖的重要用户行为。

算法健壮性的评测主要利用模拟攻击。首先，给定一个数据集和一个算法，可以用这个算法给这个数据集中的用户生成推荐列表。然后，用常用的攻击方法向数据集中注入噪声数据，然后利用算法在注入噪声后的数据集上再次给用户生成推荐列表。最后，通过比较攻击前后推荐列表的相似度评测算法的健壮性。如果攻击后的推荐列表相对于攻击前没有发生大的变化，就说明算法比较健壮。

在实际系统中，提高系统的健壮性，除了选择健壮性高的算法，还有以下方法。

---

① 参见Neil Hurley的“Tutorial on Robustness of Recommender System”（ACM RecSys 2011）。

- 设计推荐系统时尽量使用代价比较高的用户行为。比如，如果有用户购买行为和用户浏览行为，那么主要应该使用用户购买行为，因为购买需要付费，所以攻击购买行为的代价远远大于攻击浏览行为。
- 在使用数据前，进行攻击检测，从而对数据进行清理。

10. 商业目标

很多时候，网站评测推荐系统更加注重网站的商业目标是否达成，而商业目标和网站的盈利模式是息息相关的。一般来说，最本质的商业目标就是平均一个用户给公司带来的盈利。不过这种指标不是很难计算，只是计算一次需要比较大的代价。因此，很多公司会根据自己的盈利模式设计不同的商业目标。

不同的网站具有不同的商业目标。比如电子商务网站的目标可能是销售额，基于展示广告盈利的网站其商业目标可能是广告展示总数，基于点击广告盈利的网站其商业目标可能是广告点击总数。因此，设计推荐系统时需要考虑最终的商业目标，而网站使用推荐系统的目的除了满足用户发现内容的需求，也需要利用推荐系统加快实现商业上的指标。

11. 总结

本节提到了很多指标，其中有些指标可以离线计算，有些只能在线获得。但是，离线指标很多，在线指标也很多，那么如何优化离线指标来提高在线指标是推荐系统研究的重要问题。关于这个问题，目前仍然没有什么定论，只是不同系统的研究人员有不同的感性认识。

表1-3对前面提到的指标进行了总结。

表1-3 获取各种评测指标的途径

	离线实验	问卷调查	在线实验
用户满意度	×	✓	○
预测准确度	✓	✓	×
覆盖率	✓	✓	✓
多样性	○	✓	○
新颖性	○	✓	○
惊喜度	×	✓	×

对于可以离线优化的指标，我个人的看法是应该在给定覆盖率、多样性、新颖性等限制条件下，尽量优化预测准确度。用一个数学公式表达，离线实验的优化目标是：

$$
\begin{aligned}
&\text{最大化预测准确度}\\
&\text{使得}\quad \text{覆盖率} > A\\
&\qquad\quad\ \ \text{多样性} > B\\
&\qquad\quad\ \ \text{新颖性} > C
\end{aligned}
$$

其中，A、B、C的取值应该视不同的应用而定。

1.3.3 评测维度

上一节介绍了很多评测指标，但是在评测系统中还需要考虑评测维度，比如一个推荐算法，虽然整体性能不好，但可能在某种情况下性能比较好，而增加评测维度的目的就是知道一个算法在什么情况下性能最好。这样可以为融合不同推荐算法取得最好的整体性能带来参考。

一般来说，评测维度分为如下3种。

- **用户维度**　主要包括用户的人口统计学信息、活跃度以及是不是新用户等。
- **物品维度**　包括物品的属性信息、流行度、平均分以及是不是新加入的物品等。
- **时间维度**　包括季节，是工作日还是周末，是白天还是晚上等。

如果能够在推荐系统评测报告中包含不同维度下的系统评测指标，就能帮我们全面地了解推荐系统性能，找到一个看上去比较弱的算法的优势，发现一个看上去比较强的算法的缺点。

第2章

利用用户行为数据

为了让推荐结果符合用户口味，我们需要深入了解用户。如何才能了解一个人呢？《论语·公冶长》中说“听其言，观其行”，也就是说可以通过用户留下的文字和行为了解用户兴趣和需求。实现个性化推荐的最理想情况是用户能在注册的时候主动告诉我们他喜欢什么，但这种方法有3个缺点：首先，现在的自然语言理解技术很难理解用户用来描述兴趣的自然语言；其次，用户的兴趣是不断变化的，但用户不会不停地更新兴趣描述；最后，很多时候用户并不知道自己喜欢什么，或者很难用语言描述自己喜欢什么。因此，我们需要通过算法自动发掘用户行为数据，从用户的行为中推测出用户的兴趣，从而给用户推荐满足他们兴趣的物品。

基于用户行为数据的应用其实早在个性化推荐系统诞生之前就已经在互联网上非常流行了，其中最典型的就是各种各样的排行榜。这些排行榜包括热门排行榜和趋势排行榜等。尽管这些排行榜应用仅仅基于简单的用户行为统计，但它们在互联网上获得了很多用户的青睐。因此，用户行为数据的分析是很多优秀产品设计的基础，个性化推荐算法通过对用户行为的深度分析，可以给用户带来更好的网站使用体验。

用户的行为不是随机的，而是蕴含着很多模式。举一个简单的例子，在电子商务网站中，我们每次购物时网站都会生成一个购物车，里面包括了我们一次购买的所有商品。购物车分析是很多电子商务网站，甚至传统零售业的核心数据分析任务，比如我们可以分析哪些商品会同时出现在购物车中。这里面最著名的例子就是啤酒和尿布的例子，这个例子是数据挖掘的经典案例。这个故事有非常多的版本，甚至有人认为这个故事本身就是一个误会。不过我们还是用这个故事简单说明一下用户行为分析的重要性。这个故事的一个版本是说，有一个超市人员发现很多人会同时购买啤酒和尿布，后来他们认为是很多妇女要在家照顾孩子，就让自己的丈夫去买尿布，而丈夫在买尿布的同时不忘买一下自己喜欢的啤酒，于是这两个风马牛不相及的东西就这么产生联系了。于是超市工作人员把啤酒和尿布放在了同一个货架上，结果这两种商品的销售量都明显上升了。不同人看到这个故事有不同的理解，我们从算法设计人员的角度看，这个故事说明用户行为数据中蕴涵着很多不是那么显而易见的规律，而个性化推荐算法的任务就是通过计算机去发现这些规律，从而为产品的设计提供指导，提高用户体验。

啤酒和尿布的故事在互联网上被发扬光大。电子商务公司通过分析用户的购物车，找出诸如“购买A商品的用户都购买B商品”这种规律，同时在用户浏览A商品时直接为其展示购买A商品的用户都购买的其他商品（如图2-1所示）。

截取自当当网，图中相关内容的著作权归原著作权人所有

图2-1　当当网在用户浏览《数据挖掘导论》时给用户推荐“购买本商品的顾客还买过”的书

基于用户行为分析的推荐算法是个性化推荐系统的重要算法，学术界一般将这种类型的算法称为协同过滤算法。顾名思义，协同过滤就是指用户可以齐心协力，通过不断地和网站互动，使自己的推荐列表能够不断过滤掉自己不感兴趣的物品，从而越来越满足自己的需求。

2.1　用户行为数据简介

本章提到的个性化推荐算法都是基于用户行为数据分析设计的，因此本节将首先介绍用户行为数据。

用户行为数据在网站上最简单的存在形式就是日志。网站在运行过程中都产生大量原始日志（raw log），并将其存储在文件系统中。很多互联网业务会把多种原始日志按照用户行为汇总成会话日志（session log），其中每个会话表示一次用户行为和对应的服务。比如，在搜索引擎和搜索广告系统中，服务会为每次查询生成一个展示日志（impression log），其中记录了查询和返回结果。如果用户点击了某个结果，这个点击信息会被服务器截获并存储在点击日志（click log）中。一个并行程序会周期性地归并展示日志和点击日志，得到的会话日志中每个消息是一个用户提交的查询、得到的结果以及点击。类似地，推荐系统和电子商务网站也会汇总原始日志生成描述用户行为的会话日志。会话日志通常存储在分布式数据仓库中，如支持离线分析的Hadoop Hive和支持在线分析的Google Dremel。这些日志记录了用户的各种行为，如在电子商务网站中这些行为主要包括网页浏览、购买、点击、评分和评论等。

用户行为在个性化推荐系统中一般分两种——显性反馈行为（explicit feedback）和隐性反馈行为（implicit feedback）。显性反馈行为包括用户明确表示对物品喜好的行为。图2-2显示了不同网站收集显性反馈的方式。可以看到，这里的主要方式就是评分和喜欢/不喜欢。很多网站都使用了5分的评分系统来让用户直接表达对物品的喜好，但也有些网站使用简单的“喜欢”或者“不喜欢”按钮收集用户的兴趣。这些不同的显性反馈方式各有利弊。YouTube最早是用5分评分系统收集显性反馈的，但后来他们的研究人员统计了不同评分的评分数①，结果发现，用户最常用的评分是5分，其次是1分，其他的分数很少有用户打。因此，后来YouTube就把评分系统改成了两档评分系统（喜欢/不喜欢）。当然，我们举这个例子并不是试图说明一种评分系统比另一种好，而是要说明不同的网站需要根据自己的特点设计评分系统，而不是一味照搬其他网站的设计。YouTube的用户主要将精力放在看视频上，因此他们只有在特别不满或者特别满意时才会评分，因此二级评分系统就足够了。但如果是评论网站，用户主要将精力放在评论上，这时多级评分系统就是必要的。

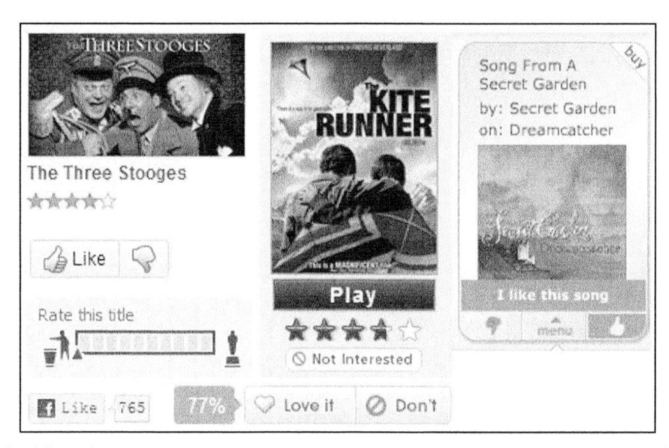

分别截取自Hulu 、Netflix、Jinni、Pandora、Facebook和Clicker网站，图中相关内容的著作权归原著作权人所有

图2-2 各种显性反馈界面

和显性反馈行为相对应的是隐性反馈行为。隐性反馈行为指的是那些不能明确反应用户喜好的行为。最具代表性的隐性反馈行为就是页面浏览行为。用户浏览一个物品的页面并不代表用户一定喜欢这个页面展示的物品，比如可能因为这个页面链接显示在首页，用户更容易点击它而已。相比显性反馈，隐性反馈虽然不明确，但数据量更大。在很多网站中，很多用户甚至只有隐性反馈数据，而没有显性反馈数据。表2-1从几个不同方面比较了显性反馈数据和隐性反馈数据。

表2-1 显性反馈数据和隐性反馈数据的比较

	显性反馈数据	隐性反馈数据
用户兴趣	明确	不明确
数量	较少	庞大
存储	数据库	分布式文件系统
实时读取	实时	有延迟
正负反馈	都有	只有正反馈

① 参见“Five Stars Dominate Ratings”，地址为http://youtube-global.blogspot.com/2009/09/five-stars-dominate-ratings.html。

按照反馈的明确性分，用户行为数据可以分为显性反馈和隐性反馈，但按照反馈的方向分，又可以分为正反馈和负反馈。正反馈指用户的行为倾向于指用户喜欢该物品，而负反馈指用户的行为倾向于指用户不喜欢该物品。在显性反馈中，很容易区分一个用户行为是正反馈还是负反馈，而在隐性反馈行为中，就相对比较难以确定。

为了更好地说明什么数据是显性反馈数据，什么是隐性反馈数据，表2-2列举了各个领域的网站中这两种行为的例子。

表2-2　各代表网站中显性反馈数据和隐性反馈数据的例子

	显性反馈	隐性反馈
视频网站	用户对视频的评分	用户观看视频的日志、浏览视频页面的日志
电子商务网站	用户对商品的评分	购买日志、浏览日志
门户网站	用户对新闻的评分	阅读新闻的日志
音乐网站	用户对音乐/歌手/专辑的评分	听歌的日志

互联网中的用户行为有很多种，比如浏览网页、购买商品、评论、评分等。要用一个统一的方式表示所有这些行为是比较困难的。表2-3给出了一种表示方式，它将一个用户行为表示为6部分，即产生行为的用户和行为的对象、行为的种类、产生行为的上下文、行为的内容和权重。

表2-3　用户行为的统一表示

`user id`	产生行为的用户的唯一标识
`item id`	产生行为的对象的唯一标识
`behavior type`	行为的种类（比如是购买还是浏览）
`context`	产生行为的上下文，包括时间和地点等
`behavior weight`	行为的权重（如果是观看视频的行为，那么这个权重可以是观看时长；如果是打分行为，这个权重可以是分数）
`behavior content`	行为的内容（如果是评论行为，那么就是评论的文本；如果是打标签的行为，就是标签）

当然，在很多时候我们并不使用统一结构表示所有行为，而是针对不同的行为给出不同表示。而且，有些时候可能会忽略一些信息（比如上下文）。当然，有些信息是不能忽略的，比如产生行为的用户和行为的对象就是所有行为都必须包含的。一般来说，不同的数据集包含不同的行为，目前比较有代表性的数据集有下面几个。

- **无上下文信息的隐性反馈数据集**　每一条行为记录仅仅包含用户ID和物品ID。Book-Crossing[①]就是这种类型的数据集。
- **无上下文信息的显性反馈数据集**　每一条记录包含用户ID、物品ID和用户对物品的评分。
- **有上下文信息的隐性反馈数据集**　每一条记录包含用户ID、物品ID和用户对物品产生行

① 参见"Book-Crossing Dataset"，地址为http://www.informatik.uni-freiburg.de/~cziegler/BX/。

为的时间戳。Last.fm数据集[1]就是这种类型的数据集。

- **有上下文信息的显性反馈数据集** 每一条记录包含用户ID、物品ID、用户对物品的评分和评分行为发生的时间戳。Netflix Prize[2]提供的就是这种类型的数据集。

本章使用的数据集基本都是第一种数据集，即无上下文信息的隐性反馈数据集。

2.2 用户行为分析

在利用用户行为数据设计推荐算法之前，研究人员首先需要对用户行为数据进行分析，了解数据中蕴含的一般规律，这样才能对算法的设计起到指导作用。本节将介绍用户行为数据中蕴含的一般规律，这些规律并不是只存在于一两个网站中的特例，而是存在于很多网站中的普遍规律。

2.2.1 用户活跃度和物品流行度的分布

很多关于互联网数据的研究发现，互联网上的很多数据分布都满足一种称为Power Law[3]的分布，这个分布在互联网领域也称长尾分布。

$$f(x) = \alpha x^k$$

长尾分布其实很早就被统计学家注意到了。1932年，哈佛大学的语言学家Zipf在研究英文单词的词频时发现，如果将单词出现的频率按照由高到低排列，则每个单词出现的频率和它在热门排行榜中排名的常数次幂成反比。这个分布称为Zipf定律。这个现象表明，在英文中大部分词的词频其实很低，只有很少的词被经常使用。

很多研究人员发现，用户行为数据也蕴含着这种规律。令$f_u(k)$为对k个物品产生过行为的用户数，令$f_i(k)$为被k个用户产生过行为的物品数。那么，$f_u(k)$和$f_i(k)$都满足长尾分布。也就是说：

$$f_i(k) = \alpha_i k^{\beta_i}$$

$$f_u(k) = \alpha_u k^{\beta_u}$$

为了说明用户行为的长尾分布，我们选择Delicious和CiteULike数据集一个月的原始数据进行分析。这里，我们没有用Netflix或者MovieLens数据集是因为这两个数据集都经过了人为的清理，被清除了很多稀疏的数据，所以它们的分布不能反映网站的真实分布。图2-3展示了Delicious和CiteULike数据集中物品流行度的分布曲线。横坐标是物品的流行度K，纵坐标是流行度为K的物品的总数。这里，物品的流行度指对物品产生过行为的用户总数。图2-4展示了Delicious和CiteULike数据集中用户活跃度的分布曲线。横坐标是用户的活跃度K，纵坐标是活跃度为K的用户总数。这里，用户的活跃度为用户产生过行为的物品总数。

---

① 参见http://www.dtic.upf.edu/~ocelma/MusicRecommendationDataset/lastfm-1K.html。

② 参见http://netflixprize.com/。

③ 参见“浅谈网络世界的Power Law现象”，地址为http://mmdays.com/2008/11/22/power_law_1/。

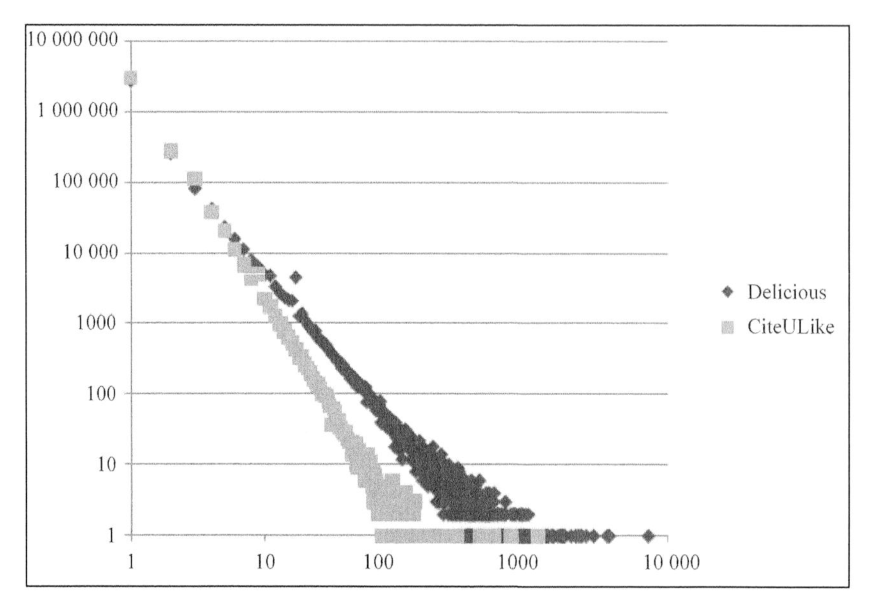

图2-3　物品流行度的长尾分布

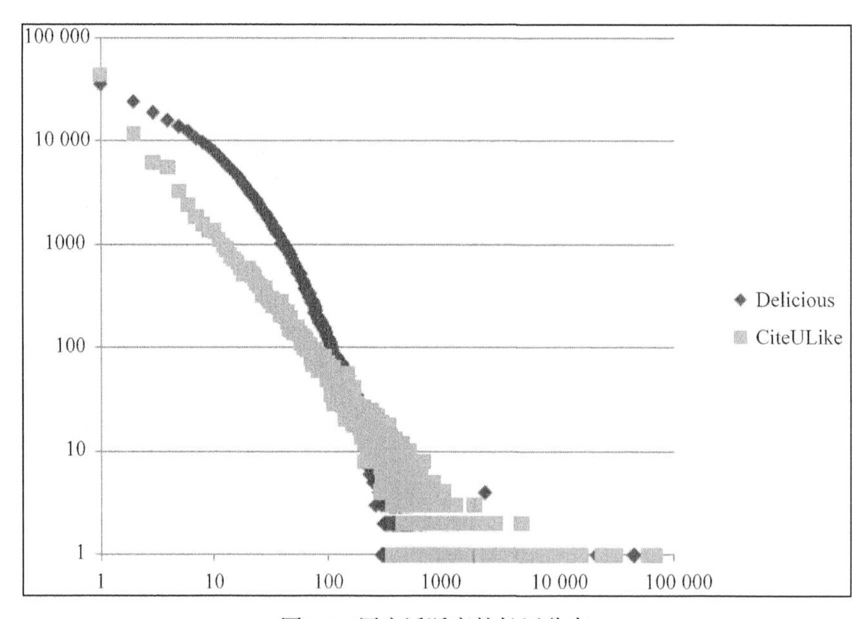

图2-4　用户活跃度的长尾分布

这两幅图都是双对数曲线，而长尾分布在双对数曲线上应该呈直线。这两幅图中的曲线都呈近似直线的形状，从而证明不管是物品的流行度还是用户的活跃度，都近似于长尾分布，特别是物品流行度的双对数曲线，非常接近直线。

2.2.2 用户活跃度和物品流行度的关系

一般来说，不活跃的用户要么是新用户，要么是只来过网站一两次的老用户。那么，不同活跃度的用户喜欢的物品的流行度是否有差别？一般认为，新用户倾向于浏览热门的物品，因为他们对网站还不熟悉，只能点击首页的热门物品，而老用户会逐渐开始浏览冷门的物品。图2-5展示了MovieLens数据集中用户活跃度和物品流行度之间的关系，其中横坐标是用户活跃度，纵坐标是具有某个活跃度的所有用户评过分的物品的平均流行度。如图2-5所示，图中曲线呈明显下降的趋势，这表明用户越活跃，越倾向于浏览冷门的物品。

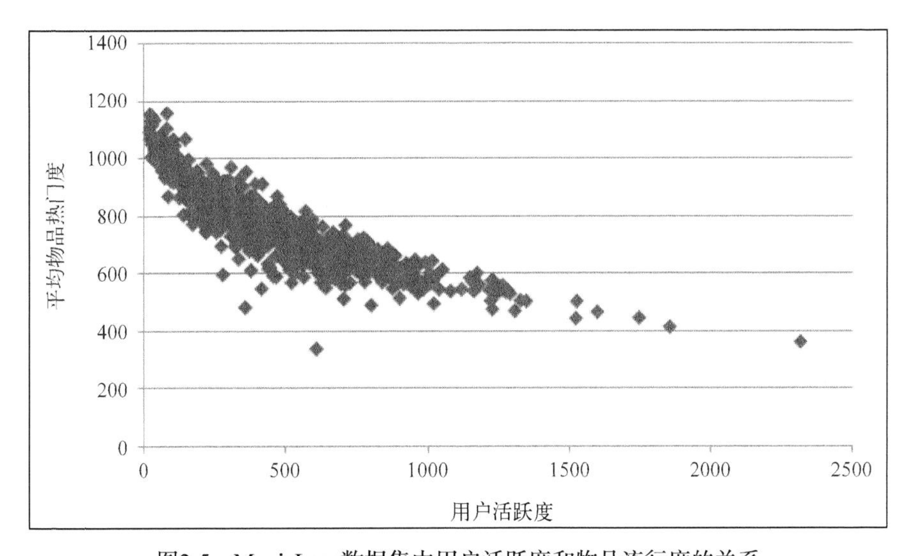

图2-5 MovieLens数据集中用户活跃度和物品流行度的关系

仅仅基于用户行为数据设计的推荐算法一般称为协同过滤算法。学术界对协同过滤算法进行了深入研究，提出了很多方法，比如基于邻域的方法（neighborhood-based）、隐语义模型（latent factor model）、基于图的随机游走算法（random walk on graph）等。在这些方法中，最著名的、在业界得到最广泛应用的算法是基于邻域的方法，而基于邻域的方法主要包含下面两种算法。

- **基于用户的协同过滤算法** 这种算法给用户推荐和他兴趣相似的其他用户喜欢的物品。
- **基于物品的协同过滤算法** 这种算法给用户推荐和他之前喜欢的物品相似的物品。

下面几节将首先介绍上面两种算法，然后再简单介绍隐语义模型和基于图的模型。

2.3 实验设计和算法评测

前文说过，评测推荐系统有3种方法——离线实验、用户调查和在线实验。本节将通过离线实验方法评测提到的算法。首先介绍用到的数据集，然后介绍采用的实验方法和评测指标。

2.3.1 数据集

本章采用GroupLens提供的MovieLens数据集[①]介绍和评测各种算法。MovieLens数据集有3个不同的版本，本章选用中等大小的数据集。该数据集包含6000多用户对4000多部电影的100万条评分。该数据集是一个评分数据集，用户可以给电影评5个不同等级的分数（1～5分）。本章着重研究隐反馈数据集中的TopN推荐问题，因此忽略了数据集中的评分记录。也就是说，TopN推荐的任务是预测用户会不会对某部电影评分，而不是预测用户在准备对某部电影评分的前提下会给电影评多少分。

2.3.2 实验设计

协同过滤算法的离线实验一般如下设计。首先，将用户行为数据集按照均匀分布随机分成M份（本章取M=8），挑选一份作为测试集，将剩下的M-1份作为训练集。然后在训练集上建立用户兴趣模型，并在测试集上对用户行为进行预测，统计出相应的评测指标。为了保证评测指标并不是过拟合的结果，需要进行M次实验，并且每次都使用不同的测试集。然后将M次实验测出的评测指标的平均值作为最终的评测指标。

下面的Python代码描述了将数据集随机分成训练集和测试集的过程：

```
def SplitData(data, M, k, seed):
    test = []
    train = []
    random.seed(seed)
    for user, item in data:
        if random.randint(0,M) == k:
            test.append([user,item])
        else:
            train.append([user,item])
    return train, test
```

这里，每次实验选取不同的k（$0 \leq k \leq M-1$）和相同的随机数种子seed，进行M次实验就可以得到M个不同的训练集和测试集，然后分别进行实验，用M次实验的平均值作为最后的评测指标。这样做主要是防止某次实验的结果是过拟合的结果（over fitting），但如果数据集够大，模型够简单，为了快速通过离线实验初步地选择算法，也可以只进行一次实验。

2.3.3 评测指标

对用户u推荐N个物品（记为$R(u)$），令用户u在测试集上喜欢的物品集合为$T(u)$，然后可以通过准确率/召回率评测推荐算法的精度：

$$\text{Recall} = \frac{\sum_u |R(u) \cap T(u)|}{\sum_u |T(u)|}$$

① 数据集详细信息见 http://www.grouplens.org/node/73。

$$\text{Precision} = \frac{\sum_{u} |R(u) \cap T(u)|}{\sum_{u} |R(u)|}$$

召回率描述有多少比例的用户–物品评分记录包含在最终的推荐列表中，而准确率描述最终的推荐列表中有多少比例是发生过的用户–物品评分记录。下面两段代码给出了召回率和准确率的计算方法。


```
def Recall(train, test, N):
    hit = 0
    all = 0
    for user in train.keys():
        tu = test[user]
        rank = GetRecommendation(user, N)
        for item, pui in rank:
            if item in tu:
                hit += 1
        all += len(tu)
    return hit / (all * 1.0)

def Precision(train, test, N):
    hit = 0
    all = 0
    for user in train.keys():
        tu = test[user]
        rank = GetRecommendation(user, N)
        for item, pui in rank:
            if item in tu:
                hit += 1
        all += N
    return hit / (all * 1.0)
```

除了评测推荐算法的精度，本章还计算了算法的覆盖率，覆盖率反映了推荐算法发掘长尾的能力，覆盖率越高，说明推荐算法越能够将长尾中的物品推荐给用户。这里，我们采用最简单的覆盖率定义：

$$\text{Coverage} = \frac{\left|\bigcup_{u \in U} R(u)\right|}{|I|}$$

该覆盖率表示最终的推荐列表中包含多大比例的物品。如果所有的物品都被推荐给至少一个用户，那么覆盖率就是100%。如下代码可以用来计算推荐算法的覆盖率：

```
def Coverage(train, test, N):
    recommend_items = set()
    all_items = set()
    for user in train.keys():
        for item in train[user].keys():
            all_items.add(item)
        rank = GetRecommendation(user, N)
        for item, pui in rank:
            recommend_items.add(item)
    return len(recommend_items) / (len(all_items) * 1.0)
```

最后，我们还需要评测推荐的新颖度，这里用推荐列表中物品的平均流行度度量推荐结果的新颖度。如果推荐出的物品都很热门，说明推荐的新颖度较低，否则说明推荐结果比较新颖。

```
def Popularity(train, test, N):
    item_popularity = dict()
    for user, items in train.items():
        for item in items.keys():
            if item not in item_popularity:
                item_popularity[item] = 0
            item_popularity[item] += 1
    ret = 0
    n = 0
    for user in train.keys():
        rank = GetRecommendation(user, N)
        for item, pui in rank:
            ret += math.log(1 + item_popularity[item])
            n += 1
    ret /= n * 1.0
    return ret
```

这里，在计算平均流行度时对每个物品的流行度取对数，这是因为物品的流行度分布满足长尾分布，在取对数后，流行度的平均值更加稳定。

2.4 基于邻域的算法

基于邻域的算法是推荐系统中最基本的算法，该算法不仅在学术界得到了深入研究，而且在业界得到了广泛应用。基于邻域的算法分为两大类，一类是基于用户的协同过滤算法，另一类是基于物品的协同过滤算法。下面几节将对这两种算法进行深入介绍，对比它们的优缺点并提出改进方案。

2.4.1 基于用户的协同过滤算法

基于用户的协同过滤算法是推荐系统中最古老的算法。可以不夸张地说，这个算法的诞生标志了推荐系统的诞生。该算法在1992年被提出，并应用于邮件过滤系统，1994年被GroupLens用于新闻过滤。在此之后直到2000年，该算法都是推荐系统领域最著名的算法。本节将对该算法进行详细介绍，首先介绍最基础的算法，然后在此基础上提出不同的改进方法，并通过真实的数据集进行评测。

1. 基础算法

每年新学期开始，刚进实验室的师弟总会问师兄相似的问题，比如“我应该买什么专业书啊”、“我应该看什么论文啊”等。这个时候，师兄一般会给他们做出一些推荐。这就是现实中个性化推荐的一种例子。在这个例子中，师弟可能会请教很多师兄，然后做出最终的判断。师弟之所以请教师兄，一方面是因为他们有社会关系，互相认识且信任对方，但更主要的原因是师兄和师弟有共同的研究领域和兴趣。那么，在一个在线个性化推荐系统中，当一个用户A需要个性化推荐时，可以先找到和他有相似兴趣的其他用户，然后把那些用户喜欢的、而用户A没有听说过的物品推荐给A。这种方法称为基于用户的协同过滤算法。

从上面的描述中可以看到，基于用户的协同过滤算法主要包括两个步骤。

(1) 找到和目标用户兴趣相似的用户集合。

(2) 找到这个集合中的用户喜欢的，且目标用户没有听说过的物品推荐给目标用户。

步骤(1)的关键就是计算两个用户的兴趣相似度。这里，协同过滤算法主要利用行为的相似度计算兴趣的相似度。给定用户u和用户v，令$N(u)$表示用户u曾经有过正反馈的物品集合，令$N(v)$为用户v曾经有过正反馈的物品集合。那么，我们可以通过如下的Jaccard公式简单地计算u和v的兴趣相似度：

$$w_{uv}=\frac{|N(u)\cap N(v)|}{|N(u)\cup N(v)|}$$

或者通过余弦相似度计算：

$$w_{uv}=\frac{|N(u)\cap N(v)|}{\sqrt{|N(u)||N(v)|}}$$

下面以图2-6中的用户行为记录为例，举例说明UserCF计算用户兴趣相似度的例子。在该例中，用户A对物品$\{a,b,d\}$有过行为，用户B对物品$\{a,c\}$有过行为，利用余弦相似度公式计算用户A和用户B的兴趣相似度为：

$$w_{AB}=\frac{|\{a,b,d\}\cap\{a,c\}|}{\sqrt{|\{a,b,d\}|\ |\{a,c\}|}}=\frac{1}{\sqrt{6}}$$

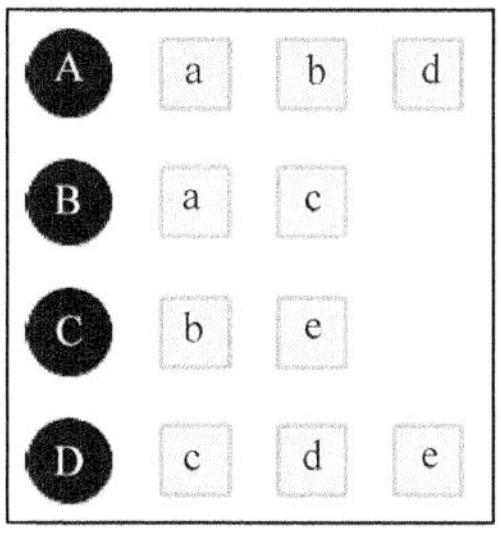

A a b d

B a c

C b e

D c d e

图2-6 用户行为记录举例

同理，我们可以计算出用户A和用户C、D的相似度：

$$w_{AC}=\frac{|\{a,b,d\}\cap\{b,e\}|}{\sqrt{|\{a,b,d\}|\ |\{b,e\}|}}=\frac{1}{\sqrt{6}}$$

$$w_{AD}=\frac{|\{a,b,d\}\cap\{c,d,e\}|}{\sqrt{|\{a,b,d\}|\ |\{c,d,e\}|}}=\frac{1}{3}$$

以余弦相似度为例，实现该相似度可以利用如下的伪码：

```
def UserSimilarity(train):
    W = dict()
    for u in train.keys():
```

```
        for v in train.keys():
            if u == v:
                continue
            W[u][v] = len(train[u] & train[v])
            W[u][v] /= math.sqrt(len(train[u]) * len(train[v]) * 1.0)
    return W
```

该代码对两两用户都利用余弦相似度计算相似度。这种方法的时间复杂度是O(|U|*|U|)，这在用户数很大时非常耗时。事实上，很多用户相互之间并没有对同样的物品产生过行为，即很多时候 $|N(u)\cap N(v)|=0$ 。上面的算法将很多时间浪费在了计算这种用户之间的相似度上。如果换一个思路，我们可以首先计算出 $|N(u)\cap N(v)|\neq 0$ 的用户对(u,v)，然后再对这种情况除以分母 $\sqrt{|N(u)||N(v)|}$ 。

为此，可以首先建立物品到用户的倒排表，对于每个物品都保存对该物品产生过行为的用户列表。令稀疏矩阵$C[u][v]=|N(u)\cap N(v)|$。那么，假设用户u和用户v同时属于倒排表中K个物品对应的用户列表，就有$C[u][v]=K$。从而，可以扫描倒排表中每个物品对应的用户列表，将用户列表中的两两用户对应的$C[u][v]$加1，最终就可以得到所有用户之间不为0的$C[u][v]$。下面的代码实现了上面提到的算法：

```
def UserSimilarity(train):
    # build inverse table for item_users
    item_users = dict()
    for u, items in train.items():
        for i in items.keys():
            if i not in item_users:
                item_users[i] = set()
            item_users[i].add(u)

    #calculate co-rated items between users
    C = dict()
    N = dict()
    for i, users in item_users.items():
        for u in users:
            N[u] += 1
            for v in users:
                if u == v:
                    continue
                C[u][v] += 1

    #calculate finial similarity matrix W
    W = dict()
    for u, related_users in C.items():
        for v, cuv in related_users.items():
            W[u][v] = cuv / math.sqrt(N[u] * N[v])
    return W
```

同样以图2-6中的用户行为为例解释上面的算法。首先，需要建立物品–用户的倒排表（如图2-7所示）。然后，建立一个4×4的用户相似度矩阵W，对于物品a，将$W[A][B]$和$W[B][A]$加1，对于物品b，将$W[A][C]$和$W[C][A]$加1，以此类推。扫描完所有物品后，我们可以得到最终的W矩阵。这里的W是余弦相似度中的分子部分，然后将W除以分母可以得到最终的用户兴趣相似度。

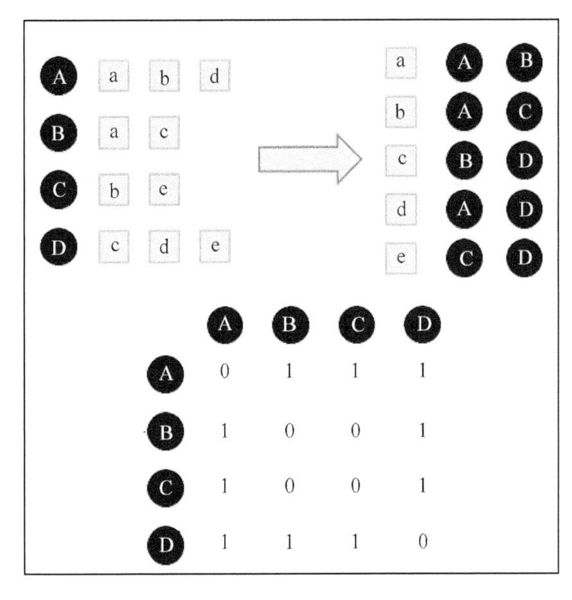

图2-7 物品-用户倒排表

得到用户之间的兴趣相似度后，UserCF算法会给用户推荐和他兴趣最相似的K个用户喜欢的物品。如下的公式度量了UserCF算法中用户u对物品i的感兴趣程度：

$$p(u,i)=\sum_{v\in S(u,K)\cap N(i)} w_{uv}r_{vi}$$

其中，$S(u, K)$包含和用户u兴趣最接近的K个用户，$N(i)$是对物品i有过行为的用户集合，w_{uv}是用户u和用户v的兴趣相似度，r_{vi}代表用户v对物品i的兴趣，因为使用的是单一行为的隐反馈数据，所以所有的r_{vi}=1。

如下代码实现了上面的UserCF推荐算法：

```
def Recommend(user, train, W):
    rank = dict()
    interacted_items = train[user]
    for v, wuv in sorted(W[u].items, key=itemgetter(1), \
        reverse=True)[0:K]:
        for i, rvi in train[v].items():
            if i in interacted_items:
                #we should filter items user interacted before
                continue
            rank[i] += wuv * rvi
    return rank
```

利用上述算法，可以给图2-7中的用户A进行推荐。选取K=3，用户A对物品c、e没有过行为，因此可以把这两个物品推荐给用户A。根据UserCF算法，用户A对物品c、e的兴趣是：

$$p(A,c)=w_{AB}+w_{AD}=0.7416$$
$$p(A,e)=w_{AC}+w_{AD}=0.7416$$

表2-4通过MovieLens数据集上的离线实验来评测基础算法的性能。UserCF只有一个重要的参数*K*，即为每个用户选出*K*个和他兴趣最相似的用户，然后推荐那*K*个用户感兴趣的物品。因此离线实验测量了不同*K*值下UserCF算法的性能指标。

表2-4　MovieLens数据集中UserCF算法在不同*K*参数下的性能

K	准 确 率	召 回 率	覆 盖 率	流 行 度
5	16.99%	8.21%	51.33%	6.813293
10	20.59%	9.95%	41.49%	6.978854
20	22.99%	11.11%	33.17%	7.10162
40	24.50%	11.83%	25.87%	7.203149
80	**25.20%**	**12.17%**	**20.29%**	**7.289817**
160	24.90%	12.03%	15.21%	7.369063

为了反映该数据集上离线算法的基本性能，表2-5给出了两种基本推荐算法的性能。表中，Random算法每次都随机挑选10个用户没有产生过行为的物品推荐给当前用户，MostPopular算法则按照物品的流行度给用户推荐他没有产生过行为的物品中最热门的10个物品。这两种算法都是非个性化的推荐算法，但它们代表了两个极端。如表2-5所示，MostPopular算法的准确率和召回率远远高于Random算法，但它的覆盖率非常低，结果都非常热门。可见，Random算法的准确率和召回率很低，但覆盖度很高，结果平均流行度很低。

表2-5　两种基础算法在MovieLens数据集下的性能

	准 确 率	召 回 率	覆 盖 率	流 行 度
Random	0.631%	0.305%	100%	4.3855
MostPopular	12.79%	6.18%	2.60%	7.7244

如表2-4和表2-5所示，UserCF的准确率和召回率相对MostPopular算法提高了将近1倍。同时，UserCF的覆盖率远远高于MostPopular，推荐结果相对MostPopular不太热门。同时可以发现参数*K*是UserCF的一个重要参数，它的调整对推荐算法的各种指标都会产生一定的影响。

- **准确率和召回率**　可以看到，推荐系统的精度指标（准确率和召回率）并不和参数*K*成线性关系。在MovieLens数据集中，选择*K*=80左右会获得比较高的准确率和召回率。因此选择合适的*K*对于获得高的推荐系统精度比较重要。当然，推荐结果的精度对*K*也不是特别敏感，只要选在一定的区域内，就可以获得不错的精度。
- **流行度**　可以看到，在3个数据集上*K*越大则UserCF推荐结果就越热门。这是因为*K*决定了UserCF在给你做推荐时参考多少和你兴趣相似的其他用户的兴趣，那么如果*K*越大，参考的人越多，结果就越来越趋近于全局热门的物品。
- **覆盖率**　可以看到，在3个数据集上，*K*越大则UserCF推荐结果的覆盖率越低。覆盖率的降低是因为流行度的增加，随着流行度增加，UserCF越来越倾向于推荐热门的物品，从而对长尾物品的推荐越来越少，因此造成了覆盖率的降低。

2. 用户相似度计算的改进

上一节介绍了计算用户兴趣相似度的最简单的公式（余弦相似度公式），但这个公式过于粗糙，本节将讨论如何改进该公式来提高UserCF的推荐性能。

首先，以图书为例，如果两个用户都曾经买过《新华字典》，这丝毫不能说明他们兴趣相似，因为绝大多数中国人小时候都买过《新华字典》。但如果两个用户都买过《数据挖掘导论》，那可以认为他们的兴趣比较相似，因为只有研究数据挖掘的人才会买这本书。换句话说，两个用户对冷门物品采取过同样的行为更能说明他们兴趣的相似度。因此，John S. Breese在论文[①]中提出了如下公式，根据用户行为计算用户的兴趣相似度：

$$w_{uv}=\frac{\sum_{i\in N(u)\cap N(v)}\frac{1}{\log\left(1+|N(i)|\right)}}{\sqrt{|N(u)||N(v)|}}$$

可以看到，该公式通过$\frac{1}{\log\left(1+|N(i)|\right)}$惩罚了用户$u$和用户$v$共同兴趣列表中热门物品对他们相似度的影响。

本书将基于上述用户相似度公式的UserCF算法记为User-IIF算法。下面的代码实现了上述用户相似度公式。

```
def UserSimilarity(train):
    # build inverse table for item_users
    item_users = dict()
    for u, items in train.items():
        for i in items.keys():
            if i not in item_users:
                item_users[i] = set()
            item_users[i].add(u)

    #calculate co-rated items between users
    C = dict()
    N = dict()
    for i, users in item_users.items():
        for u in users:
            N[u] += 1
            for v in users:
                if u == v:
                    continue
                C[u][v] += 1 / math.log(1 + len(users[i]))

    #calculate finial similarity matrix W
    W = dict()
    for u, related_users in C.items():
        for v, cuv in related_users.items():
            W[u][v] = cuv / math.sqrt(N[u] * N[v])
    return W
```

① 参见John S. Breese、 David Heckerman和 Carl Kadie的论文“ Empirical Analysis of Predictive Algorithms for Collaborative Filtering”（Morgan Kaufmann Publishers，1998）。

同样，本节将通过实验评测UserCF-IIF的推荐性能，并将其和UserCF进行对比。在上一节的实验中，*K*=80时UserCF的性能最好，因此这里的实验同样选取*K*=80。

如表2-6所示，UserCF-IIF在各项性能上略优于UserCF。这说明在计算用户兴趣相似度时考虑物品的流行度对提升推荐结果的质量确实有帮助。

表2-6　MovieLens数据集中UserCF算法和User-IIF算法的对比

	准 确 率	召 回 率	覆 盖 率	流 行 度
UserCF	25.20%	12.17%	20.29%	7.289817
UserCF-IIF	25.34%	12.24%	21.29%	7.261551

3. 实际在线系统使用UserCF的例子

相比我们后面要讨论的基于物品的协同过滤算法（ItemCF），UserCF在目前的实际应用中使用并不多。其中最著名的使用者是Digg，它在2008年对推荐系统进行了新的尝试①。Digg使用推荐系统的原因也是信息过载，它的研究人员经过统计发现，每天大概会有15 000篇新的文章，而每个用户的精力是有限的，而且兴趣差别很大。因此Digg觉得应该通过推荐系统帮用户从这么多篇文章中找到真正令他们感兴趣的内容，同时使每篇文章都有机会被展示给用户。

Digg的推荐系统设计思路如下。用户在Digg中主要通过“顶”和“踩”（如2-8所示，最左侧的两个手形按钮就是“顶”和“踩”的按钮）两种行为表达自己对文章的看法。当用户顶了一篇文章，Digg就认为该用户对这篇文章有兴趣，而且愿意把这篇文章推荐给其他用户。然后，Digg找到所有在该用户顶文章之前也顶了这一篇文章的其他用户，然后给他推荐那些人最近顶的其他文章。从这里的简单描述可以看到，Digg使用的是UserCF算法的简化版本。

Digg在博客中公布了使用推荐系统后的效果，主要指标如下所示。

- 用户反馈增加：用户“顶”和“踩”的行为增加了40%。
- 平均每个用户将从34个具相似兴趣的好友那儿获得200条推荐结果。
- 用户和好友的交互活跃度增加了24%。
- 用户评论增加了11%。

当然，上面只是对比了使用推荐系统后和使用推荐系统前的结果，并非AB测试的结果，因此还不完全具有说服力，但还是部分证明了推荐系统的有效性。

① 参见Digg的官方博客http://about.digg.com/blog/digg-recommendation-engine-updates，关于Digg的推荐算法的详细设计参见http://vimeo.com/1242909?pg=embed&sec=1242909处的访谈。

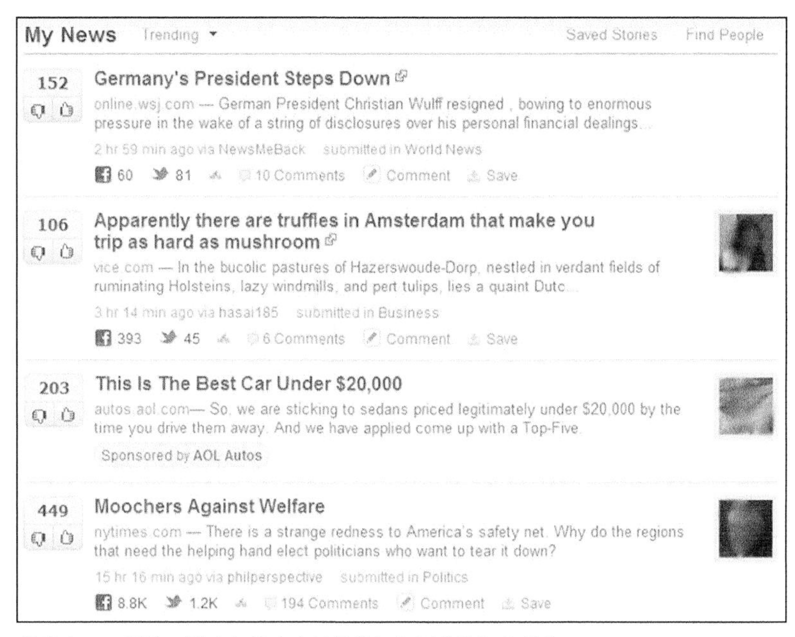

截取自Digg网站，图中相关内容的著作权归原著作权人所有

图2-8　Digg的My News界面

2.4.2　基于物品的协同过滤算法

基于物品的协同过滤（item-based collaborative filtering）算法是目前业界应用最多的算法。无论是亚马逊网，还是Netflix、Hulu、YouTube，其推荐算法的基础都是该算法。本节将从基础的算法开始介绍，然后提出算法的改进方法，并通过实际数据集评测该算法。

1. 基础算法

基于用户的协同过滤算法在一些网站（如Digg）中得到了应用，但该算法有一些缺点。首先，随着网站的用户数目越来越大，计算用户兴趣相似度矩阵将越来越困难，其运算时间复杂度和空间复杂度的增长和用户数的增长近似于平方关系。其次，基于用户的协同过滤很难对推荐结果作出解释。因此，著名的电子商务公司亚马逊提出了另一个算法——基于物品的协同过滤算法①。

基于物品的协同过滤算法（简称ItemCF）给用户推荐那些和他们之前喜欢的物品相似的物品。比如，该算法会因为你购买过《数据挖掘导论》而给你推荐《机器学习》。不过，ItemCF算法并不利用物品的内容属性计算物品之间的相似度，它主要通过分析用户的行为记录计算物品之间的相似度。该算法认为，物品A和物品B具有很大的相似度是因为喜欢物品A的用户大都也喜欢物品B。图2-9展示了亚马逊在iPhone商品界面上提供的与iPhone相关的商品，而相关商品都是购买

① 参见Linden Greg、Smith Brent和 York Jeremy的“Amazon.com Recommendations: Item-to-Item Collaborative Filtering.”（IEEE Internet Computing，2003）。

iPhone的用户也经常购买的其他商品。

基于物品的协同过滤算法可以利用用户的历史行为给推荐结果提供推荐解释，比如给用户推荐《天龙八部》的解释可以是因为用户之前喜欢《射雕英雄传》。如2-10所示，Hulu在个性化视频推荐利用ItemCF给每个推荐结果提供了一个推荐解释，而用于解释的视频都是用户之前观看或者收藏过的视频。

截取自亚马逊网站，图中相关内容的著作权归原著作权人所有

图2-9　亚马逊提供的用户购买iPhone后还会购买的其他商品

截取自Hulu网站，图中相关内容的著作权归原著作权人所有

图2-10　Hulu的个性化视频推荐

基于物品的协同过滤算法主要分为两步。

(1) 计算物品之间的相似度。

(2) 根据物品的相似度和用户的历史行为给用户生成推荐列表。

图2-9上亚马逊显示相关物品推荐时的标题是“Customers Who Bought This Item Also Bought”（购买了该商品的用户也经常购买的其他商品）。从这句话的定义出发，我们可以用下面的公式定义物品的相似度：

$$w_{ij} = \frac{|N(i) \cap N(j)|}{|N(i)|}$$

这里，分母$|N(i)|$是喜欢物品i的用户数，而分子$|N(i) \cap N(j)|$是同时喜欢物品i和物品j的用户数。因此，上述公式可以理解为喜欢物品i的用户中有多少比例的用户也喜欢物品j。

上述公式虽然看起来很有道理，但是却存在一个问题。如果物品j很热门，很多人都喜欢，那么W_{ij}就会很大，接近1。因此，该公式会造成任何物品都会和热门的物品有很大的相似度，这对于致力于挖掘长尾信息的推荐系统来说显然不是一个好的特性。为了避免推荐出热门的物品，可以用下面的公式：

$$w_{ij} = \frac{|N(i) \cap N(j)|}{\sqrt{|N(i)||N(j)|}}$$

这个公式惩罚了物品j的权重，因此减轻了热门物品会和很多物品相似的可能性。

从上面的定义可以看到，在协同过滤中两个物品产生相似度是因为它们共同被很多用户喜欢，也就是说每个用户都可以通过他们的历史兴趣列表给物品“贡献”相似度。这里面蕴涵着一个假设，就是每个用户的兴趣都局限在某几个方面，因此如果两个物品属于一个用户的兴趣列表，那么这两个物品可能就属于有限的几个领域，而如果两个物品属于很多用户的兴趣列表，那么它们就可能属于同一个领域，因而有很大的相似度。

和UserCF算法类似，用ItemCF算法计算物品相似度时也可以首先建立用户–物品倒排表（即对每个用户建立一个包含他喜欢的物品的列表），然后对于每个用户，将他物品列表中的物品两两在共现矩阵C中加1。详细代码如下所示：

```
def ItemSimilarity(train):
    #calculate co-rated users between items
    C = dict()
    N = dict()
    for u, items in train.items():
        for i in items:
            N[i] += 1
            for j in items:
                if i == j:
                    continue
                C[i][j] += 1

    #calculate finial similarity matrix W
    W = dict()
    for i,related_items in C.items():
        for j, cij in related_items.items():
            W[i][j] = cij / math.sqrt(N[i] * N[j])
    return W
```

图2-11是一个根据上面的程序计算物品相似度的简单例子。图中最左边是输入的用户行为记录，每一行代表一个用户感兴趣的物品集合。然后，对于每个物品集合，我们将里面的物品两两加一，得到一个矩阵。最终将这些矩阵相加得到上面的C矩阵。其中C[i][j]记录了同时喜欢物品i和物品j的用户数。最后，将C矩阵归一化可以得到物品之间的余弦相似度矩阵W。

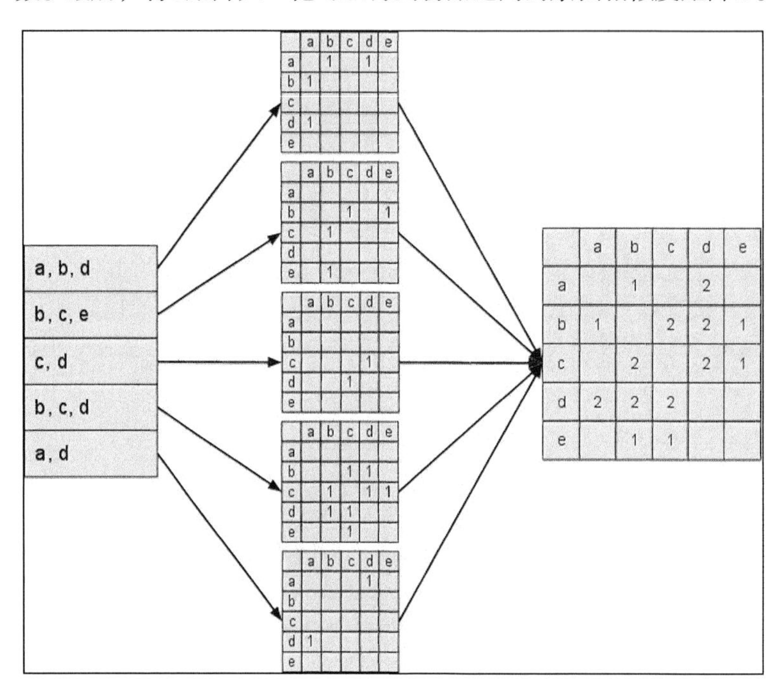

图2-11　一个计算物品相似度的简单例子

表2-7展示了在MovieLens数据集上利用上面的程序计算电影之间相似度的结果。如表中结果所示，尽管在计算过程中没有利用任何内容属性，但利用ItemCF计算的结果却是可以从内容上看出某种相似度的。一般来说，同系列的电影、同主角的电影、同风格的电影、同国家和地区的电影会有比较大的相似度。

表2-7　利用ItemCF在MovieLens数据集上计算出的电影相似度

电　影	电　影	相　似　度
Aladdin (1992)	Lion King, The (1994)	0.5685
Aladdin (1992)	Beauty and the Beast (1991)	0.5634
Aladdin (1992)	Toy Story (1995)	0.5292
Aladdin (1992)	Little Mermaid, The (1989)	0.5227
Aladdin (1992)	Forrest Gump (1994)	0.4589
Drunken Master (1979)	Akira (1988)	0.2086
Drunken Master (1979)	Hard-Boiled (Lashou shentan) (1992)	0.2058
Drunken Master (1979)	Rumble in the Bronx (1995)	0.1942

（续）

电　影	电　影	相 似 度
Drunken Master (1979)	Police Story 4: Project S (Chao ji ji hua) (1993)	0.1917
Drunken Master (1979)	Jackie Chan's First Strike (1996)	0.1911
Toy Story (1995)	Groundhog Day (1993)	0.5373
Toy Story (1995)	Toy Story 2 (1999)	0.5314
Toy Story (1995)	Aladdin (1992)	0.5291
Toy Story (1995)	Matrix, The (1999)	0.5012
Toy Story (1995)	Back to the Future (1985)	0.4980
Sixth Sense, The (1999)	Silence of the Lambs, The (1991)	0.5499
Sixth Sense, The (1999)	American Beauty (1999)	0.5466
Sixth Sense, The (1999)	Fargo (1996)	0.5250
Sixth Sense, The (1999)	Being John Malkovich (1999)	0.5242
Sixth Sense, The (1999)	Usual Suspects, The (1995)	0.5231
Matrix, The (1999)	Terminator 2: Judgment Day (1991)	0.6691
Matrix, The (1999)	Total Recall (1990)	0.6282
Matrix, The (1999)	Men in Black (1997)	0.6210
Matrix, The (1999)	Jurassic Park (1993)	0.6130
Matrix, The (1999)	Star Wars: Episode IV - A New Hope (1977)	0.6008
Forrest Gump (1994)	Groundhog Day (1993)	0.5568
Forrest Gump (1994)	Men in Black (1997)	0.5067
Forrest Gump (1994)	As Good As It Gets (1997)	0.5026
Forrest Gump (1994)	Ghost (1990)	0.5020
Forrest Gump (1994)	Toy Story (1995)	0.4948

在得到物品之间的相似度后，ItemCF通过如下公式计算用户u对一个物品j的兴趣：

$$p_{uj} = \sum_{i \in N(u) \cap S(j,K)} w_{ji} r_{ui}$$

这里$N(u)$是用户喜欢的物品的集合，$S(j,K)$是和物品j最相似的K个物品的集合，w_{ji}是物品j和i的相似度，r_{ui}是用户u对物品i的兴趣。（对于隐反馈数据集，如果用户u对物品i有过行为，即可令r_{ui}=1。）该公式的含义是，和用户历史上感兴趣的物品越相似的物品，越有可能在用户的推荐列表中获得比较高的排名。该公式的实现代码如下所示。

```
def Recommendation(train, user_id, W, K):
    rank = dict()
    ru = train[user_id]
    for i,pi in ru.items():
        for j, wj in sorted(W[i].items(), /
                            key=itemgetter(1), reverse=True)[0:K]:
            if j in ru:
                continue
            rank[j] += pi * wj
    return rank
```

图2-12是一个基于物品推荐的简单例子。该例子中，用户喜欢《C++ Primer中文版》和《编程之美》两本书。然后ItemCF会为这两本书分别找出和它们最相似的3本书，然后根据公式的定义计算用户对每本书的感兴趣程度。比如，ItemCF给用户推荐《算法导论》，是因为这本书和《C++ Primer中文版》相似，相似度为0.4，而且这本书也和《编程之美》相似，相似度是0.5。考虑到用户对《C++ Primer中文版》的兴趣度是1.3，对《编程之美》的兴趣度是0.9，那么用户对《算法导论》的兴趣度就是1.3 × 0.4 + 0.9 × 0.5 = 0.97。

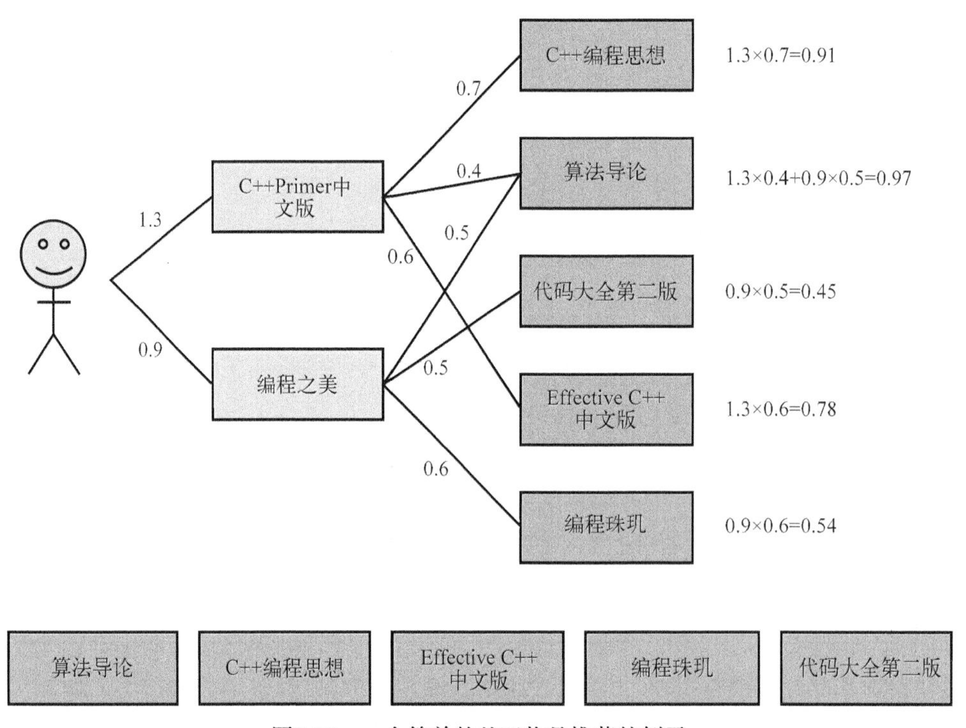

图2-12　一个简单的基于物品推荐的例子

从这个例子可以看到，ItemCF的一个优势就是可以提供推荐解释，即利用用户历史上喜欢的物品为现在的推荐结果进行解释。如下代码实现了带解释的ItemCF算法：

```
def Recommendation(train, user_id, W, K):
    rank = dict()
    ru = train[user_id]
    for i,pi in ru.items():
        for j, wj in sorted(W[i].items(), /
                           key=itemgetter(1), reverse=True)[0:K]:
            if j in ru:
                continue
            rank[j].weight += pi * wj
            rank[j].reason[i] = pi * wj
    return rank
```

表2-8列出了在MovieLens数据集上ItemCF算法离线实验的各项性能指标的评测结果。该表包括算法在不同K值下的性能。根据表2-8中的数据我们可以得出如下结论。

- **精度（准确率和召回率）** 可以看到ItemCF推荐结果的精度也是不和K成正相关或者负相关的，因此选择合适的K对获得最高精度是非常重要的。
- **流行度** 和UserCF不同，参数K对ItemCF推荐结果流行度的影响也不是完全正相关的。随着K的增加，结果流行度会逐渐提高，但当K增加到一定程度，流行度就不会再有明显变化。
- **覆盖率** K增加会降低系统的覆盖率。

表2-8 MovieLens数据集中ItemCF算法离线实验的结果

K	准确率	召回率	覆盖率	流行度
5	21.47%	10.37%	21.74%	7.172411
10	**22.28%**	**10.76%**	**18.84%**	**7.254526**
20	22.24%	10.74%	16.93%	7.338615
40	21.68%	10.47%	15.31%	7.391163
80	20.64%	9.97%	13.64%	7.413358
160	19.37%	9.36%	11.77%	7.385278

2. 用户活跃度对物品相似度的影响

从前面的讨论可以看到，在协同过滤中两个物品产生相似度是因为它们共同出现在很多用户的兴趣列表中。换句话说，每个用户的兴趣列表都对物品的相似度产生贡献。那么，是不是每个用户的贡献都相同呢？

假设有这么一个用户，他是开书店的，并且买了当当网上80%的书准备用来自己卖。那么，他的购物车里包含当当网80%的书。假设当当网有100万本书，也就是说他买了80万本。从前面对ItemCF的讨论可以看到，这意味着因为存在这么一个用户，有80万本书两两之间就产生了相似度，也就是说，内存里即将诞生一个80万乘80万的稠密矩阵。

另外可以看到，这个用户虽然活跃，但是买这些书并非都是出于自身的兴趣，而且这些书覆盖了当当网图书的很多领域，所以这个用户对于他所购买书的两两相似度的贡献应该远远小于一个只买了十几本自己喜欢的书的文学青年。

John S. Breese在论文[①]中提出了一个称为IUF（Inverse User Frequence），即用户活跃度对数的倒数的参数，他也认为活跃用户对物品相似度的贡献应该小于不活跃的用户，他提出应该增加IUF参数来修正物品相似度的计算公式：

$$w_{ij} = \frac{\sum_{u \in N(i) \cap N(j)} \frac{1}{\log(1+|N(u)|)}}{\sqrt{|N(i)||N(j)|}}$$

① 参见John S. Breese、David Heckerman和Carl Kadie的“Empirical Analysis of Predictive Algorithms for Collaborative Filtering”（Morgan Kaufmann Publishers，1998）。

当然，上面的公式只是对活跃用户做了一种软性的惩罚，但对于很多过于活跃的用户，比如上面那位买了当当网80%图书的用户，为了避免相似度矩阵过于稠密，我们在实际计算中一般直接忽略他的兴趣列表，而不将其纳入到相似度计算的数据集中。

```
def ItemSimilarity(train):
    #calculate co-rated users between items
    C = dict()
    N = dict()
    for u, items in train.items():
        for i in users:
            N[i] += 1
            for j in users:
                if i == j:
                    continue
                C[i][j] += 1 / math.log(1 + len(items) * 1.0)

    #calculate finial similarity matrix W
    W = dict()
    for i,related_items in C.items():
        for j, cij in related_items.items():
            W[u][v] = cij / math.sqrt(N[i] * N[j])
    return W
```

本书将上面的算法记为ItemCF-IUF，下面我们用离线实验评测这个算法。在这里我们不再考虑参数K的影响，而是将K选为在前面实验中取得最优准确率和召回率的值10。

如表2-9所示，ItemCF-IUF在准确率和召回率两个指标上和ItemCF相近，但ItemCF-IUF明显提高了推荐结果的覆盖率，降低了推荐结果的流行度。从这个意义上说，ItemCF-IUF确实改进了ItemCF的综合性能。

表2-9　MovieLens数据集中ItemCF算法和ItemCF-IUF算法的对比

	准确率	召回率	覆盖率	流行度
ItemCF	22.28%	10.76%	18.84%	7.254526
ItemCF-IUF	22.29%	10.77%	19.70%	7.217326

3. 物品相似度的归一化

Karypis在研究中发现如果将ItemCF的相似度矩阵按最大值归一化，可以提高推荐的准确率。①其研究表明，如果已经得到了物品相似度矩阵w，那么可以用如下公式得到归一化之后的相似度矩阵w'：

$$w'_{ij} = \frac{w_{ij}}{\max_j w_{ij}}$$

其实，归一化的好处不仅仅在于增加推荐的准确度，它还可以提高推荐的覆盖率和多样性。一般来说，物品总是属于很多不同的类，每一类中的物品联系比较紧密。举一个例子，假设在一

① 参见George Karypis的论文"Evaluation of Item-based Top-N Recommendation Algorithms"。

个电影网站中，有两种电影——纪录片和动画片。那么，ItemCF算出来的相似度一般是纪录片和纪录片的相似度或者动画片和动画片的相似度大于纪录片和动画片的相似度。但是纪录片之间的相似度和动画片之间的相似度却不一定相同。假设物品分为两类——A和B，A类物品之间的相似度为0.5，B类物品之间的相似度为0.6，而A类物品和B类物品之间的相似度是0.2。在这种情况下，如果一个用户喜欢了5个A类物品和5个B类物品，用ItemCF给他进行推荐，推荐的就都是B类物品，因为B类物品之间的相似度大。但如果归一化之后，A类物品之间的相似度变成了1，B类物品之间的相似度也是1，那么这种情况下，用户如果喜欢5个A类物品和5个B类物品，那么他的推荐列表中A类物品和B类物品的数目也应该是大致相等的。从这个例子可以看出，相似度的归一化可以提高推荐的多样性。

那么，对于两个不同的类，什么样的类其类内物品之间的相似度高，什么样的类其类内物品相似度低呢？一般来说，热门的类其类内物品相似度一般比较大。如果不进行归一化，就会推荐比较热门的类里面的物品，而这些物品也是比较热门的。因此，推荐的覆盖率就比较低。相反，如果进行相似度的归一化，则可以提高推荐系统的覆盖率。

表2-10对比了ItemCF算法和ItemCF-Norm算法的离线实验性能。从实验结果可以看到，归一化确实能提高ItemCF的性能，其中各项指标都有了比较明显的提高。

表2-10 MovieLens数据集中ItemCF算法和ItemCF-Norm算法的对比

	准确率	召回率	覆盖率	流行度
ItemCF	22.28%	10.76%	18.84%	7.254526
ItemCF-Norm	22.73%	10.98%	23.73%	7.157385

2.4.3 UserCF 和 ItemCF 的综合比较

UserCF是推荐系统领域较为古老的算法，1992年就已经在电子邮件的个性化推荐系统Tapestry中得到了应用，1994年被GroupLens[①]用来实现新闻的个性化推荐，后来被著名的文章分享网站Digg用来给用户推荐个性化的网络文章。ItemCF则是相对比较新的算法，在著名的电子商务网站亚马逊和DVD租赁网站Netflix中得到了广泛应用。[②]

那么，为什么Digg使用UserCF，而亚马逊网使用ItemCF呢？

首先回顾一下UserCF算法和ItemCF算法的推荐原理。UserCF给用户推荐那些和他有共同兴趣爱好的用户喜欢的物品，而ItemCF给用户推荐那些和他之前喜欢的物品类似的物品。从这个算法的原理可以看到，UserCF的推荐结果着重于反映和用户兴趣相似的小群体的热点，而ItemCF的推荐结果着重于维系用户的历史兴趣。换句话说，UserCF的推荐更社会化，反映了用户所在的小型兴趣群体中物品的热门程度，而ItemCF的推荐更加个性化，反映了用户自己的兴趣传承。

---

① 一个协同过滤网络新闻的开源架构。

② 参见Linden Greg、Smith Brent 和York Jeremy的“Amazon.com recommendations: item-to-item collaborative filtering”（IEEE Internet Computing，2003）。

在新闻网站中，用户的兴趣不是特别细化，绝大多数用户都喜欢看热门的新闻。即使是个性化，也是比较粗粒度的，比如有些用户喜欢体育新闻，有些喜欢社会新闻，而特别细粒度的个性化一般是不存在的。比方说，很少有用户只看某个话题的新闻，主要是因为这个话题不可能保证每天都有新的消息，而这个用户却是每天都要看新闻的。因此，个性化新闻推荐更加强调抓住新闻热点，热门程度和时效性是个性化新闻推荐的重点，而个性化相对于这两点略显次要。因此，UserCF可以给用户推荐和他有相似爱好的一群其他用户今天都在看的新闻，这样在抓住热点和时效性的同时，保证了一定程度的个性化。这是Digg在新闻推荐中使用UserCF的最重要原因。

UserCF适合用于新闻推荐的另一个原因是从技术角度考量的。因为作为一种物品，新闻的更新非常快，每时每刻都有新内容出现，而ItemCF需要维护一张物品相关度的表，如果物品更新很快，那么这张表也需要很快更新，这在技术上很难实现。绝大多数物品相关度表都只能做到一天一次更新，这在新闻领域是不可以接受的。而UserCF只需要用户相似性表，虽然UserCF对于新用户也需要更新相似度表，但在新闻网站中，物品的更新速度远远快于新用户的加入速度，而且对于新用户，完全可以给他推荐最热门的新闻，因此UserCF显然是利大于弊。

但是，在图书、电子商务和电影网站，比如亚马逊、豆瓣、Netflix中，ItemCF则能极大地发挥优势。首先，在这些网站中，用户的兴趣是比较固定和持久的。一个技术人员可能都是在购买技术方面的书，而且他们对书的热门程度并不是那么敏感，事实上越是资深的技术人员，他们看的书就越可能不热门。此外，这些系统中的用户大都不太需要流行度来辅助他们判断一个物品的好坏，而是可以通过自己熟悉领域的知识自己判断物品的质量。因此，这些网站中个性化推荐的任务是帮助用户发现和他研究领域相关的物品。因此，ItemCF算法成为了这些网站的首选算法。此外，这些网站的物品更新速度不会特别快，一天一次更新物品相似度矩阵对它们来说不会造成太大的损失，是可以接受的。

同时，从技术上考虑，UserCF需要维护一个用户相似度的矩阵，而ItemCF需要维护一个物品相似度矩阵。从存储的角度说，如果用户很多，那么维护用户兴趣相似度矩阵需要很大的空间，同理，如果物品很多，那么维护物品相似度矩阵代价较大。

在早期的研究中，大部分研究人员都是让少量的用户对大量的物品进行评价，然后研究用户兴趣的模式。那么，对于他们来说，因为用户很少，计算用户兴趣相似度是最快也是最简单的方法。但在实际的互联网中，用户数目往往非常庞大，而在图书、电子商务网站中，物品的数目则是比较少的。此外，物品的相似度相对于用户的兴趣一般比较稳定，因此使用ItemCF是比较好的选择。当然，新闻网站是个例外，在那儿，物品的相似度变化很快，物品数目庞大，相反用户兴趣则相对固定（都是喜欢看热门的），所以新闻网站的个性化推荐使用UserCF算法的更多。

表2-11从不同的角度对比了UserCF和ItemCF算法。同时，我们也将前面几节的离线实验结果展示在图2-13、图2-14和图2-15中。从图中可见，ItemCF算法在各项指标上似乎都不如UserCF，特别是其推荐结果的覆盖率和新颖度都低于UserCF，这一点似乎和我们之前讨论的不太符合。

表2-11 UserCF和ItemCF优缺点的对比

	UserCF	ItemCF
性能	适用于用户较少的场合，如果用户很多，计算用户相似度矩阵代价很大	适用于物品数明显小于用户数的场合，如果物品很多（网页），计算物品相似度矩阵代价很大
领域	时效性较强，用户个性化兴趣不太明显的领域	长尾物品丰富，用户个性化需求强烈的领域
实时性	用户有新行为，不一定造成推荐结果的立即变化	用户有新行为，一定会导致推荐结果的实时变化
冷启动	在新用户对很少的物品产生行为后，不能立即对他进行个性化推荐，因为用户相似度表是每隔一段时间离线计算的	新用户只要对一个物品产生行为，就可以给他推荐和该物品相关的其他物品
	新物品上线后一段时间，一旦有用户对物品产生行为，就可以将新物品推荐给和对它产生行为的用户兴趣相似的其他用户	但没有办法在不离线更新物品相似度表的情况下将新物品推荐给用户
推荐理由	很难提供令用户信服的推荐解释	利用用户的历史行为给用户做推荐解释，可以令用户比较信服

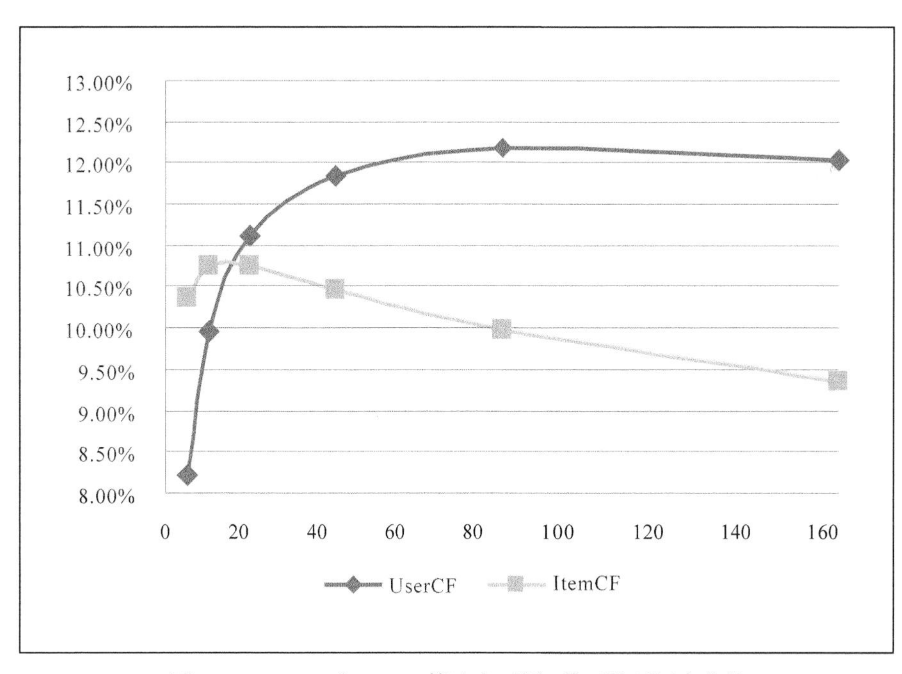

图2-13 UserCF和ItemCF算法在不同K值下的召回率曲线

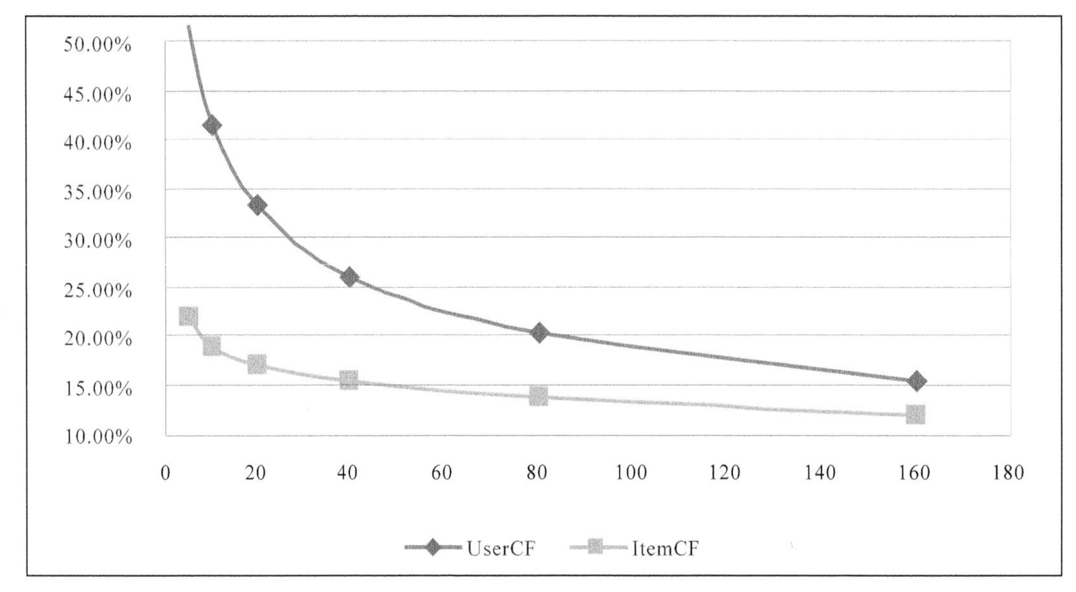

图2-14　UserCF和ItemCF算法在不同*K*值下的覆盖率曲线

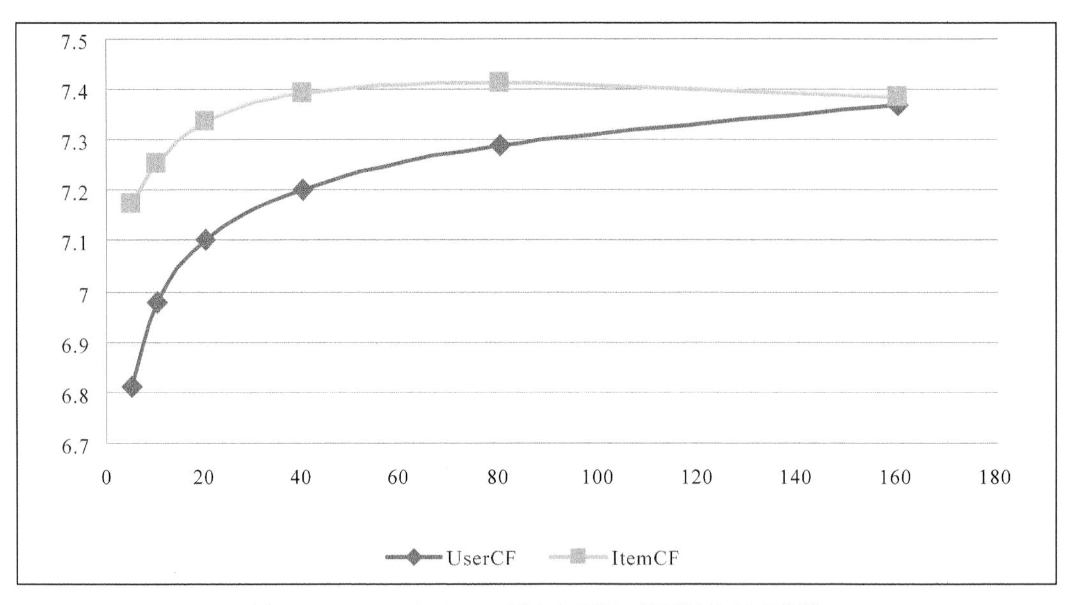

图2-15　UserCF和ItemCF算法在不同*K*值下的流行度曲线

首先要指出的是，离线实验的性能在选择推荐算法时并不起决定作用。首先应该满足产品的需求，比如如果需要提供推荐解释，那么可能得选择ItemCF算法。其次，需要看实现代价，比如若用户太多，很难计算用户相似度矩阵，这个时候可能不得不抛弃UserCF算法。最后，离线指标和点击率等在线指标不一定成正比。而且，这里对比的是最原始的UserCF和ItemCF算法，这两种算法都可以进行各种各样的改进。一般来说，这两种算法经过优化后，最终得到的离线性能是近似的。

下一节将分析为什么原始ItemCF算法的覆盖率和新颖度都不高。

哈利波特问题

亚马逊网的研究人员在设计ItemCF算法之初发现ItemCF算法计算出的图书相关表存在一个问题，就是很多书都和《哈利波特》相关。[1]也就是说，购买任何一本书的人似乎都会购买《哈利波特》。后来他们研究发现，主要是因为《哈利波特》太热门了，确实是购买任何一本书的人几乎都会购买它。

2

回顾一下ItemCF计算物品相似度的经典公式：

$$w_{ij} = \frac{|N(i) \cap N(j)|}{\sqrt{|N(i)|\ |N(j)|}}$$

前面说过，如果j非常热门，那么上面公式的分子$|N(i) \cap N(j)|$就会越来越接近$|N(i)|$。尽管上面的公式分母已经考虑到了j的流行度，但在实际应用中，热门的j仍然会获得比较大的相似度。

哈利波特问题有几种解决方案。

第一种是最容易想到的，我们可以在分母上加大对热门物品的惩罚，比如采用如下公式：

$$w_{ij} = \frac{|N(i) \cap N(j)|}{|N(i)|^{1-\alpha}|N(j)|^{\alpha}}$$

其中$\alpha \in [0.5, 1]$。通过提高α，就可以惩罚热门的j。

表2-12给出了选择不同的α惩罚热门物品后，ItemCF算法的推荐性能。这里，如果$\alpha = 0.5$就是标准的ItemCF算法。从离线实验结果可以看到，α只有在取值为0.5时才会导致最高的准确率和召回率，而无论$\alpha < 0.5$或者$\alpha > 0.5$都不会带来这两个指标的提高。但是，如果看覆盖率和平均流行度就可以发现，α越大，覆盖率就越高，并且结果的平均热门程度会降低。因此，通过这种方法可以在适当牺牲准确率和召回率的情况下显著提升结果的覆盖率和新颖性（降低流行度即提高了新颖性）。

表2-12　惩罚流行度后ItemCF的推荐结果性能

α	准　确　率	召　回　率	覆　盖　率	平均流行度
0.4	21.94%	10.60%	13.39%	7.4584
0.5	**22.28%**	**10.76%**	**18.84%**	**7.2545**
0.55	21.71%	10.49%	20.61%	7.1891
0.6	20.32%	9.82%	22.78%	7.0688
0.7	15.19%	7.34%	30.18%	6.6117

① 参见Greg Linden的博文http://glinden.blogspot.com/2006/03/early-amazon-similarities.html。

不过，上述方法还不能彻底地解决哈利波特问题。每个用户一般都会在不同的领域喜欢一种物品。以电视为例，看新闻联播是父辈每天的必修课，他们每天基本就看新闻联播，而且每天不看别的新闻，就看这一种新闻。此外，他们很多都是电视剧迷，都会看央视一套8点的电视剧。那么，最终结果就是黄金时间的电视剧都和新闻联播相似，而新闻联播和其他新闻的相似度很低。

上面的问题换句话说就是，两个不同领域的最热门物品之间往往具有比较高的相似度。这个时候，仅仅靠用户行为数据是不能解决这个问题的，因为用户的行为表示这种物品之间应该相似度很高。此时，我们只能依靠引入物品的内容数据解决这个问题，比如对不同领域的物品降低权重等。这些就不是协同过滤讨论的范畴了。

2.5　隐语义模型

自从Netflix Prize比赛举办以来，LFM（latent factor model）隐语义模型逐渐成为推荐系统领域耳熟能详的名词。其实该算法最早在文本挖掘领域被提出，用于找到文本的隐含语义。相关的名词有LSI、pLSA、LDA和Topic Model。本节将对隐含语义模型在Top-N推荐中的应用进行详细介绍，并通过实际的数据评测该模型。

2.5.1　基础算法

隐语义模型是最近几年推荐系统领域最为热门的研究话题，它的核心思想是通过隐含特征(latent factor)联系用户兴趣和物品。

首先通过一个例子来理解一下这个模型。图2-16展示了两个用户在豆瓣的读书列表。

从他们的阅读列表可以看出，用户A的兴趣涉及侦探小说、科普图书以及一些计算机技术书，而用户B的兴趣比较集中在数学和机器学习方面。

那么如何给A和B推荐图书呢？

- 对于UserCF，首先需要找到和他们看了同样书的其他用户（兴趣相似的用户），然后给他们推荐那些用户喜欢的其他书。
- 对于ItemCF，需要给他们推荐和他们已经看的书相似的书，比如作者B看了很多关于数据挖掘的书，可以给他推荐机器学习或者模式识别方面的书。

还有一种方法，可以对书和物品的兴趣进行分类。对于某个用户，首先得到他的兴趣分类，然后从分类中挑选他可能喜欢的物品。

总结一下，这个基于兴趣分类的方法大概需要解决3个问题。

- 如何给物品进行分类？
- 如何确定用户对哪些类的物品感兴趣，以及感兴趣的程度？
- 对于一个给定的类，选择哪些属于这个类的物品推荐给用户，以及如何确定这些物品在一个类中的权重？

对于第一个问题的简单解决方案是找编辑给物品分类。以图书为例，每本书出版时，编辑都会给书一个分类。为了给图书分类，出版界普遍遵循中国图书分类法[①]。但是，即使有很系统的分类体系，编辑给出的分类仍然具有以下缺点。

截取自豆瓣，图中相关内容的著作权归原著作权人所有

图2-16 两个用户在豆瓣的读书列表

- 编辑的意见不能代表各种用户的意见。比如，对于《具体数学》应该属于什么分类，有人认为应该属于数学，有些人认为应该属于计算机。从内容看，这本书是关于数学的，但从用户看，这本书的读者大部分是做计算机出身的。编辑的分类大部分是从书的内容出发，而不是从书的读者群出发。
- 编辑很难控制分类的粒度。我们知道分类是有不同粒度的，《数据挖掘导论》在粗粒度的分类中可能属于计算机技术，但在细粒度的分类中可能属于数据挖掘。对于不同的用户，我们可能需要不同的粒度。比如对于一位初学者，我们粗粒度地给他做推荐就可以了，而对于一名资深研究人员，我们就需要深入到他的很细分的领域给他做个性化推荐。
- 编辑很难给一个物品多个分类。有的书不仅属于一个类，而是可能属于很多的类。
- 编辑很难给出多维度的分类。我们知道，分类是可以有很多维度的，比如按照作者分类、按照译者分类、按照出版社分类。比如不同的用户看《具体数学》原因可能不同，有些

① 参见http://kkb.hhu.edu.cn/ztfl/zhongtufenlei.htm。

人是因为它是数学方面的书所以才看的，而有些人是因为它是大师Knuth的著作所以才去看，因此在不同人的眼中这本书属于不同的分类。

- 编辑很难决定一个物品在某一个分类中的权重。比如编辑可以很容易地决定《数据挖掘导论》属于数据挖掘类图书，但这本书在这类书中的定位是什么样的，编辑就很难给出一个准确的数字来表示。

为了解决上面的问题，研究人员提出：为什么我们不从数据出发，自动地找到那些类，然后进行个性化推荐？于是，隐含语义分析技术（latent variable analysis）出现了。隐含语义分析技术因为采取基于用户行为统计的自动聚类，较好地解决了上面提出的5个问题。

- 编辑的意见不能代表各种用户的意见，但隐含语义分析技术的分类来自对用户行为的统计，代表了用户对物品分类的看法。隐含语义分析技术和ItemCF在物品分类方面的思想类似，如果两个物品被很多用户同时喜欢，那么这两个物品就很有可能属于同一个类。
- 编辑很难控制分类的粒度，但隐含语义分析技术允许我们指定最终有多少个分类，这个数字越大，分类的粒度就会越细，反之分类粒度就越粗。
- 编辑很难给一个物品多个分类，但隐含语义分析技术会计算出物品属于每个类的权重，因此每个物品都不是硬性地被分到某一个类中。
- 编辑很难给出多维度的分类，但隐含语义分析技术给出的每个分类都不是同一个维度的，它是基于用户的共同兴趣计算出来的，如果用户的共同兴趣是某一个维度，那么LFM给出的类也是相同的维度。
- 编辑很难决定一个物品在某一个分类中的权重，但隐含语义分析技术可以通过统计用户行为决定物品在每个类中的权重，如果喜欢某个类的用户都会喜欢某个物品，那么这个物品在这个类中的权重就可能比较高。

隐含语义分析技术从诞生到今天产生了很多著名的模型和方法，其中和该技术相关且耳熟能详的名词有pLSA、LDA、隐含类别模型（latent class model）、隐含主题模型（latent topic model）、矩阵分解（matrix factorization）。这些技术和方法在本质上是相通的，其中很多方法都可以用于个性化推荐系统。本章将以LFM为例介绍隐含语义分析技术在推荐系统中的应用。

LFM通过如下公式计算用户u对物品i的兴趣：

$$\text{Preference}(u,i) = r_{ui} = p_u^T q_i = \sum_{k=1}^{K} p_{u,k} q_{i,k}$$

这个公式中 $p_{u,k}$ 和 $q_{i,k}$ 是模型的参数，其中 $p_{u,k}$ 度量了用户u的兴趣和第k个隐类的关系，而 $q_{i,k}$ 度量了第k个隐类和物品i之间的关系。那么，下面的问题就是如何计算这两个参数。

对最优化理论或者机器学习有所了解的读者，可能对如何计算这两个参数都比较清楚。这两个参数是从数据集中计算出来的。要计算这两个参数，需要一个训练集，对于每个用户u，训练集里都包含了用户u喜欢的物品和不感兴趣的物品，通过学习这个数据集，就可以获得上面的模型参数。

推荐系统的用户行为分为显性反馈和隐性反馈。LFM在显性反馈数据（也就是评分数据）上解决评分预测问题并达到了很好的精度。不过本章主要讨论的是隐性反馈数据集，这种数据集的特点是只有正样本（用户喜欢什么物品），而没有负样本（用户对什么物品不感兴趣）。

那么，在隐性反馈数据集上应用LFM解决TopN推荐的第一个关键问题就是如何给每个用户生成负样本。

对于这个问题，Rong Pan在文章[①]中进行了深入探讨。他对比了如下几种方法。

- 对于一个用户，用他所有没有过行为的物品作为负样本。
- 对于一个用户，从他没有过行为的物品中均匀采样出一些物品作为负样本。
- 对于一个用户，从他没有过行为的物品中采样出一些物品作为负样本，但采样时，保证每个用户的正负样本数目相当。
- 对于一个用户，从他没有过行为的物品中采样出一些物品作为负样本，但采样时，偏重采样不热门的物品。

对于第一种方法，它的明显缺点是负样本太多，正负样本数目相差悬殊，因而计算复杂度很高，最终结果的精度也很差。对于另外3种方法，Rong Pan在文章中表示第三种好于第二种，而第二种好于第四种。

后来，通过2011年的KDD Cup的Yahoo! Music推荐系统比赛，我们发现对负样本采样时应该遵循以下原则。

- 对每个用户，要保证正负样本的平衡（数目相似）。
- 对每个用户采样负样本时，要选取那些很热门，而用户却没有行为的物品。

一般认为，很热门而用户却没有行为更加代表用户对这个物品不感兴趣。因为对于冷门的物品，用户可能是压根没在网站中发现这个物品，所以谈不上是否感兴趣。

下面的Python代码实现了负样本采样过程[②]：

```
def RandomSelectNegativeSample(self, items):
    ret = dict()
    for i in items.keys():
        ret[i] = 1
    n = 0
    for i in range(0, len(items) * 3):
        item = items_pool[random.randint(0, len(items_pool) - 1)]
        if item in ret:
            continue
        ret[item] = 0
        n + = 1
        if n > len(items):
            break
    return ret
```

在上面的代码中，`items_pool`维护了候选物品的列表，在这个列表中，物品i出现的次数和物品i的流行度成正比。`items`是一个`dict`，它维护了用户已经有过行为的物品的集合。因此，

① 参见“One-Class Collaborative Filtering”。

② 代码第6行将范围上限设为`len(items) * 3`，主要是为保证正、负样本数量接近。

上面的代码按照物品的流行度采样出了那些热门的、但用户却没有过行为的物品。经过采样，可以得到一个用户—物品集 $K=\{(u,i)\}$，其中如果(u, i)是正样本，则有 $r_{ui}=1$，否则有 $r_{ui}=0$。然后，需要优化如下的损失函数来找到最合适的参数p和q：

$$C=\sum_{(u,i)\in K}(r_{ui}-\hat{r}_{ui})^2=\sum_{(u,i)\in K}\left(r_{ui}-\sum_{k=1}^{K}p_{u,k}q_{i,k}\right)^2+\lambda\|p_u\|^2+\lambda\|q_i\|^2$$

这里，$\lambda\|p_u\|^2+\lambda\|q_i\|^2$ 是用来防止过拟合的正则化项，λ可以通过实验获得。要最小化上面的损失函数，可以利用一种称为随机梯度下降法①的算法。该算法是最优化理论里最基础的优化算法，它首先通过求参数的偏导数找到最速下降方向，然后通过迭代法不断地优化参数。下面介绍优化方法的数学推导。

上面定义的损失函数里有两组参数p_{uk}和q_{ik}，随机梯度下降法需要首先对它们分别求偏导数，可以得到：

$$\frac{\partial C}{\partial p_{uk}}=-2q_{ik}\cdot e_{ui}+2\lambda p_{uk}$$

$$\frac{\partial C}{\partial q_{ik}}=-2p_{uk}\cdot e_{ui}+2\lambda q_{ik}$$

然后，根据随机梯度下降法，需要将参数沿着最速下降方向向前推进，因此可以得到如下递推公式：

$$p_{uk}=p_{uk}+\alpha(q_{ik}\cdot e_{ui}-\lambda p_{uk})$$

$$q_{ik}=q_{ik}+\alpha(p_{uk}\cdot e_{ui}-\lambda q_{ik})$$

其中，α是学习速率（learning rate），它的选取需要通过反复实验获得。

下面的Python代码实现了这一优化过程：

```
def LatentFactorModel(user_items, F, N, alpha, lambda):
    [P, Q] = InitModel(user_items, F)
    for step in range(0,N):
        for user, items in user_items.items():
            samples = RandSelectNegativeSamples(items)
            for item, rui in samples.items():
                eui = rui - Predict(user, item)
                for f in range(0, F):
                    P[user][f] += alpha * (eui * Q[item][f] - \
                              lambda * P[user][f])
                    Q[item][f] += alpha * (eui * P[user][f] - \
                              lambda * Q[item][f])
        alpha *= 0.9 # In SGD, learning rate should decrease in every step

def Recommend(user, P, Q):
    rank = dict()
    for f, puf in P[user].items():
        for i, qfi in Q[f].items():
```

① 参见http://en.wikipedia.org/wiki/Stochastic_gradient_descent。

```
            if i not in rank:
                rank[i] += puf * qfi
    return rank
```

我们同样通过离线实验评测LFM的性能。首先，我们在MovieLens数据集上用LFM计算出用户兴趣向量p和物品向量q，然后对于每个隐类找出权重最大的物品。如表2-13所示，表中展示了4个隐类中排名最高（q_{ik}最大）的一些电影。结果表明，每一类的电影都是合理的，都代表了一类用户喜欢看的电影。从而说明LFM确实可以实现通过用户行为将物品聚类的功能。

表2-13　MovieLens数据集中根据LFM计算出的不同隐类中权重最高的物品

1（科幻、惊悚）	3（犯罪）	4（家庭）	5（恐怖、惊悚）
《隐形人》（The Invisible Man，1933）	《大白鲨》（Jaws，1975）	《101真狗》(101 Dalmatians，1996)	《女巫布莱尔》（The Blair Witch Project，1999）
《科学怪人大战狼人》（Frankenstein Meets the Wolf Man，1943）	《致命武器》（Lethal Weapon，1987）	《回到未来》（Back to the Future，1985）	《地狱来的房客 》（Pacific Heights，1990）
《哥斯拉》（Godzilla，1954）	《全面回忆》（Total Recall，1990）	《土拨鼠之日》（Groundhog Day，1993）	《异灵骇客2之恶灵归来》（Stir of Echoes: The Homecoming，2007）
《星球大战3：武士复仇》（Star Wars: Episode VI - Return of the Jedi，1983）	《落水狗》（Reservoir Dogs，1992）	《泰山》（Tarzan，2003）	《航越地平线 》（Dead Calm，1989）
《终结者》（The Terminator，1984）	《忠奸人》（Donnie Brasco，1997）	《猫儿历险记》（The Aristocats，1970）	《幻象》（Phantasm，1979）
《魔童村》（Village of the Damned，1995）	《亡命天涯》（The Fugitive，1993）	《森林王子2》（The Jungle Book 2，2003）	《断头谷》（Sleepy Hollow，1999）
《异形》（Alien，1979）	《夺宝奇兵3》（Indiana Jones and the Last Crusade，1989）	《当哈利遇到莎莉》（When Harry Met Sally…，1989）	《老师不是人》（The Faculty，1998）
《异形2》（Aliens，1986）	《威胁2 :社会》（Menace II Society，1993）	《蚁哥正传》（Antz，1998）	《苍蝇》（The Fly，1958）
《天魔续集》（Damien: Omen II，1978）	《辣手神探》（Lashou shentan，1992）	《小姐与流浪汉》（Lady and the Tramp，1955）	《鬼哭神嚎》（The Amityville Horror，1979）
《魔鬼怪婴》（Rosemary's Baby，1968）	《真实罗曼史》（True Romance，1993）	《飞天法宝》（Flubber，1997）	《深渊》（The Abyss，1989）

其次，我们通过实验对比了LFM在TopN推荐中的性能。在LFM中，重要的参数有4个：

- 隐特征的个数`F`；
- 学习速率`alpha`；
- 正则化参数`lambda`；
- 负样本/正样本比例 `ratio`。

通过实验发现，`ratio`参数对LFM的性能影响最大。因此，固定`F`=100、`alpha`=0.02、`lambda`=0.01，然后研究负样本/正样本比例`ratio`对推荐结果性能的影响。

如表2-14所示，随着负样本数目的增加，LFM的准确率和召回率有明显提高。不过当ratio>10以后，准确率和召回率基本就比较稳定了。同时，随着负样本数目的增加，覆盖率不断降低，而推荐结果的流行度不断增加，说明ratio参数控制了推荐算法发掘长尾的能力。如果将LFM的结果与表2-6、表2-9、表2-10中ItemCF和UserCF算法的性能相比，可以发现LFM在所有指标上都优于UserCF和ItemCF。当然，这只是在MovieLens一个数据集上的结果，我们也发现，当数据集非常稀疏时，LFM的性能会明显下降，甚至不如UserCF和ItemCF的性能。关于这一点读者可以通过实验自己研究。

表2-14　MovieLens数据集中LFM算法在不同ratio下的性能

ratio	准确率	召回率	覆盖率	流行度
1	21.74%	10.50%	51.19%	6.5140
2	24.32%	11.75%	53.17%	6.5458
3	25.66%	12.39%	50.41%	6.6480
5	26.94%	13.01%	44.25%	6.7899
10	27.74%	13.40%	33.87%	6.9552
20	27.37%	13.22%	24.30%	7.1025

2.5.2　基于LFM的实际系统的例子

雅虎的研究人员公布过一个使用LFM进行雅虎首页个性化设计的方案[①]。本节将简单介绍他们的设计并讨论他们的设计方案。

图2-17展示了雅虎首页的界面。该页面包括不同的模块，比如左侧的分类导航列表、中间的热门新闻列表、右侧的最近热门话题列表。雅虎的研究人员认为这3个模块都可以进行一定的个性化，可以根据用户的兴趣给他们展示不同的内容。

雅虎的研究人员以CTR作为优化目标，利用LFM来预测用户是否会单击一个链接。为此，他们将用户历史上对首页上链接的行为记录作为训练集。其中，如果用户u单击过链接i，那么就定义(u, i)是正样本，即$r_{ui} = 1$。如果链接i展示给用户u，但用户u从来没有单击过，那么就定义(u, i)是负样本，即$r_{ui} = -1$。然后，雅虎的研究人员利用前文提到的LFM预测用户是否会单击链接：

$$\hat{r}_{ui} = p_u^T \cdot q_i$$

当然，雅虎的研究人员在上面的模型基础上进行了一些修改，利用了一些改进的LFM模型。这些模型主要来自Netflix Prize比赛，因此我们会在第8章详细讨论这些模型。

① 参见Bee-Chung Chen、Deepak Agarwal、Pradheep Elango和Raghu Ramakrishnan的“Latent Factor Models for Web Recommender Systems”。

截取自雅虎网站，图中相关内容的著作权归原著作权人所有

图2-17 雅虎首页的界面

但是，LFM模型在实际使用中有一个困难，那就是它很难实现实时的推荐。经典的LFM模型每次训练时都需要扫描所有的用户行为记录，这样才能计算出用户隐类向量（p_u）和物品隐类向量（q_i）。而且LFM的训练需要在用户行为记录上反复迭代才能获得比较好的性能。因此，LFM的每次训练都很耗时，一般在实际应用中只能每天训练一次，并且计算出所有用户的推荐结果。从而LFM模型不能因为用户行为的变化实时地调整推荐结果来满足用户最近的行为。在新闻推荐中，冷启动问题非常明显。每天都会有大量新的新闻。这些新闻会在很短的时间内获得很多人的关注，但也会在很短的时间内失去用户的关注。因此，它们的生命周期很短，而推荐算法需要在它们短暂的生命周期内就将其推荐给对它们感兴趣的用户。所以，实时性在雅虎的首页个性化推荐系统中非常重要。为了解决传统LFM不能实时化，而产品需要实时性的矛盾，雅虎的研究人员提出了一个解决方案。

他们的解决方案分为两个部分。首先，他们利用新闻链接的内容属性（关键词、类别等）得到链接i的内容特征向量y_i。其次，他们会实时地收集用户对链接的行为，并且用这些数据得到链接i的隐特征向量q_i。然后，他们会利用如下公式预测用户u是否会单击链接i：

$$r_{ui} = x_u^T \cdot y_i + p_u^T \cdot q_i$$

其中，y_i是根据物品的内容属性直接生成的，x_{uk}是用户u对内容特征k的兴趣程度，用户向量x_u可以根据历史行为记录获得，而且每天只需要计算一次。而p_u、q_i是根据实时拿到的用户最近几小时的行为训练LFM获得的。因此，对于一个新加入的物品i，可以通过$x_u^T \cdot y_i$估计用户u对物品i的兴趣，然后经过几个小时后，就可以通过$p_u^T \cdot q_i$得到更加准确的预测值。

上面的讨论只是简单阐述了雅虎所用的方法，关于雅虎具体的方法可以参考他们的报告。

2.5.3 LFM 和基于邻域的方法的比较

LFM是一种基于机器学习的方法，具有比较好的理论基础。这个方法和基于邻域的方法（比如UserCF、ItemCF）相比，各有优缺点。下面将从不同的方面对比LFM和基于邻域的方法。

- **理论基础** LFM具有比较好的理论基础，它是一种学习方法，通过优化一个设定的指标建立最优的模型。基于邻域的方法更多的是一种基于统计的方法，并没有学习过程。
- **离线计算的空间复杂度** 基于邻域的方法需要维护一张离线的相关表。在离线计算相关表的过程中，如果用户/物品数很多，将会占据很大的内存。假设有M个用户和N个物品，在计算相关表的过程中，我们可能会获得一张比较稠密的临时相关表（尽管最终我们对每个物品只保留K个最相关的物品，但在中间计算过程中稠密的相关表是不可避免的），那么假设是用户相关表，则需要$O(M*M)$的空间，而对于物品相关表，则需要$O(N*N)$的空间。而LFM在建模过程中，如果是F个隐类，那么它需要的存储空间是$O(F*(M+N))$，这在M和N很大时可以很好地节省离线计算的内存。在Netflix Prize中，因为用户数很庞大（40多万），很少有人使用UserCF算法（据说需要30 GB左右的内存），而LFM由于大量节省了训练过程中的内存（只需要4 GB），从而成为Netflix Prize中最流行的算法。
- **离线计算的时间复杂度** 假设有M个用户、N个物品、K条用户对物品的行为记录。那么，UserCF计算用户相关表的时间复杂度是$O(N * (K/N)^2)$，而ItemCF计算物品相关表的时间复杂度是$O(M*(K/M)^2)$。而对于LFM，如果用F个隐类，迭代S次，那么它的计算复杂度是$O(K * F * S)$。那么，如果$K/N < F*S$，则代表UserCF的时间复杂度低于LFM，如果$K/M < F*S$，则说明ItemCF的时间复杂度低于LFM。在一般情况下，LFM的时间复杂度要稍微高于UserCF和ItemCF，这主要是因为该算法需要多次迭代。但总体上，这两种算法在时间复杂度上没有质的差别。
- **在线实时推荐** UserCF和ItemCF在线服务算法需要将相关表缓存在内存中，然后可以在线进行实时的预测。以ItemCF算法为例，一旦用户喜欢了新的物品，就可以通过查询内存中的相关表将和该物品相似的其他物品推荐给用户。因此，一旦用户有了新的行为，而且该行为被实时地记录到后台的数据库系统中，他的推荐列表就会发生变化。而从LFM的预测公式可以看到，LFM在给用户生成推荐列表时，需要计算用户对所有物品的兴趣权重，然后排名，返回权重最大的N个物品。那么，在物品数很多时，这一过程的时间复杂度非常高，可达$O(M*N*F)$。因此，LFM不太适合用于物品数非常庞大的系统，如果要用，我们也需要一个比较快的算法给用户先计算一个比较小的候选列表，然后再用LFM重新排名。另一方面，LFM在生成一个用户推荐列表时速度太慢，因此不能在线实时计算，而需要离线将所有用户的推荐结果事先计算好存储在数据库中。因此，LFM不能进行在线实时推荐，也就是说，当用户有了新的行为后，他的推荐列表不会发生变化。
- **推荐解释** ItemCF算法支持很好的推荐解释，它可以利用用户的历史行为解释推荐结果。但LFM无法提供这样的解释，它计算出的隐类虽然在语义上确实代表了一类兴趣和物品，却很难用自然语言描述并生成解释展现给用户。

2.6 基于图的模型

用户行为很容易用二分图表示，因此很多图的算法都可以用到推荐系统中。本节将重点讨论如何将用户行为用图表示，并利用图的算法给用户进行个性化推荐。

2.6.1 用户行为数据的二分图表示

基于图的模型（graph-based model）是推荐系统中的重要内容。其实，很多研究人员把基于邻域的模型也称为基于图的模型，因为可以把基于邻域的模型看做基于图的模型的简单形式。

在研究基于图的模型之前，首先需要将用户行为数据表示成图的形式。本章讨论的用户行为数据是由一系列二元组组成的，其中每个二元组(u, i)表示用户u对物品i产生过行为。这种数据集很容易用一个二分图[①]表示。

令$G(V, E)$表示用户物品二分图，其中$V = V_U \cup V_I$由用户顶点集合V_U和物品顶点集合V_I组成。对于数据集中每一个二元组(u, i)，图中都有一套对应的边$e(v_u, v_i)$，其中$v_u \in V_U$是用户u对应的顶点，$v_i \in V_I$是物品i对应的顶点。图2-18是一个简单的用户物品二分图模型，其中圆形节点代表用户，方形节点代表物品，圆形节点和方形节点之间的边代表用户对物品的行为。比如图中用户节点A和物品节点a、b、d相连，说明用户A对物品a、b、d产生过行为。

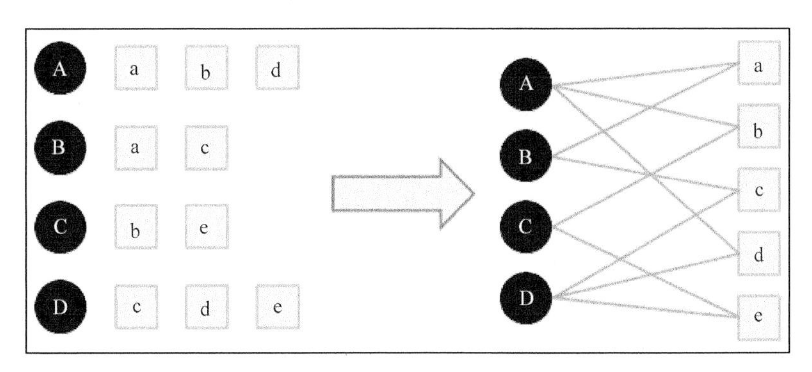

图2-18 用户物品二分图模型

2.6.2 基于图的推荐算法

将用户行为表示为二分图模型后，下面的任务就是在二分图上给用户进行个性化推荐。如果将个性化推荐算法放到二分图模型上，那么给用户u推荐物品的任务就可以转化为度量用户顶点v_u和与v_u没有边直接相连的物品节点在图上的相关性，相关性越高的物品在推荐列表中的权重就越高。

度量图中两个顶点之间相关性的方法很多，但一般来说图中顶点的相关性主要取决于下面3

① 参见http://en.wikipedia.org/wiki/Bipartite_graph。

个因素：

- 两个顶点之间的路径数；
- 两个顶点之间路径的长度；
- 两个顶点之间的路径经过的顶点。

而相关性高的一对顶点一般具有如下特征：

- 两个顶点之间有很多路径相连；
- 连接两个顶点之间的路径长度都比较短；
- 连接两个顶点之间的路径不会经过出度比较大的顶点。

举一个简单的例子，如图2-19所示，用户A和物品c、e没有边相连，但是用户A和物品c有一条长度为3的路径相连，用户A和物品e有两条长度为3的路径相连。那么，顶点A与e之间的相关性要高于顶点A与c，因而物品e在用户A的推荐列表中应该排在物品c之前，因为顶点A与e之间有两条路径——（A, b, C, e）和（A, d, D, e）。其中，（A, b, C, e）路径经过的顶点的出度为（3, 2, 2, 2），而（A, d, D, e）路径经过的顶点的出度为（3, 2, 3, 2）。因此，（A, d, D, e）经过了一个出度比较大的顶点D，所以（A, d, D, e）对顶点A与e之间相关性的贡献要小于（A, b, C, e）。

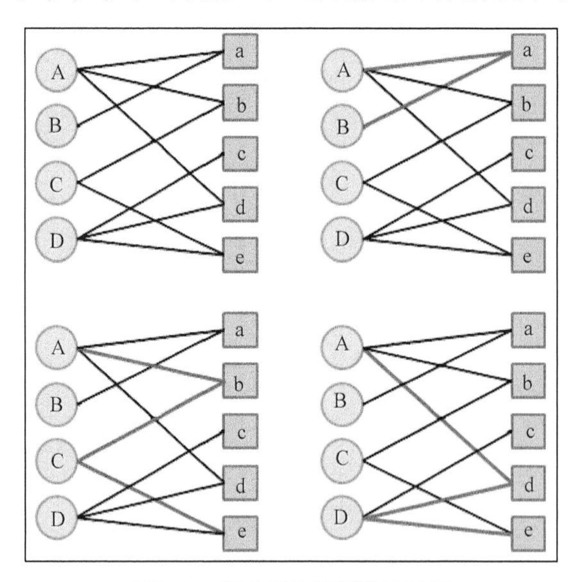

图2-19　基于图的推荐算法示例

基于上面3个主要因素，研究人员设计了很多计算图中顶点之间相关性的方法[①]。本节将介绍一种基于随机游走的PersonalRank算法[②]。

---

① 参见Fouss Francois、Pirotte Alain、Renders Jean-Michel和Saerens Marco的“Random-Walk Computation of Similarities between Nodes of a Graph with Application to Collaborative Recommendation” (IEEE Transactions on Knowl edge and Data Eng ineering, 2007)。

② 参见Taher H .Haveliwala的“Topic-Sensitive PageRank”（WWW 2002, 2002）。

假设要给用户u进行个性化推荐，可以从用户u对应的节点v_u开始在用户物品二分图上进行随机游走。游走到任何一个节点时，首先按照概率α决定是继续游走，还是停止这次游走并从v_u节点开始重新游走。如果决定继续游走，那么就从当前节点指向的节点中按照均匀分布随机选择一个节点作为游走下次经过的节点。这样，经过很多次随机游走后，每个物品节点被访问到的概率会收敛到一个数。最终的推荐列表中物品的权重就是物品节点的访问概率。

如果将上面的描述表示成公式，可以得到如下公式：

$$\mathrm{PR}(v)=\begin{cases}\alpha\sum_{v'\in\mathrm{in}(v)}\frac{\mathrm{PR}(v')}{|\mathrm{out}(v')|} & (v\neq v_u)\\ (1-\alpha)+\alpha\sum_{v'\in\mathrm{in}(v)}\frac{\mathrm{PR}(v')}{|\mathrm{out}(v')|} & (v=v_u)\end{cases}$$

下面的Python代码简单实现了上面的公式：

```
def PersonalRank(G, alpha, root, max_step):
    rank = dict()
    rank = {x:0 for x in G.keys()}
    rank[root] = 1
    for k in range(max_step):
        tmp = {x:0 for x in G.keys()}
        for i, ri in G.items():
            for j, wij in ri.items():
                if j not in tmp:
                    tmp[j] = 0
                tmp[j] += alpha * rank[i] / (1.0 * len(ri))
                if j == root:
                    tmp[j] += 1 - alpha
        rank = tmp
    return rank
```

我们用上面的代码跑了一下图2-20的例子，给A用户进行推荐。图2-21给出了不同迭代次数后每个顶点的访问概率。从图中可以看到，每个顶点的访问概率在9次迭代之后就基本上收敛了。在这个例子中，用户A没有对物品b、d有过行为。在最后的迭代结果中，d的访问概率大于b，因此给A的推荐列表就是$\{d, b\}$。

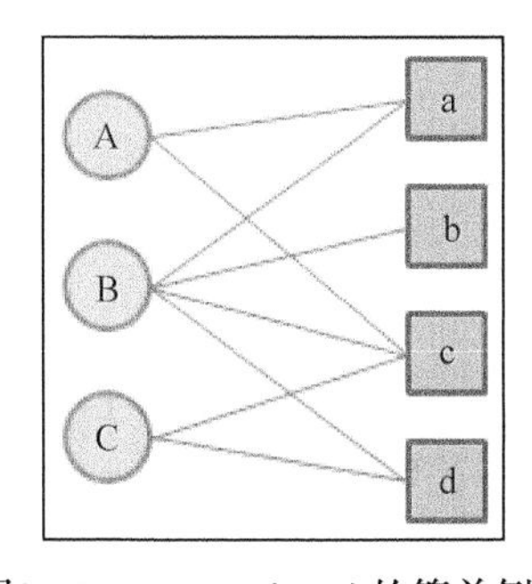

图2-20 PersonalRank的简单例子

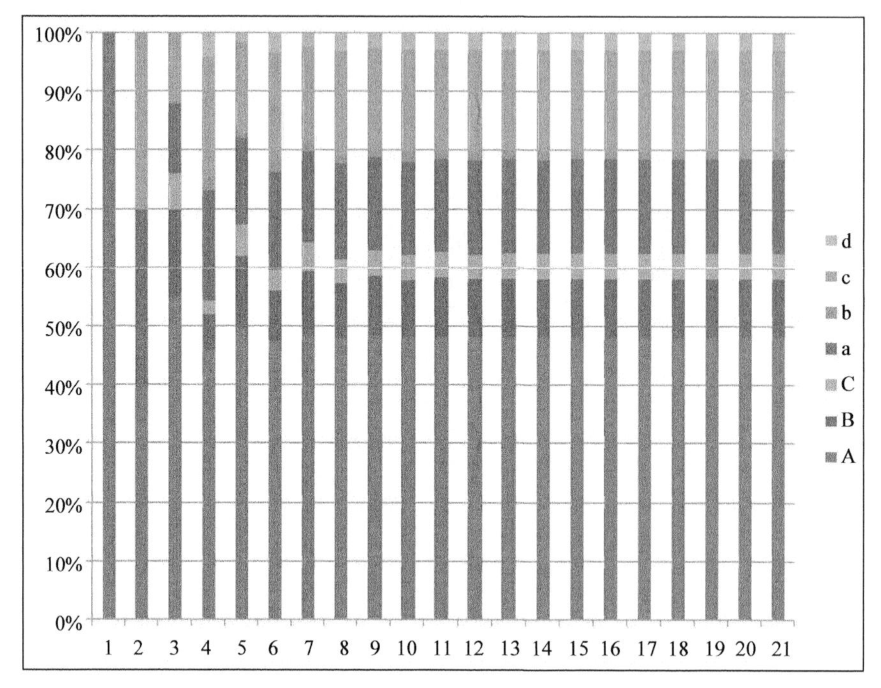

图2-21　不同次迭代中不同节点的访问概率

本节在MovieLens的数据集上评测了PersonalRank算法，实验结果如表2-15所示。

表2-15　MovieLens数据集中PersonalRank算法的离线实验结果

α	准确率	召回率	覆盖率	流行度
0.8	**16.45%**	**7.95%**	**3.42%**	**7.6928**

虽然PersonalRank算法可以通过随机游走进行比较好的理论解释，但该算法在时间复杂度上有明显的缺点。因为在为每个用户进行推荐时，都需要在整个用户物品二分图上进行迭代，直到整个图上的每个顶点的PR值收敛。这一过程的时间复杂度非常高，不仅无法在线提供实时推荐，甚至离线生成推荐结果也很耗时。

为了解决PersonalRank每次都需要在全图迭代并因此造成时间复杂度很高的问题，这里给出两种解决方案。第一种很容易想到，就是减少迭代次数，在收敛之前就停止。这样会影响最终的精度，但一般来说影响不会特别大。另一种方法就是从矩阵论出发，重新设计算法。

对矩阵运算比较熟悉的读者可以轻松将PersonalRank转化为矩阵的形式。令M为用户物品二分图的转移概率矩阵，即：

$$M(v,v')=\frac{1}{|\mathrm{out}(v)|}$$

那么，迭代公式可以转化为：

$$r = (1-\alpha)r_0 + \alpha M^T r$$

对矩阵论稍微熟悉的读者都可以解出上面的方程，得到：

$$r = (1-\alpha)(1-\alpha M^T)^{-1} r_0$$

因此，只需要计算一次 $(1-\alpha M^T)^{-1}$，这里 $1-\alpha M^T$ 是稀疏矩阵。关于如何对稀疏矩阵快速求逆，可以参考矩阵计算方面的书籍和论文[①]，本书就不再讨论了。

① 比如Song Li的"Fast Algorithms For Sparse Matrix Inverse Compuataions"（2009）。

第3章

推荐系统冷启动问题

推荐系统需要根据用户的历史行为和兴趣预测用户未来的行为和兴趣，因此大量的用户行为数据就成为推荐系统的重要组成部分和先决条件。对于很多像百度、当当这样的网站来说，这或许不是个问题，因为它们目前已经积累了大量的用户数据。但是对于很多做纯粹推荐系统的网站（比如Jinni和Pandora），或者很多在开始阶段就希望有个性化推荐应用的网站来说，如何在没有大量用户数据的情况下设计个性化推荐系统并且让用户对推荐结果满意从而愿意使用推荐系统，就是冷启动的问题。

下面各节将简单介绍一下冷启动问题的分类，以及如何解决不同种类的冷启动问题。

3.1 冷启动问题简介

冷启动问题（cold start）主要分3类。

- **用户冷启动** 用户冷启动主要解决如何给新用户做个性化推荐的问题。当新用户到来时，我们没有他的行为数据，所以也无法根据他的历史行为预测其兴趣，从而无法借此给他做个性化推荐。
- **物品冷启动** 物品冷启动主要解决如何将新的物品推荐给可能对它感兴趣的用户这一问题。
- **系统冷启动** 系统冷启动主要解决如何在一个新开发的网站上（还没有用户，也没有用户行为，只有一些物品的信息）设计个性化推荐系统，从而在网站刚发布时就让用户体验到个性化推荐服务这一问题。

对于这3种不同的冷启动问题，有不同的解决方案。一般来说，可以参考如下解决方案。

- **提供非个性化的推荐** 非个性化推荐的最简单例子就是热门排行榜，我们可以给用户推荐热门排行榜，然后等到用户数据收集到一定的时候，再切换为个性化推荐。
- 利用用户注册时提供的年龄、性别等数据做粗粒度的个性化。
- 利用用户的社交网络账号登录（需要用户授权），导入用户在社交网站上的好友信息，然后给用户推荐其好友喜欢的物品。
- 要求用户在登录时对一些物品进行反馈，收集用户对这些物品的兴趣信息，然后给用户推荐那些和这些物品相似的物品。
- 对于新加入的物品，可以利用内容信息，将它们推荐给喜欢过和它们相似的物品的用户。
- 在系统冷启动时，可以引入专家的知识，通过一定的高效方式迅速建立起物品的相关度表。

下面几节将详细描述其中的某些方案。

3.2 利用用户注册信息

在网站中，当新用户刚注册时，我们不知道他喜欢什么物品，于是只能给他推荐一些热门的商品。但如果我们知道她是一位女性，那么可以给她推荐女性都喜欢的热门商品。这也是一种个性化的推荐。当然这个个性化的粒度很粗，因为所有刚注册的女性看到的都是同样的结果，但相对于不区分男女的方式，这种推荐的精度已经大大提高了。因此，利用用户的注册信息可以很好地解决注册用户的冷启动问题。在绝大多数网站中，年龄、性别一般都是注册用户的必备信息。如3-1所示，个性化电台Pandora的注册界面就要求用户提供生日、邮编和性别等数据。Pandora在解释为什么需要这些数据时表示是为了让用户能够看到和自己更加相关的广告。其实，这些数据也可以用于解决用户听音乐的冷启动问题。

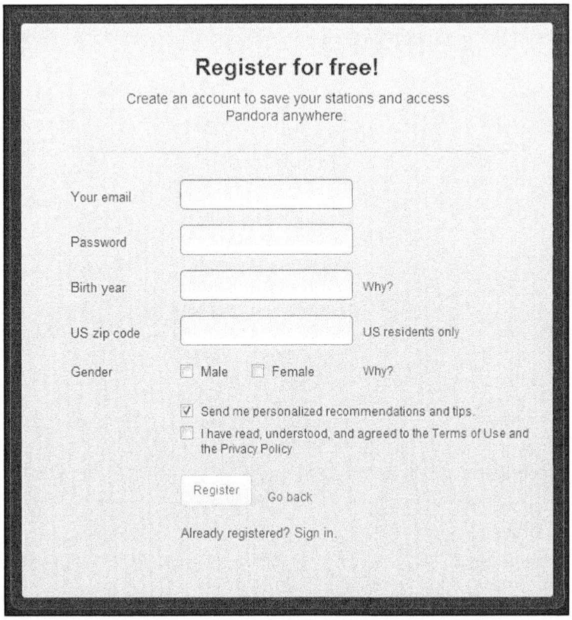

截取自Pandora网站，图中相关内容的著作权归原著作权人所有

图3-1 Pandora的用户注册界面

用户的注册信息分3种。

- **人口统计学信息** 包括用户的年龄、性别、职业、民族、学历和居住地。
- **用户兴趣的描述** 有一些网站会让用户用文字描述他们的兴趣。
- **从其他网站导入的用户站外行为数据** 比如用户通过豆瓣、新浪微博的账号登录，就可以在得到用户同意的情况下获取用户在豆瓣或者新浪微博的一些行为数据和社交网络数据。

这一节主要讨论如何通过用户注册时填写的人口统计学信息给用户提供粗粒度的个性化推荐。

人口统计学特征包括年龄、性别、工作、学历、居住地、国籍、民族等，这些特征对预测用户的兴趣有很重要的作用，比如男性和女性的兴趣不同，不同年龄的人兴趣也不同。图3-2显示了IMDB（IMDB网站中给出了每一部电影和电视剧的评分人数按照年龄和性别分布的数据[①]）中给著名美剧评分的男女用户数的比例。这幅图中的数据只代表IMDB用户观看电视剧的性别分布，因为IMDB网站用户的性别分布本身是不均匀的（男性用户较多）。如图3-2所示，用户选择电视剧的行为和性别有很大的相关性，有些电视剧（比如《实习医生格雷》和《绝望主妇》）比较受女性的欢迎，而一些电视剧（比如《生活大爆炸》和《荒野求生》）则比较受男性的欢迎。

基于人口统计学特征的推荐系统其典型代表是Bruce Krulwich开发的Lifestyle Finder[②]。首先，Bruce Krulwich将美国人群根据人口统计学属性分成62类，然后对于每个新用户根据其填写的个人资料判断他属于什么分类，最后给他推荐这类用户最喜欢的15个链接，其中5个链接是推荐他购买的商品，5个链接是推荐他旅游的地点，剩下的5个链接是推荐他去逛的商店。

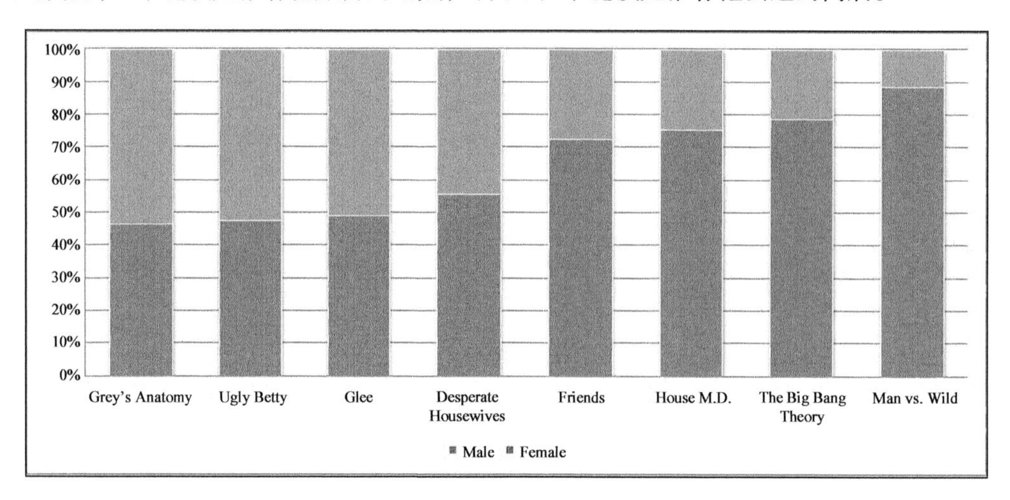

图3-2　IMDB中不同美剧的评分用户的性别分布

为了证明利用用户人口统计学特征后的推荐结果好于随机推荐的结果，Krulwich做了一个AB测试。相对于利用人口统计学特征的算法，Krulwich设计了一个对照组，该组用户看到的推荐结果是完全随机的。实验结果显示，对于利用人口统计学特征的个性化推荐算法，其用户点击率为89%，而随机算法的点击率只有27%。对于利用人口统计学特征的个性化算法，44%的用户觉得推荐结果是他们喜欢的，而对于随机算法只有31%的用户觉得推荐结果是自己喜欢的。因此，我们得到一个结论——使用人口统计学信息相对于随机推荐能够获得更好的推荐效果。当然，Krulwich的实验也有明显的缺点，即他没有对比和给用户推荐最热门的物品的推荐算法。因为热

① 比如《豪斯医生》（House M.D.）的评分用户性别分布见http://www.imdb.com/title/tt0412142/ratings。

② 参见论文Bruce Krulwich的“Lifestyle finder : intelligent user profiling using large scale demographic data”（1997）。

门排行榜作为一种非个性化推荐算法，一般也比随机推荐具有更高的点击率。

基于注册信息的个性化推荐流程基本如下：

(1) 获取用户的注册信息；

(2) 根据用户的注册信息对用户分类；

(3) 给用户推荐他所属分类中用户喜欢的物品。

图3-3是一个基于用户人口统计学特征推荐的简单例子。如图所示，当一个新的注册用户访问推荐系统时，我们首先从用户注册信息数据库中查询他的注册信息。比如图3-3中的用户，我们查到他是一位28岁的男性，是一位物理学家。然后，查询3张离线计算好的相关表：一张是性别-电视剧相关表，从中可以查询男性最喜欢的电视剧；一张是年龄-电视剧相关表，从中可以查询到28岁用户最喜欢的电视剧；一张是职业-电视剧相关表，可以查询到物理学家最喜欢的电视剧。然后，我们可以将用这3张相关表查询出的电视剧列表按照一定权重相加，得到给用户的最终推荐列表。

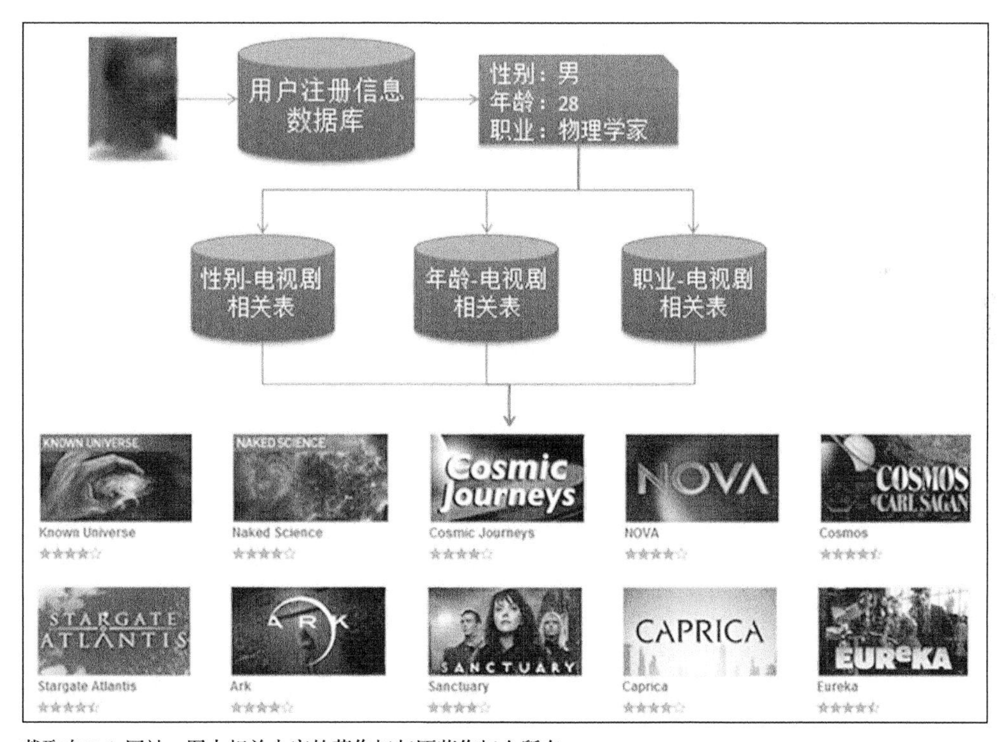

截取自Hulu网站，图中相关内容的著作权归原著作权人所有

图3-3　一个基于用户人口统计学特征推荐的简单例子

当然，实际应用中也可以考虑组合特征，比如将年龄性别作为一个特征，或者将性别职业作为一个特征。不过在使用组合时需要注意用户不一定具有所有的特征（比如有些用户没有职业信息），因为一般的注册系统并不要求用户填写所有注册项。

由图3-3中的例子可知，基于用户注册信息的推荐算法其核心问题是计算每种特征的用户喜欢的物品。也就是说，对于每种特征f，计算具有这种特征的用户对各个物品的喜好程度$p(f, i)$。

$p(f,i)$ 可以简单地定义为物品i在具有f的特征的用户中的热门程度：

$$p(f,i)=|N(i)\cap U(f)|$$

其中 $N(i)$ 是喜欢物品i的用户集合，$U(f)$ 是具有特征f的用户集合。

上面这种定义可以比较准确地预测具有某种特征的用户是否喜欢某个物品。但是，在这种定义下，往往热门的物品会在各种特征的用户中都具有比较高的权重。也就是说具有比较高的 $|N(i)|$ 的物品会在每一类用户中都有比较高的 $p(f,i)$。给用户推荐热门物品并不是推荐系统的主要任务，推荐系统应该帮助用户发现他们不容易发现的物品。因此，我们可以将 $p(f,i)$ 定义为喜欢物品i的用户中具有特征f的比例：

$$p(f,i)=\frac{|N(i)\cap U(f)|}{|N(i)|+\alpha}$$

这里分母中使用参数 α 的目的是解决数据稀疏问题。比如有一个物品只被1个用户喜欢过，而这个用户刚好就有特征f，那么就有 $p(f,i)=1$。但是，这种情况并没有统计意义，因此我们为分母加上一个比较大的数，可以避免这样的物品产生比较大的权重。

有两个推荐系统数据集包含了人口统计学信息，一个是BookCrossing数据集①，另一个是Last.fm数据集②。

BookCrossing数据集包含用户对图书的行为信息，包含3个文件。

- BX-Users.csv，包含用户的ID、位置和年龄。
- BX-Books.csv，包含图书的ISBN、标题、作者、发表年代、出版社和缩略。
- BX-Book-Ratings.csv，包含用户对图书的评分信息。

下面我们根据这个数据集研究一下年龄对用户喜欢图书的影响。我们研究两类用户，一类是小于25岁的，一类是大于50岁的。

首先，我们利用 $p(f,i)=|N(i)\cap U(f)|$ 统计了这两部分用户最经常看的书，并将每一类用户最经常看的5本书显示在表3-1中。同时我们也利用 $p(f,i)=\frac{|N(i)\cap U(f)|}{|N(i)|+\alpha}$ 计算了年轻用户比例最高的5本书和老年用户比例最高的5本书（如表3-2所示）。我们可以看到，表3-1中年轻用户和老年用户最热门的5本书有3本是相同的，重合度很高。这3本书其实是老少咸宜的。在年轻人最喜欢的书中，只有《哈利波特和魔法石》（*Harry Potter and the Sorcerer's Stone*）和《麦田里的守望者》（*The Catcher in the Rye*）是比较符合年轻人兴趣的。而在老年用户喜欢的书中，似乎没有特别能反映老年用户特点的书。由此可见，$p(f,i)=|N(i)\cap U(f)|$ 很难用来给用户推荐符合他们特征的个性化物品。

① 参见http://www.informatik.uni-freiburg.de/~cziegler/BX/。

② 参见http://www.dtic.upf.edu/~ocelma/MusicRecommendationDataset/lastfm-360K.html。

不过观看表3-2就可以发现，列表中推荐给年轻用户的书都是符合年轻人兴趣的，而推荐给老年人的书也是符合老年人兴趣的。

表3-1 年轻用户和老年用户经常看的图书的列表

年轻人（小于25岁）
Wild Animus, Rich Shapero, 2004, Too Far
The Lovely Bones: A Novel, Alice Sebold, 2002, Little, Brown
Harry Potter and the Sorcerer's Stone (Harry Potter (Paperback)), J. K. Rowling, 1999, Arthur A. Levine Books
The Catcher in the Rye, J.D. Salinger, 1991, Little, Brown
The Da Vinci Code, Dan Brown, 2003, Doubleday
老年人（大于50岁）
Wild Animus, Rich Shapero, 2004, Too Far
The Da Vinci Code, Dan Brown, 2003, Doubleday
The Lovely Bones: A Novel, Alice Sebold, 2002, Little, Brown
A Painted House, John Grisham, 2001, Dell Publishing Company
Angels & Demons, Dan Brown, 2001, Pocket Star

表3-2 年轻用户比例最高的5本书和老年人比例最高的5本书

年轻人（小于25岁）
The Perks of Being a Wallflower, Stephen Chbosky, 1999, MTV
The Catcher in the Rye, J.D. Salinger, 1991, Little, Brown
And Then There Were None : A Novel, Agatha Christie, 2001, St. Martin's Paperbacks
Chicken Soup for the Teenage Soul (Chicken Soup for the Soul), Jack Canfield, 1997, Health Communications
The Giver (21st Century Reference), LOIS LOWRY, 1994, Laure Leaf
老年人（大于50岁）
The No. 1 Ladies' Detective Agency (Today Show Book Club #8), Alexander McCall Smith, 2003, Anchor
A Painted House, John Grisham, 2001, Dell Publishing Company
The Da Vinci Code, Dan Brown, 2003, Doubleday
Deception Point, Dan Brown, 2002, Pocket
A Thief of Time (Joe Leaphorn/Jim Chee Novels), Tony Hillerman, 1990, HarperTorch

Last.fm数据集包含了更多的用户人口统计学信息，包括用户的性别、年龄和国籍。图3-4给出了该数据集中用户性别的分布。如图所示，该数据集中男性用户占了绝大多数（大约占3/4）。图3-5给出了该数据集中用户年龄的分布。如图所示，该数据集中20～25岁的用户占了绝大多数比例。图3-6给出了该数据集中用户国家的分布。如图所示，该数据集中美国、德国和英国的用户占了绝大多数比例。

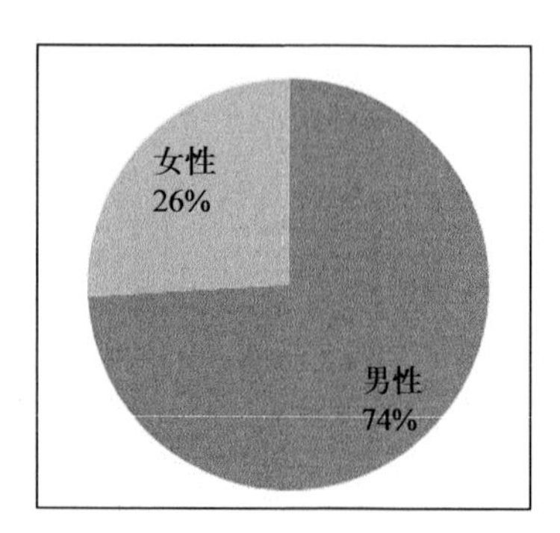

图3-4　Last.fm数据集中男女用户的分布

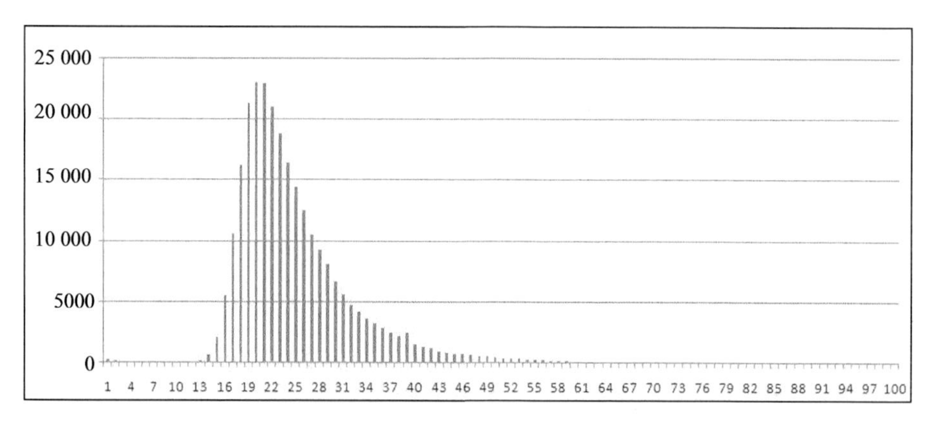

图3-5　Last.fm数据集中用户年龄的分布

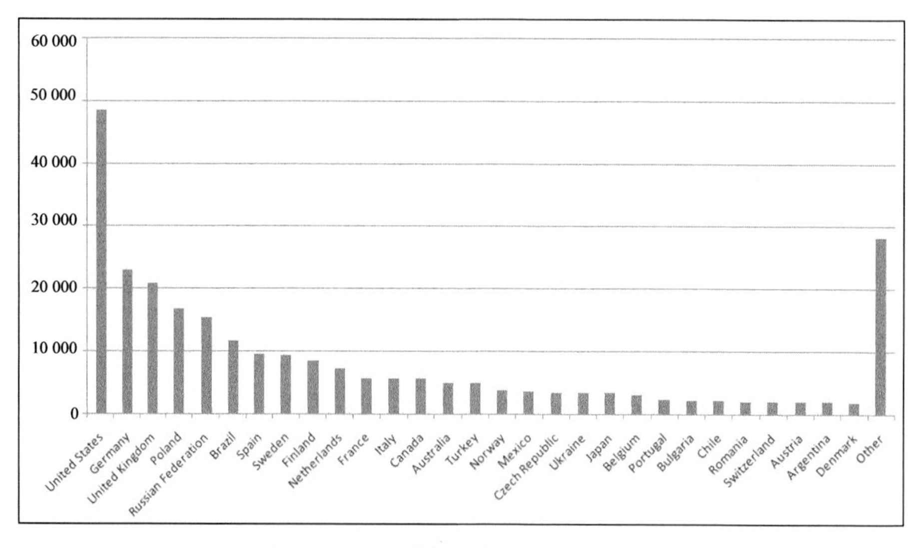

图3-6　Last.fm数据集中用户国家的分布

我们准备用该数据集对比一下使用不同的人口统计学特征预测用户行为的精度。这里，我们将数据集划分成10份，9份作为训练集，1份作为测试集。然后，我们在训练集上利用 $p(f,i)=|N(i)\cap U(f)|$ 计算每一类用户对物品的兴趣程度 $p(f,i)$ 。然后在测试集中给每一类用户推荐 $p(f,i)$ 最高的10个物品，并通过准确率和召回率计算预测准确度。同时，我们也会计算推荐的覆盖率来评测推荐结果。

我们按照不同的粒度给用户分类，对比了5种不同的算法。

- MostPopular　给用户推荐最热门的歌手。
- GenderMostPopular　给用户推荐对于和他同性别的用户最热门的歌手，这里我们将用户分成男女两类。
- AgeMostPopular　给用户推荐对于和他同一个年龄段的用户最热门的歌手，这里我们将10岁作为一个年龄段，将用户按照不同的年龄段分类。
- CountryMostPopular　给用户推荐对于和他同一个国家的用户最热门的歌手。
- DemographicMostPopular　给用户推荐对于和他同性别、年龄段、国家的用户最热门的歌手。

从算法的描述可见，这5种算法具有不同的粒度，其中MostPopular粒度最粗，而DemographicMostPopular算法的粒度最细。一般说来，粒度越细，精度和覆盖率也会越高。

表3-3给出了实验结果。如结果所示，确实是DemographicMostPopular算法的准确率、召回率和覆盖率更高。这说明，利用的用户人口统计学特征越多，越能准确地预测用户兴趣。同时，结果显示：

DemographicMostPopular > CountryMostPopular > AgeMostPopular > GenderMostPopular > MostPopular

表3-3　5种不同粒度算法的召回率、准确率和覆盖率

方　法	召　回　率	准　确　率	覆　盖　率
MostPopular	4.81%	2.36%	0.018%
GenderMostPopular	4.95%	2.43%	0.027%
AgeMostPopular	5.04%	2.47%	0.062%
CountryMostPopular	5.58%	2.73%	0.80%
DemographicMostPopular	6.00%	2.94%	3.85%

这说明在预测用户对音乐的兴趣时，国家比年龄、性别特征影响更大。这一点是显然的，比如中国的年轻人和美国的年轻人喜欢的音乐差异是很大的。

3.3　选择合适的物品启动用户的兴趣

解决用户冷启动问题的另一个方法是在新用户第一次访问推荐系统时，不立即给用户展示推荐结果，而是给用户提供一些物品，让用户反馈他们对这些物品的兴趣，然后根据用户反馈给提

供个性化推荐。很多推荐系统采取了这种方式来解决用户冷启动问题。以Jinni为例，当新用户访问推荐系统时，它会给出一条提示语，表示用户需要给多部电影评分才能获取推荐结果（如图3-7所示）。当用户选择给多部电影评分后，Jinni会首先展示一个页面让用户选择他喜欢的电影类别（如图3-8所示），当用户选择了某一个类别后，Jinni会展示第三个界面让用户对电影进行反馈（如图3-9所示）。

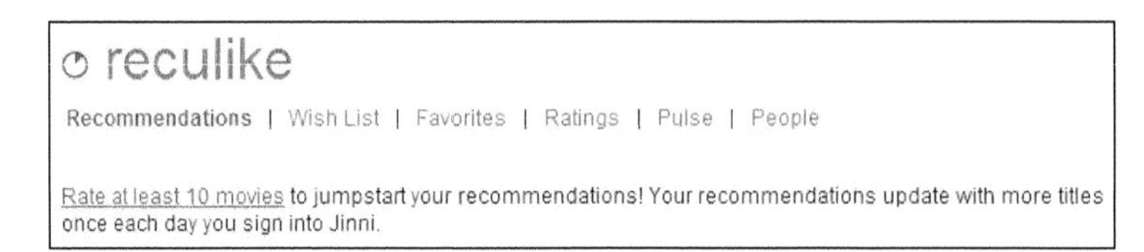

图3-7　Jinni在新用户登录推荐系统时提示用户需要给多部电影评分

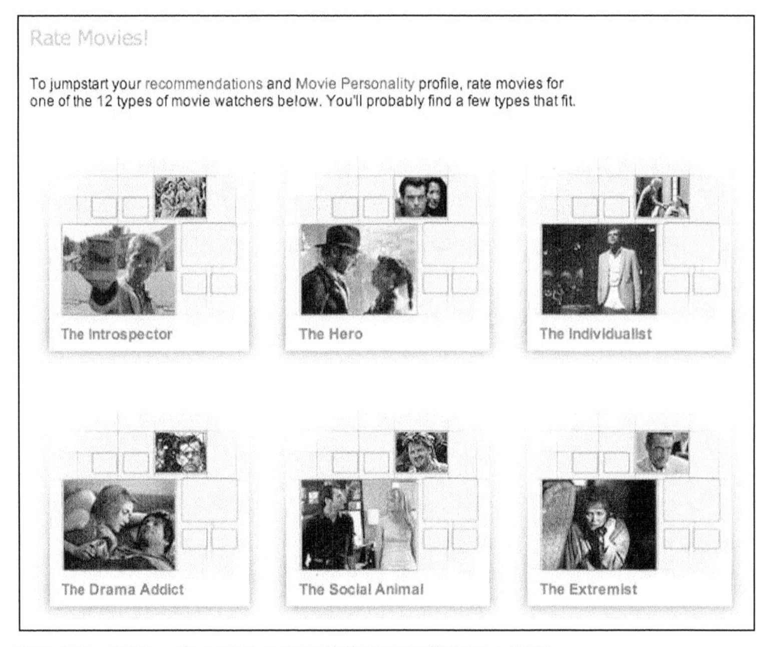

截取自Jinni网站，图中相关内容的著作权归原著作权人所有

图3-8　Jinni让用户选择自己喜欢的电影类别

对于这些通过让用户对物品进行评分来收集用户兴趣，从而对用户进行冷启动的系统，它们需要解决的首要问题就是如何选择物品让用户进行反馈。

一般来说，能够用来启动用户兴趣的物品需要具有以下特点。

- **比较热门**　如果要让用户对一个物品进行反馈，前提是用户知道这个物品是什么东西。以电影为例，如果一开始让用户进行反馈的电影都很冷门，而用户不知道这些电影的情节和内容，也就无法对它们做出准确的反馈。

截取自Jinni网站，图中相关内容的著作权归原著作权人所有

图3-9 Jinni让用户对电影进行评分的界面

- **具有代表性和区分性** 启动用户兴趣的物品不能是大众化或老少咸宜的，因为这样的物品对用户的兴趣没有区分性。还以电影为例，用一部票房很高且广受欢迎的电影做启动物品，可以想象的到的是几乎所有用户都会喜欢这部电影，因而无法区分用户个性化的兴趣。
- **启动物品集合需要有多样性** 在冷启动时，我们不知道用户的兴趣，而用户兴趣的可能性非常多，为了匹配多样的兴趣，我们需要提供具有很高覆盖率的启动物品集合，这些物品能覆盖几乎所有主流的用户兴趣。以图3-8为例，Jinni在让用户反馈时没有直接拿电影让用户反馈，而是给出了12个电影类型（截图中只显示了其中的6个电影类型），让用户先选择喜欢哪种类型，这样就很好地保证了启动物品集合的多样性。

上面这些因素都是选择启动物品时需要考虑的，但如何设计一个选择启动物品集合的系统呢？Nadav Golbandi在论文[①]中探讨了这个问题，提出可以用一个决策树解决这个问题。

首先，给定一群用户，Nadav Golbandi用这群用户对物品评分的方差度量这群用户兴趣的一致程度。如果方差很大，说明这一群用户的兴趣不太一致，也就是物品具有比较大的区分度，反之则说明这群用户的兴趣比较一致。令$\sigma_{u\in U'}$为用户集合U'中所有评分的方差，Nadav Golbandi的基本思想是通过如下方式度量一个物品的区分度$D(i)$:

$$D(i) = \sigma_{u\in N^+(i)} + \sigma_{u\in N^-(i)} + \sigma_{u\in \bar{N}(i)}$$

其中，$N^+(i)$是喜欢物品i的用户集合，$N^-(i)$是不喜欢物品i的用户集合，$\bar{N}(i)$是没有对物品i评分的用户集合。$\sigma_{u\in N^+(i)}$是喜欢物品i的用户对其他物品评分的方差，$\sigma_{u\in N^-(i)}$是不喜欢物品i的

① “Adaptive Bootstrapping of Recommender Systems Using Decision Trees”，下载地址为 http://research.yahoo.com/pub/3502。

用户对其他物品评分的方差，$\sigma_{u \in \bar{N}(i)}$ 是没有对物品i评分的用户对其他物品评分的方差。也就是说，对于物品i，Nadav Golbandi将用户分成3类——喜欢物品i的用户、不喜欢物品i的用户和不知道物品i的用户（即没有给i评分的用户）。如果这3类用户集合内的用户对其他的物品兴趣很不一致，说明物品i具有较高的区分度。

Nadav Golbandi的算法首先会从所有用户中找到具有最高区分度的物品i，然后将用户分成3类。然后在每类用户中再找到最具区分度的物品，然后将每一类用户又各自分为3类，也就是将总用户分成9类，然后这样继续下去，最终可以通过对一系列物品的看法将用户进行分类。而在冷启动时，我们从根节点开始询问用户对该节点物品的看法，然后根据用户的选择将用户放到不同的分枝，直到进入最后的叶子节点，此时我们就已经对用户的兴趣有了比较清楚的了解，从而可以开始对用户进行比较准确地个性化推荐。

图3-10通过一个简单的例子解释Nadav Golbandi的算法。如图所示，假设通过分析用户数据，我们发现《变形金刚》最有区分度。而在喜欢《变形金刚》的用户中《钢铁侠》最有区分度，不知道《变形金刚》的用户中《阿甘正传》最有区分度，不喜欢《变形金刚》的用户中《泰坦尼克号》最有区分度。进一步分析，我们发现不喜欢《变形金刚》但喜欢《泰坦尼克号》的用户中，《人鬼情未了》最有区分度。那么，假设来了一个新用户，系统会首先询问他对《变形金刚》的看法，如果他说不喜欢，我们就会问他对《泰坦尼克》号的看法，如果他说喜欢，我们就会问他对《人鬼情未了》的看法，如果这个时候用户停止了反馈，我们也大概能知道该用户可能对爱情片比较感兴趣，对科幻片兴趣不大。

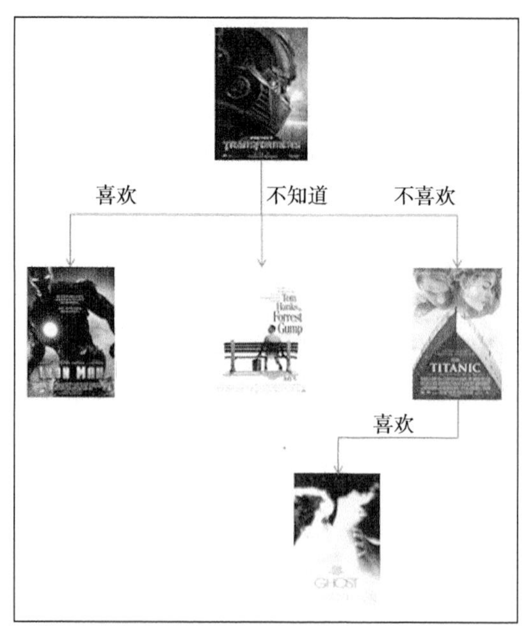

图3-10　给用户选择物品以解决冷启动问题的例子

3.4 利用物品的内容信息

物品冷启动需要解决的问题是如何将新加入的物品推荐给对它感兴趣的用户。物品冷启动在新闻网站等时效性很强的网站中非常重要，因为那些网站中时时刻刻都有新加入的物品，而且每个物品必须能够在第一时间展现给用户，否则经过一段时间后，物品的价值就大大降低了。

第2章介绍了两种主要的推荐算法——UserCF和ItemCF算法。首先需要指出的是，UserCF算法对物品冷启动问题并不非常敏感。因为，UserCF在给用户进行推荐时，会首先找到和用户兴趣相似的一群用户，然后给用户推荐这一群用户喜欢的物品。在很多网站中，推荐列表并不是给用户展示内容的唯一列表，那么当一个新物品加入时，总会有用户从某些途径看到这些物品，对这些物品产生反馈。那么，当一个用户对某个物品产生反馈后，和他历史兴趣相似的其他用户的推荐列表中就有可能出现这一物品，从而更多的人就会对这个物品产生反馈，导致更多的人的推荐列表中会出现这一物品，因此该物品就能不断地扩散开来，从而逐步展示到对它感兴趣用户的推荐列表中。

但是，有些网站中推荐列表可能是用户获取信息的主要途径，比如豆瓣网络电台。那么对于UserCF算法就需要解决第一推动力的问题，即第一个用户从哪儿发现新的物品。只要有一小部分人能够发现并喜欢新的物品，UserCF算法就能将这些物品扩散到更多的用户中。解决第一推动力最简单的方法是将新的物品随机展示给用户，但这样显然不太个性化，因此可以考虑利用物品的内容信息，将新物品先投放给曾经喜欢过和它内容相似的其他物品的用户。关于如何利用内容信息，本节将在后面介绍。

对于ItemCF算法来说，物品冷启动就是一个严重的问题了。因为ItemCF算法的原理是给用户推荐和他之前喜欢的物品相似的物品。ItemCF算法会每隔一段时间利用用户行为计算物品相似度表（一般一天计算一次），在线服务时ItemCF算法会将之前计算好的物品相关度矩阵放在内存中。因此，当新物品加入时，内存中的物品相关表中不会存在这个物品，从而ItemCF算法无法推荐新的物品。解决这一问题的办法是频繁更新物品相似度表，但基于用户行为计算物品相似度是非常耗时的事情，主要原因是用户行为日志非常庞大。而且，新物品如果不展示给用户，用户就无法对它产生行为，通过行为日志计算是计算不出包含新物品的相关矩阵的。为此，我们只能利用物品的内容信息计算物品相关表，并且频繁地更新相关表（比如半小时计算一次）。

物品的内容信息多种多样，不同类型的物品有不同的内容信息。如果是电影，那么内容信息一般包括标题、导演、演员、编剧、剧情、风格、国家、年代等。如果是图书，内容信息一般包含标题、作者、出版社、正文、分类等。表3-4展示了常见物品的常用内容信息。

表3-4 常见物品的内容信息

图书	标题、作者、出版社、出版年代、丛书名、目录、正文
论文	标题、作者、作者单位、关键字、分类、摘要、正文
电影	标题、导演、演员、编剧、类别、剧情简介、发行公司
新闻	标题、正文、来源、作者
微博	作者、内容、评论

一般来说，物品的内容可以通过向量空间模型①表示，该模型会将物品表示成一个关键词向量。如果物品的内容是一些诸如导演、演员等实体的话，可以直接将这些实体作为关键词。但如果内容是文本的形式，则需要引入一些理解自然语言的技术抽取关键词。图3-11展示了从文本生成关键词向量的主要步骤。对于中文，首先要对文本进行分词，将字流变成词流，然后从词流中检测出命名实体（如人名、地名、组织名等），这些实体和一些其他重要的词将组成关键词集合，最后对关键词进行排名，计算每个关键词的权重，从而生成关键词向量。

图3-11　关键词向量的生成过程

对物品d，它的内容表示成一个关键词向量如下：

$$d_i = \{(e_1, w_1), (e_2, w_2), \cdots\}$$

其中，e_i 就是关键词，w_i 是关键词对应的权重。如果物品是文本，我们可以用信息检索领域著名的TF-IDF公式计算词的权重：

$$w_i = \frac{\mathrm{TF}(e_i)}{\log \mathrm{DF}(e_i)}$$

如果物品是电影，可以根据演员在剧中的重要程度赋予他们权重。向量空间模型的优点是简单，缺点是丢失了一些信息，比如关键词之间的关系信息。不过在绝大多数应用中，向量空间模型对于文本的分类、聚类、相似度计算已经可以给出令人满意的结果。

在给定物品内容的关键词向量后，物品的内容相似度可以通过向量之间的余弦相似度计算：

$$w_{ij} = \frac{d_i \cdot d_j}{\sqrt{\|d_i\| \|d_j\|}}$$

在具体计算物品之间的内容相似度时，最简单的方法当然是对两两物品都利用上面的余弦相似度公式计算相似度，如下代码简单实现了这种方法：

```
function CalculateSimilarity(D)
    for di in D:
        for dj in D:
            w[i][j] = CosineSimilarity(di, dj)
    return w
```

这里，*D*是文档集合。

但这种算法的时间复杂度很高。假设有*N*个物品，每个物品平均由*m*个实体表示，那么这个算法的复杂度是 $O(N^2 m)$ 。

在实际应用中，可以首先通过建立关键词–物品的倒排表加速这一计算过程，关于这一方法

① 参见维基百科Vector Space Model词条。

已经在前面介绍UserCF和ItemCF算法时详细介绍过了，所以这里直接给出计算的代码：

```
function CalculateSimilarity(entity-items)
    w = dict()
    ni = dict()
    for e,items in entity_items.items():
        for i,wie in items.items():
            addToVec(ni, i, wie * wie)
            for j,wje in items.items():
                addToMat(w, i, j, wie, wje)
    for i, relate_items in w.items():
        relate_items = {x:y/math.sqrt(ni[i] * ni[x]) for x,y in relate_items.items()}
```

得到物品的相似度之后，可以利用上一章提到的ItemCF算法的思想，给用户推荐和他历史上喜欢的物品内容相似的物品。

也许有读者认为，既然内容相似度计算简单，能频繁更新，而且能够解决物品冷启动问题，那么为什么还需要协同过滤的算法。为了说明内容过滤算法和协同过滤算法的优劣，本节在MovieLens和GitHub两个数据集上进行了实验。MovieLens数据集上一章已经详细介绍了，它也提供了有限的内容信息，主要包括电影的类别信息（动作片、爱情片等类别），GitHub数据集包含代码开发者对开源项目的兴趣数据，它的用户是程序员，物品是开源工程，如果一名程序员关注某个开源工程，就会有一条行为记录。该数据集中主要的内容数据是开源项目的所有者名。

表3-5比较了内容过滤算法ContentItemKNN和协调过滤算法ItemCF在MovieLens和GitHub数据集上的离线实验性能。为了对比，我们同时加入了Random和MostPopular两个非个性化的推荐算法作为基准。

表3-5 MovieLens/GitHub数据集中几种推荐算法性能的对比

方　法	准确率	召回率	覆盖率	流行度
MovieLens				
Random	0.631%	0.305%	100%	4.3855
MostPopular	12.79%	6.18%	2.60%	7.7244
ItemCF	**22.28%**	**10.76%**	**18.84%**	**7.254526**
ContentItemKNN	6.78%	3.28%	19.06%	5.8481
GitHub				
Random	0.000985%	0.00305%	84.18%	0.9878
MostPopular	1.18%	4.36%	0.0299%	7.1277
ItemCF	2.56%	9.44%	33.71%	2.9119
ContentItemKNN	**6.98%**	**25.75%**	**34.44%**	**1.7086**

从MovieLens数据集上的结果可以发现，ContentItemKNN的准确率和召回率仅仅优于Random算法，明显差于ItemCF算法，甚至比MostPopular算法还要差。不过在覆盖率和流行度指标上ContentItemKNN却优于ItemCF。这主要是因为内容过滤算法忽视了用户行为，从而也忽视了物品的流行度以及用户行为中所包含的规律，所以它的精度比较低，但结果的新颖度却比较高。

不过，事情不是绝对的。如果看GitHub数据集的结果，我们会发现完全相反的现象——Content-

ItemKNN在所有指标上都优于ItemCF。这主要是因为GitHub提供了一个非常强的内容特征，就是开源项目的作者。在GitHub中，程序员会经常会关注同一个作者的不同项目，这一点是GitHub数据集最重要的特征。而协同过滤算法由于数据稀疏的影响，不能从用户行为中完全统计出这一特征，所以协同过滤算法反而不如利用了先验信息的内容过滤算法。这一点也说明，如果用户的行为强烈受某一内容属性的影响，那么内容过滤的算法还是可以在精度上超过协同过滤算法的。不过这种强的内容特征不是所有物品都具有的，而且需要丰富的领域知识才能获得，所以很多时候内容过滤算法的精度比协同过滤算法差。不过，这也提醒我们，如果能够将这两种算法融合，一定能够获得比单独使用这两种算法更好的效果。

ECML/PKDD在2011年举办过一次利用物品内容信息解决冷启动问题的比赛[①]。该比赛提供了物品的内容信息，希望参赛者能够利用这些内容信息尽量逼近协同过滤计算出的相似度表。对内容推荐感兴趣的读者可以关注该比赛的相关论文。

向量空间模型在内容数据丰富时可以获得比较好的效果。以文本为例，如果是计算长文本的相似度，用向量空间模型利用关键词计算相似度已经可以获得很高的精确度。但是，如果文本很短，关键词很少，向量空间模型就很难计算出准确的相似度。举个例子，假设有两篇论文，它们的标题分别是"推荐系统的动态特性"和"基于时间的协同过滤算法研究"。如果读者对推荐系统很熟悉，可以知道这两篇文章的研究方向是类似的，但是它们标题中没有一样的关键词。其实，它们的关键词虽然不同，但却是相似的。"动态"和"基于时间"含义相似，"协同过滤"是"推荐系统"的一种算法。换句话说，这两篇文章的关键词虽然不同，但关键词所属的话题是相同的。在这种情况下，首先需要知道文章的话题分布，然后才能准确地计算文章的相似度。如何建立文章、话题和关键词的关系是话题模型（topic model）研究的重点。

代表性的话题模型有LDA。以往关于该模型的理论文章已经很多了，本书不准备讨论太多的数学问题，所以这里准备用形象的语言介绍一下LDA，并用工程师很容易懂的方法介绍这个算法。关于LDA的详细理论介绍可以参考David M. Blei的论文"Latent Dirichlet Allocation"[②]。

任何模型都有一个假设，LDA作为一种生成模型，对一篇文档产生的过程进行了建模。话题模型的基本思想是，一个人在写一篇文档的时候，会首先想这篇文章要讨论哪些话题，然后思考这些话题应该用什么词描述，从而最终用词写成一篇文章。因此，文章和词之间是通过话题联系的。

LDA中有3种元素，即文档、话题和词语。每一篇文档都会表现为词的集合，这称为词袋模型（bag of words）。每个词在一篇文章中属于一个话题。令D为文档集合，$D[i]$是第i篇文档。$w[i][j]$是第i篇文档中的第j个词。$z[i][j]$是第i篇文档中第j个词属于的话题。

LDA的计算过程包括初始化和迭代两部分。首先要对z进行初始化，而初始化的方法很简单，假设一共有K个话题，那么对第i篇文章中的第j个词，可以随机给它赋予一个话题。同时，用

---

① 参见http://tunedit.org/challenge/VLNetChallenge。

② 参见David M. Blei、Andrew Y. Ng、Michael I. Jordan的"Latent dirichlet allocation"（Journal of Machine Learning Research 3，2003）。

NWZ(w,z)记录词w被赋予话题z的次数，NZD(z,d)记录文档d中被赋予话题z的词的个数。

```
foreach document i in range(0,|D|):
    foreach word j in range(0, |D(i)|):
        z[i][j] = rand() % K
        NZD[z[i][j], D[i]]++
        NWZ[w[i][j], z[i][j]]++
        NZ[z[i][j]]++
```

在初始化之后，要通过迭代使话题的分布收敛到一个合理的分布上去。伪代码如下所示：

```
while not converged:
    foreach document i in range(0, |D|):
        foreach word j in range(0, |D(i)|):
            NWZ[w[i][j], z[i][j]]--
            NZ[z[i][j]]--
            NZD[z[i][j], D[i]]--
            z[i][j] = SampleTopic()
            NWZ[w[i][j], z[i][j]]++
            NZ[z[i][j]]++
            NZD[z[i][j], D[i]]++
```


LDA可以很好地将词组合成不同的话题。这里我们引用David M. Blei在论文中给出的一个实验结果。他利用了一个科学论文摘要的数据集，该数据集包含16 333篇新闻，共23 075个不同的单词。通过LDA，他计算出100个话题并且在论文中给出了其中4个话题排名最高（也就是$p(w|z)$最大）的15个词。从图3-12所示的聚类结果可以看到，LDA可以较好地对词进行聚类，找到每个词的相关词。

"Arts"	"Budgets"	"Children"	"Education"
NEW	MILLION	CHILDREN	SCHOOL
FILM	TAX	WOMEN	STUDENTS
SHOW	PROGRAM	PEOPLE	SCHOOLS
MUSIC	BUDGET	CHILD	EDUCATION
MOVIE	BILLION	YEARS	TEACHERS
PLAY	FEDERAL	FAMILIES	HIGH
MUSICAL	YEAR	WORK	PUBLIC
BEST	SPENDING	PARENTS	TEACHER
ACTOR	NEW	SAYS	BENNETT
FIRST	STATE	FAMILY	MANIGAT
YORK	PLAN	WELFARE	NAMPHY
OPERA	MONEY	MEN	STATE
THEATER	PROGRAMS	PERCENT	PRESIDENT
ACTRESS	GOVERNMENT	CARE	ELEMENTARY
LOVE	CONGRESS	LIFE	HAITI

图3-12 通过LDA对词进行聚类的结果

在使用LDA计算物品的内容相似度时，我们可以先计算出物品在话题上的分布，然后利用两个物品的话题分布计算物品的相似度。比如，如果两个物品的话题分布相似，则认为两个物品具有较高的相似度，反之则认为两个物品的相似度较低。计算分布的相似度可以利用KL散度①：

① 参见http://en.wikipedia.org/wiki/Kullback-Leibler_divergence。

$$D_{KL}(p \| q) = \sum_i p(i) \ln \frac{p(i)}{q(i)}$$

其中p和q是两个分布，KL散度越大说明分布的相似度越低。

3.5　发挥专家的作用

很多推荐系统在建立时，既没有用户的行为数据，也没有充足的物品内容信息来计算准确的物品相似度。那么，为了在推荐系统建立时就让用户得到比较好的体验，很多系统都利用专家进行标注。这方面的代表系统是个性化网络电台Pandora和电影推荐网站Jinni。

Pandora是一个给用户播放音乐的个性化电台应用。众所周知，计算音乐之间的相似度是比较困难的。首先，音乐是多媒体，如果从音频分析入手计算歌曲之间的相似度，则技术门槛很高，而且也很难计算得令人满意。其次，仅仅利用歌曲的专辑、歌手等属性信息很难获得令人满意的歌曲相似度表，因为一名歌手、一部专辑往往只有一两首好歌。为了解决这个问题，Pandora雇用了一批懂计算机的音乐人进行了一项称为音乐基因的项目①。他们听了几万名歌手的歌，并对这些歌的各个维度进行标注。最终，他们使用了400多个特征②（Pandora称这些特征为基因）。标注完所有的歌曲后，每首歌都可以表示为一个400维的向量，然后通过常见的向量相似度算法可以计算出歌曲的相似度。

和Pandora类似，Jinni也利用相似的想法设计了电影基因系统，让专家给电影进行标注。Jinni网站对电影基因项目进行了介绍③。图3-13是Jinni中专家给《功夫熊猫》标注的基因。

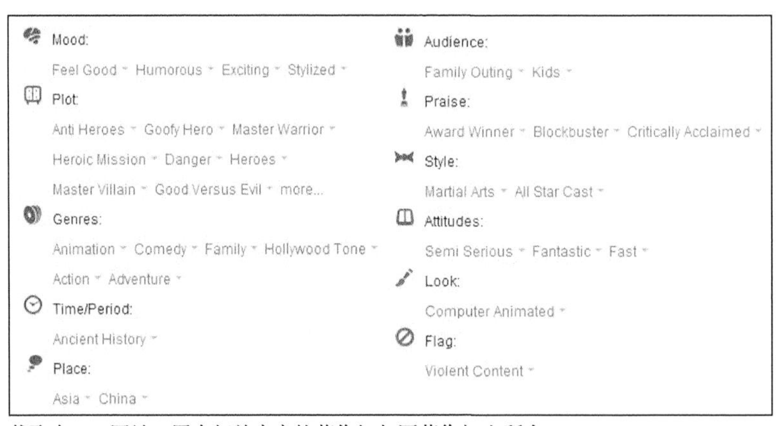

截取自Jinni网站，图中相关内容的著作权归原著作权人所有

图3-13　Jinni中专家给《功夫熊猫》标注的基因

① 参见“About The Music Genome Project”，地址为http://www.pandora.com/mgp.shtml。

② 参见http://en.wikipedia.org/wiki/List_of_Music_Genome_Project_attributes。

③ 参见http://www.jinni.com/movie-genome.html。

可以看到，这里的基因包括如下分类。

- ❑ **心情（Mood）** 表示用户观看电影的心情，比如对于《功夫熊猫》观众会觉得很幽默，很兴奋。
- ❑ **剧情（Plot）** 包括电影剧情的标签。
- ❑ **类别（Genres）** 表示电影的类别，主要包括动画片、喜剧片、动作片等分类。
- ❑ **时间（Time/Period）** 电影故事发生的时间。
- ❑ **地点（Place）** 电影故事发生的地点。
- ❑ **观众（Audience）** 电影的主要观众群。
- ❑ **获奖（Praise）** 电影的获奖和评价情况。
- ❑ **风格（Style）** 功夫片、全明星阵容等。
- ❑ **态度（Attitudes）** 电影描述故事的态度。
- ❑ **画面（Look）** 电脑拍摄的画面技术，比如《功夫熊猫》是用电脑动画制作的。
- ❑ **标记（Flag）** 主要表示电影有没有暴力和色情内容。

Jinni在电影基因工程中采用了半人工、半自动的方式。首先，它让专家对电影进行标记，每个电影都有大约50个基因，这些基因来自大约1000个基因库。然后，在专家标记一定的样本后，Jinni会使用自然语言理解和机器学习技术，通过分析用户对电影的评论和电影的一些内容属性对电影（特别是新电影）进行自己的标记。同时，Jinni也设计了让用户对基因进行反馈的界面，希望通过用户反馈不断改进电影基因系统。

总之，Jinni通过专家和机器学习相结合的方法解决了系统冷启动问题。

第4章

利用用户标签数据

推荐系统的目的是联系用户的兴趣和物品，这种联系需要依赖不同的媒介。GroupLens在一篇文章[①]中表示目前流行的推荐系统基本上通过3种方式联系用户兴趣和物品。如图4-1所示，第一种方式是利用用户喜欢过的物品，给用户推荐与他喜欢过的物品相似的物品，这就是前面提到的基于物品的算法。第二种方式是利用和用户兴趣相似的其他用户，给用户推荐那些和他们兴趣爱好相似的其他用户喜欢的物品，这是前面提到的基于用户的算法。除了这两种方法，第三种重要的方式是通过一些特征（feature）联系用户和物品，给用户推荐那些具有用户喜欢的特征的物品。这里的特征有不同的表现方式，比如可以表现为物品的属性集合（比如对于图书，属性集合包括作者、出版社、主题和关键词等），也可以表现为隐语义向量（latent factor vector），这可以通过前面提出的隐语义模型习得到。本章将讨论一种重要的特征表现方式——标签。

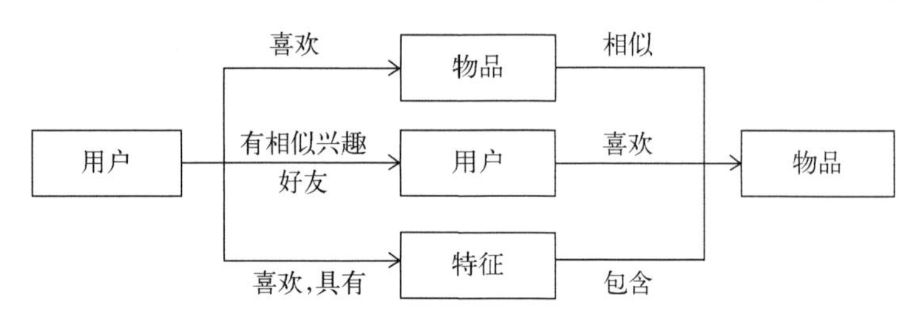

本图根据“Tagsplanations : Explaining Recommendations using Tags”一文中的插图重新绘制，本图的著作权归原著作权人所有

图4-1　推荐系统联系用户和物品的几种途径

根据维基百科的定义[②]，标签是一种无层次化结构的、用来描述信息的关键词，它可以用来描述物品的语义。根据给物品打标签的人的不同，标签应用一般分为两种：一种是让作者或者专家给物品打标签；另一种是让普通用户给物品打标签，也就是UGC（User Generated Content，用户生成的内容）的标签应用。UGC的标签系统是一种表示用户兴趣和物品语义的重要方式。当一个用户对一个物品打上一个标签，这个标签一方面描述了用户的兴趣，另一方面则表示了物品的语义，从而将用户和物品联系了起来。因此本章主要讨论UGC的标签应用，研究用户给物品打标签的行为，探讨如何通过分析这种行为给用户进行个性化推荐。

---

① 文章名是“Tagsplanations : Explaining Recommendations using Tags”。

② 参见http://en.wikipedia.org/wiki/Tag_(metadata)。

4.1 UGC 标签系统的代表应用

UGC标签系统是很多Web 2.0网站的必要组成部分，本节将讨论使用UGC标签系统的代表网站——UGC标签系统的鼻祖Delicious、论文书签网站CiteULike、音乐网站Last.fm、视频网站Hulu、书和电影评论网站豆瓣等。下面将分别介绍这些应用。

4.1.1 Delicious

Delicous可算是标签系统里的开山鼻祖，它允许用户给互联网上的每个网页打标签，从而通过标签重新组织整个互联网。图4-2是Delicious中被用户打上recommender、system标签最多的网页，这些网页反应了用户心目中和推荐系统最相关的网页。图4-3是Delicious中"豆瓣电台"这个网页被用户打的最多的标签，可以看到这些标签确实从各个角度准确地描述了"豆瓣电台"这个物品。

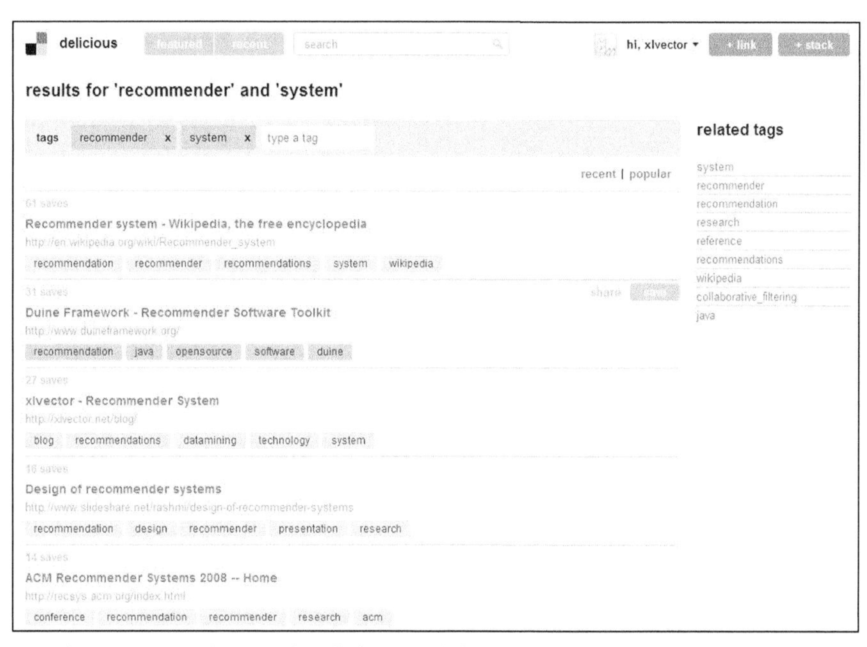

截取自Delicious，图中相关内容的著作权归原著作权人所有

图4-2 Delicious中被打上recommender和system标签的网页

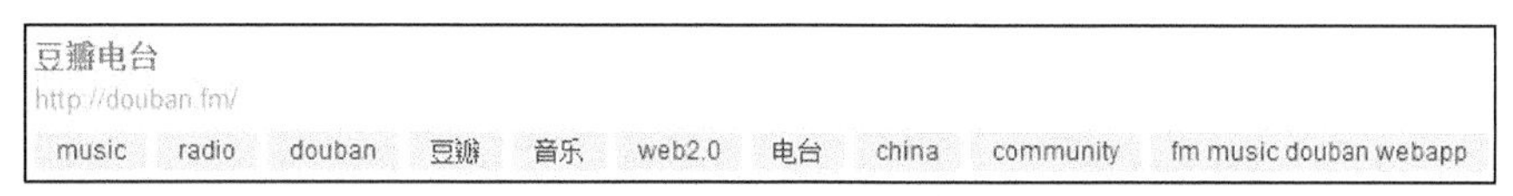

截取自Delicious，图中相关内容的著作权归原著作权人所有

图4-3 Delicious中"豆瓣电台"网页被用户打的最多的标签

4.1.2 CiteULike

CiteULike是一个著名的论文书签网站，它允许研究人员提交或者收藏自己感兴趣的论文并且给论文打标签，从而帮助用户更好地发现和自己研究领域相关的优秀论文。我们知道，研究人员搜索自己研究领域内值得参考的论文是很费时费力的工作，而CiteULike通过群体智能，让每个研究人员对自己了解的论文进行标记，借此帮助其他研究人员更好更快地发现自己感兴趣的论文。图4-4展示了CiteULike中一篇有关推荐系统评测的文章以及用户给这篇文章打过最多的标签，可以发现，最多的两个标签是collaborative-filtering（协同过滤）和evaluate（评测），确实比较准确地反应了这篇论文的主要内容。

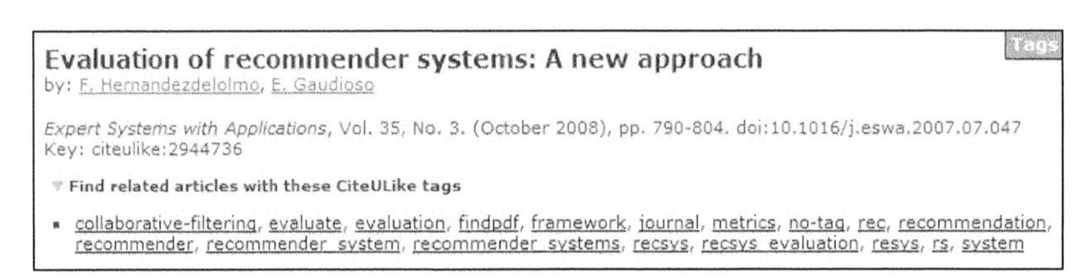

截取自CiteULike网站，图中相关内容的著作权归原著作权人所有

图4-4　CiteULike中一篇论文的标签

4.1.3 Last.fm

Last.fm是一家著名的音乐网站，它通过分析用户的听歌行为预测用户对音乐的兴趣，从而给用户推荐个性化的音乐。作为多媒体，音乐不像文本那样可以很容易地分析内容信息。为了在不进行复杂音频分析的情况下获得音乐的内容信息，Last.fm引入了UGC标签系统，让用户用标签标记音乐和歌手。图4-5展示了披头士乐队在Last.fm中的标签云（tag cloud）。从这个标签云可以看到，披头士应该是一个英国（british）的传统摇滚乐队（classic rock），流行于20世纪60年代（60s）。

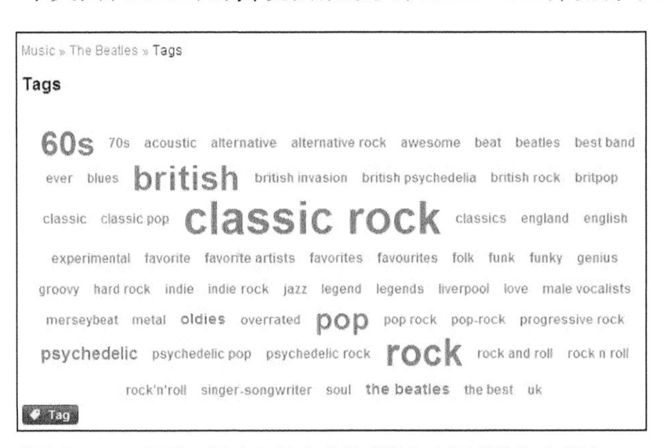

截取自Last.fm网站，图中相关内容的著作权归原著作权人所有

图4-5　Last.fm中披头士乐队的标签云

4.1.4 豆瓣

豆瓣是中国著名的评论和社交网站，同时也是中国个性化推荐领域的领军企业之一。豆瓣在个性化推荐领域进行了广泛尝试，标签系统也是其尝试的领域之一。它允许用户对图书和电影打标签，借此获得图书和电影的内容信息和语义，并用这种信息改善推荐效果。图4-6展示了《数据挖掘导论》在豆瓣被用户打标签的情况。如图所示，最多的几个标签分别是数据挖掘、计算机、计算机科学、数据分析、IT数据分析等。这些标签准确地概括了这本书的内容信息。

截取自豆瓣，图中相关内容的著作权归原著作权人所有

图4-6 豆瓣读书中《数据挖掘导论》一书的常用标签

4.1.5 Hulu

Hulu是美国著名的视频网站。视频作为一种最为复杂的多媒体，获取它的内容信息是最困难的，因此Hulu也引入了用户标签系统来让用户对电视剧和电影进行标记。图4-7展示了美剧《豪斯医生》的常用标签，可以看到，Hulu对标签做了分类并展示了每一类最热门的标签。从类型（Genre）看，《豪斯医生》是一部医学片（medical）；从时间看，这部剧开始于2004年；从人物看，这部美剧的主演是hugh laurie，他在剧中饰演的人物是greg house。

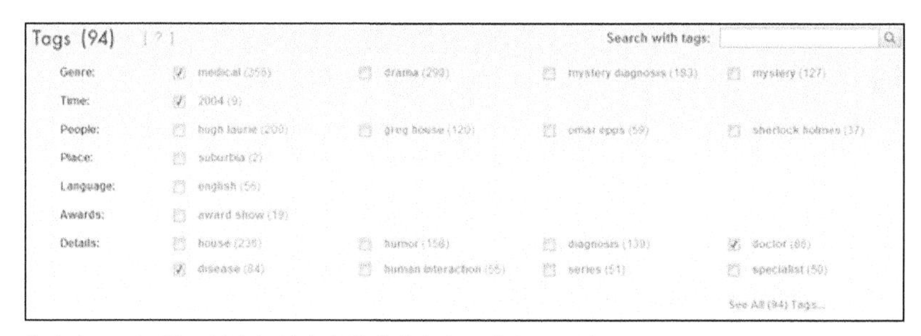

截取自Hulu网站，图中相关内容的著作权归原作权人所有

图4-7 Hulu中《豪斯医生》的常用标签

从前面的各种应用可以看到，标签系统在各种各样的（音乐、视频和社交等）网站中都得到了广泛应用。标签系统的最大优势在于可以发挥群体的智能，获得对物品内容信息比较准确的关

键词描述，而准确的内容信息是提升个性化推荐系统性能的重要资源。

关于标签系统的作用，GroupLens的Shilads Wieland Sen在MoveLens电影推荐系统上做了更为深入的、基于问卷调查的研究。在博士论文[1]中，他探讨了标签系统的不同作用，以及每种作用能够影响多大的人群，如下所示。

- **表达**　标签系统帮助我表达对物品的看法。（30%的用户同意。）
- **组织**　打标签帮助我组织我喜欢的电影。（23%的用户同意。）
- **学习**　打标签帮助我增加对电影的了解。（27%的用户同意。）
- **发现**　标签系统使我更容易发现喜欢的电影。（19%的用户同意。）
- **决策**　标签系统帮助我判定是否看某一部电影。（14%的用户同意。）

上面的研究证明，标签系统确实能够帮助用户发现可能喜欢的电影，而这正是个性化推荐系统的使命之一。因此，本章将对如何发挥标签在个性化推荐中的作用进行深入探讨。

4.2　标签系统中的推荐问题

打标签作为一种重要的用户行为，蕴含了很多用户兴趣信息，因此深入研究和利用用户打标签的行为可以很好地指导我们改进个性化推荐系统的推荐质量。同时，标签的表示形式非常简单，便于很多算法处理。

标签系统中的推荐问题主要有以下两个。

- 如何利用用户打标签的行为为其推荐物品（基于标签的推荐）？
- 如何在用户给物品打标签时为其推荐适合该物品的标签（标签推荐）？

为了研究上面的两个问题，我们首先需要解答下面3个问题。

- 用户为什么要打标签？
- 用户怎么打标签？
- 用户打什么样的标签？

4.2.1　用户为什么进行标注

在设计基于标签的个性化推荐系统之前，我们需要深入了解用户的标注行为（即打标签的行为），知道用户为什么要标注，用户怎么标注，只有深入了解用户的行为，我们才能基于这个行为设计出令他们满意的个性化推荐系统。

Morgan Ames研究图片分享网站中用户标注的动机问题，并从两个维度进行探讨。[2]首先是社会维度，有些用户标注是给内容上传者使用的（便于上传者组织自己的信息），而有些用户标注是给广大用户使用的（便于帮助其他用户找到信息）。另一个维度是功能维度，有些标注用于更好地组织内容，方便用户将来的查找，而另一些标注用于传达某种信息，比如照片的拍摄时间和地点等。

---

① 博士论文为“Nurturing Tagging Communities”。

② 参见Morgan Ames和Mor Naaman的“Why we tag: motivations for annotation in mobile and online media”（CHI 2007，2007）。

4.2.2 用户如何打标签

在互联网中，尽管每个用户的行为看起来是随机的，但其实这些表面随机的行为背后蕴含着很多规律。这一节将通过研究Delicious数据集总结用户标注行为中的一些统计规律。

德国研究人员公布过一个很庞大的Delicious数据集①，该数据集包含2003年9月到2007年12月Delicious用户4.2亿条标签行为记录。本节选用该数据集2007年一个月的数据进行分析，对该数据集的统计特性进行研究。

前面几章都提到，用户行为数据集中用户活跃度和物品流行度的分布都遵循长尾分布（Power Law分布）。因此，我们首先看一下标签流行度的分布。我们定义的一个标签被一个用户使用在一个物品上，它的流行度就加一。如下代码计算了每个标签的流行度。

```
def TagPopularity(records):
    tagfreq = dict()
    for user,item,tag in records:
        if tag not in tagfreq:
            tagfreq[tag] = 1
        else:
            tagfreq[tag] += 1
    return tagfreq
```

如图4-8所示，横坐标是流行度k，纵坐标是数据集中流行度为k的标签总数$n(k)$。标签的流行度分布也呈现非常典型的长尾分布，它的双对数曲线几乎是一条直线。

$$\log n(k) = \alpha \log k + \beta = \log k^{\alpha} \cdot e^{\beta}$$

$$n(k) = e^{\beta} \cdot k^{\alpha} = \gamma \cdot k^{\alpha}$$

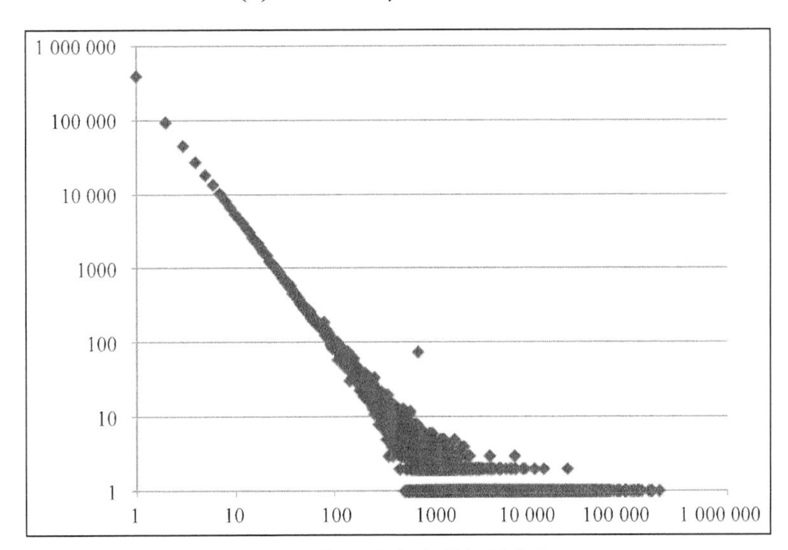

图4-8 标签流行度的长尾分布

① 参见 http://www.dai-labor.de/en/competence_centers/irml/datasets/。

4.2.3　用户打什么样的标签

在用户看到一个物品时，我们希望他打的标签是能够准确描述物品内容属性的关键词，但用户往往不是按照我们的想法操作，而是可能会给物品打上各种各样奇奇怪怪的标签。

Scott A. Golder总结了Delicious上的标签，将它们分为如下几类。

- **表明物品是什么**　比如是一只鸟，就会有"鸟"这个词的标签；是豆瓣的首页，就有一个标签叫"豆瓣"；是乔布斯的首页，就会有个标签叫"乔布斯"。
- **表明物品的种类**　比如在Delicious的书签中，表示一个网页类别的标签包括article（文章）、blog（博客）、book（图书）等。
- **表明谁拥有物品**　比如很多博客的标签中会包括博客的作者等信息。
- **表达用户的观点**　比如用户认为网页很有趣，就会打上标签funny（有趣），认为很无聊，就会打上标签boring（无聊）。
- **用户相关的标签**　比如my favorite（我最喜欢的）、my comment（我的评论）等。
- **用户的任务**　比如to read（即将阅读）、job search（找工作）等。

很多不同的网站也设计了自己的标签分类系统，比如Hulu对视频的标签就做了分类。图4-9是著名的美剧《豪斯医生》的标签。可以看到，Hulu将电视剧的标签分成了如下几类。

Genre:	☑ medical (360)	☐ drama (301)	☐ mystery diagnosis (185)	☐ mystery (127)
	☐ comedy (33)	☐ psychology (28)	☐ horror (11)	☐ medical drama (8)
	☐ comedy-drama (8)	☐ psycological t... (5)	☐ mysteries (5)	☐ dramedy (4)
	☐ science (2)			
Time:	☑ 2004 (9)			
People:	☐ hugh laurie (201)	☐ greg house (121)	☐ omar epps (59)	☐ sherlock holmes (37)
	☐ lisa cuddy (23)	☐ lisa edelstein (20)	☐ cameron (15)	☐ wilson (15)
	☐ olivia wilde (14)	☑ robert sean le... (13)	☑ jennifer morrison (7)	☐ jesse spencer (6)
	☑ kal penn (4)	☐ peter jacobson (3)	☐ johnny depp (3)	☐ manner (3)
	☐ hugh lurie (2)	☐ reno (1)		
Place:	☐ suburbia (2)			
Language:	☐ english (56)			
Awards:	☐ award show (19)			
Details:	☐ house (237)	☐ humor (159)	☐ diagnosis (139)	☑ doctor (86)
	☑ disease (84)	☐ human interaction (55)	☐ series (51)	☐ specialist (50)
	☐ gregory house (45)	☐ chase (41)	☐ fox (35)	☐ foreman (32)
	☐ criminal minds (20)	☐ witty (16)	☐ sexy (15)	☐ procedural dra... (12)
	☐ csi miami (11)	☐ tv (9)	☐ sarcastic (8)	☐ biography (7)

图4-9　著名美剧《豪斯医生》在视频网站Hulu上的标签分类

- **类型（Genre）**　主要表示这个电视剧的类别，比如《豪斯医生》属于医学剧情片（medical drama）。
- **时间（Time）**　主要包括电视剧发布的时间，有时也包括电视剧中事件发生的时间，比如20世纪90年代。

- 人物（People）　主要包括电视剧的导演、演员和剧中重要人物等。
- 地点（Place）　剧情发生的地点，或者视频拍摄的地点等。
- 语言（Language）　这部电视剧使用的语言。
- 奖项（Awards）　这部电视剧获得的相关奖项。
- 其他（Details）　包含不能归类到上面各类中的其他所有标签。

4.3　基于标签的推荐系统

用户用标签来描述对物品的看法，因此标签是联系用户和物品的纽带，也是反应用户兴趣的重要数据源，如何利用用户的标签数据提高个性化推荐结果的质量是推荐系统研究的重要课题。

豆瓣很好地利用了标签数据，它将标签系统融入到了整个产品线中。首先，在每本书的页面上，豆瓣都提供了一个叫做“豆瓣成员常用标签”的应用，它给出了这本书上用户最常打的标签。同时，在用户给书做评价时，豆瓣也会让用户给图书打标签。最后，在最终的个性化推荐结果里，豆瓣利用标签将用户的推荐结果做了聚类，显示了对不同标签下用户的推荐结果，从而增加了推荐的多样性和可解释性。

一个用户标签行为的数据集一般由一个三元组的集合表示，其中记录(u, i, b) 表示用户u给物品i打上了标签b。当然，用户的真实标签行为数据远远比三元组表示的要复杂，比如用户打标签的时间、用户的属性数据、物品的属性数据等。但是本章为了集中讨论标签数据，只考虑上面定义的三元组形式的数据，即用户的每一次打标签行为都用一个三元组（用户、物品、标签）表示。

本章将采用两个不同的数据集评测基于标签的物品推荐算法。一个是Delicious数据集，另一个是CiteULike数据集。Delicious数据集中包含用户对网页的标签记录。它每一行由4部分组成，即时间、用户ID、网页URL、标签。本章只抽取了其中用户对一些著名博客网站网页（Wordpress、BlogSpot、TechCrunch）的标签记录。CiteULike数据集包含用户对论文的标签记录，它每行也由4部分组成，即物品ID、用户ID、时间、标签，本章选取了其中稠密的部分。最终两个数据集的统计信息如表4-1所示，其最热门的20个标签见表4-2。

表4-1　Delicious和CiteULike数据集的基本信息

	用户数	物品数	标签数	记录数
Delicious	11 200	8791	42 233	405 665
CiteULike	12 466	7318	23 068	409 220

表4-2　Delicious和CiteULike数据集中最热门的20个标签

Delicious	CiteULike
wordpress	review
blog	network
blogs	bioinformatics
design	evolution
google	networks

（续）

Delicious	CiteULike
howto	tagging
plugin	software
web2.0	sequencing
plugins	social
tutorial	genome
blogging	genomics
tips	statistics
art	ngs
music	folksonomy
linux	human
photography	mirna
webdesign	microarray
themes	expression
ubuntu	clustering
software	metagenomics

4.3.1　实验设置

本节将数据集随机分成10份。这里分割的键值是用户和物品，不包括标签。也就是说，用户对物品的多个标签记录要么都被分进训练集，要么都被分进测试集，不会一部分在训练集，另一部分在测试集中。然后，我们挑选1份作为测试集，剩下的9份作为训练集，通过学习训练集中的用户标签数据预测测试集上用户会给什么物品打标签。对于用户u，令$R(u)$为给用户u的长度为N的推荐列表，里面包含我们认为用户会打标签的物品。令$T(u)$是测试集中用户u实际上打过标签的物品集合。然后，我们利用准确率（precision）和召回率（recall）评测个性化推荐算法的精度。

$$\text{Precision} = \frac{|R(u) \cap T(u)|}{|R(u)|}$$

$$\text{Recall} = \frac{|R(u) \cap T(u)|}{|T(u)|}$$

将上面的实验进行10次，每次选择不同的测试集，然后将每次实验的准确率和召回率的平均值作为最终的评测结果。

为了全面评测个性化推荐的性能，我们同时评测了推荐结果的覆盖率（coverage）、多样性（diversity）和新颖度。

覆盖率的计算公式如下：

$$\text{Coverage} = \frac{|\bigcup_{u \in U} R(u)|}{|I|}$$

关于多样性，我们在第1章中讨论过，多样性的定义取决于相似度的定义。在本章中，我们用物品标签向量的余弦相似度度量物品之间的相似度。对于每个物品i，item_tags[i]存储了物品i的标签向量，其中item_tags[i][b]是对物品i打标签b的次数，那么物品i和j的余弦相似度可以通过如下程序计算。

```
def CosineSim(item_tags, i, j):
    ret = 0
    for b,wib in item_tags[i].items():
        if b in item_tags[j].item():
            ret += wib * item_tags[j][b]
    ni = 0
    nj = 0
    for b, w in item_tags[i].items():
        ni += w * w
    for b, w in item_tags[j].items():
        nj += w * w
    if ret == 0:
        return 0
    return ret / math.sqrt(ni * nj)
```

在得到物品之间的相似度度量后，我们通过如下公式计算一个推荐列表的多样性。

$$\text{Diversity} = 1 - \frac{\sum_{i \in R(u)} \sum_{j \in R(u), j \neq i} \text{Sim}(\text{item\_tags}[i], \text{item\_tags}[j])}{\binom{|R(u)|}{2}}$$

如果用程序实现，代码如下：

```
def Diversity(item_tags, recommend_items):
    ret = 0
    n = 0
    for i in recommend_items.keys():
        for j in recommend_items.keys():
            if i == j:
                continue
            ret += CosineSim(item_tags, i, j)
            n += 1
    return ret / (n * 1.0)
```

推荐系统的多样性为所有用户推荐列表多样性的平均值。

至于推荐结果的新颖性，我们简单地用推荐结果的平均热门程度（AveragePopularity）度量。对于物品i，定义它的流行度item_pop(i)为给这个物品打过标签的用户数。而对推荐系统，我们定义它的平均热门度如下：

$$\text{AveragePopularity} = \frac{\sum_{u} \sum_{i \in R(u)} \log(1 + \text{item\_pop}(i))}{\sum_{u} \sum_{i \in R(u)} 1}$$

4.3.2　一个最简单的算法

拿到了用户标签行为数据，相信大家都可以想到一个最简单的个性化推荐算法。这个算法的描述如下所示。

- 统计每个用户最常用的标签。
- 对于每个标签，统计被打过这个标签次数最多的物品。
- 对于一个用户，首先找到他常用的标签，然后找到具有这些标签的最热门物品推荐给这个用户。

对于上面的算法，用户u对物品i的兴趣公式如下：

$$p(u,i) = \sum_b n_{u,b} n_{b,i}$$

这里，$B(u)$是用户u打过的标签集合，$B(i)$是物品i被打过的标签集合，$n_{u,b}$是用户u打过标签b的次数，$n_{b,i}$是物品i被打过标签b的次数。本章用SimpleTagBased标记这个算法。

在Python中，我们遵循如下约定：

- 用 `records` 存储标签数据的三元组，其中`records[i] = [user, item, tag]`；
- 用 `user_tags` 存储$n_{u,b}$，其中`user_tags[u][b] =` $n_{u,b}$；
- 用 `tag_items`存储$n_{b,i}$，其中`tag_items[b][i] =` $n_{b,i}$。

如下程序可以从`records`中统计出`user_tags`和`tag_items`：

```
def InitStat(records):
    user_tags = dict()
    tag_items = dict()
    user_items = dict()
    for user, item, tag in records.items():
        addValueToMat(user_tags, user, tag, 1)
        addValueToMat(tag_items, tag, item, 1)
        addValueToMat(user_items, user, item, 1)
```

统计出`user_tags`和`tag_items`之后，我们可以通过如下程序对用户进行个性化推荐：

```
def Recommend(user):
    recommend_items = dict()
    tagged_items = user_items[user]
    for tag, wut in user_tags[user].items():
        for item, wti in tag_items[tag].items():
            #if items have been tagged, do not recommend them
            if item in tagged_items:
                continue
            if item not in recommend_items:
                recommend_items[item] = wut * wti
            else:
                recommend_items[item] += wut * wti
    return recommend_items
```

我们在Delicious和CiteULike数据集上对上面的算法进行评测，结果如表4-3所示。

表4-3 基于标签的简单推荐算法在Delicious和CiteULike数据集上的评测结果

	召回率	准确率	覆盖率	多样性	平均热门程度
CiteULike	7.45%	2.25%	49.79%	0.7088	3.33
Delicious	7.19%	1.24%	19.05%	0.6073	5.22

4.3.3 算法的改进

再来回顾一下上面提出的简单算法，该算法通过如下公式预测用户u对物品i的兴趣：

$$p(u,i)=\sum_{b} n_{u,b} n_{b,i}$$

仔细研究上面的公式可以发现很多缺点，下面我们逐条分析该算法的缺点并提出改进意见。

1. TF-IDF

前面这个公式倾向于给热门标签对应的热门物品很大的权重，因此会造成推荐热门的物品给用户，从而降低推荐结果的新颖性。另外，这个公式利用用户的标签向量对用户兴趣建模，其中每个标签都是用户使用过的标签，而标签的权重是用户使用该标签的次数。这种建模方法的缺点是给热门标签过大的权重，从而不能反应用户个性化的兴趣。这里我们可以借鉴TF-IDF的思想，对这一公式进行改进：

$$p(u,i)=\sum_{b} \frac{n_{u,b}}{\log(1+n_{b}^{(u)})} n_{b,i}$$

这里，$n_b^{(u)}$ 记录了标签b被多少个不同的用户使用过。这个算法记为TagBasedTFIDF。

表4-4给出了TagBasedTFIDF在Delicious和CiteULike两个数据集上的离线实验性能。和表4-3的实验结果相对比，可以看到该算法在所有指标上相比SimpleTagBased算法都有提高。

表4-4 Delicious和CiteULike数据集上TagBasedTFIDF的性能

	召回率	准确率	覆盖率	多样性	平均热门程度
CiteULike	11.02%	3.32%	63.92%	0.7469	3.20
Delicious	8.33%	1.43%	23.95%	0.6455	5.08

同理，我们也可以借鉴TF-IDF的思想对热门物品进行惩罚，从而得到如下公式：

$$p(u,i)=\sum_{b} \frac{n_{u,b}}{\log(1+n_{b}^{(u)})} \frac{n_{b,i}}{\log(1+n_{i}^{(u)})}$$

其中，$n_i^{(u)}$ 记录了物品i被多少个不同的用户打过标签。这个算法记为TagBasedTFIDF++。

表4-5展示了TagBasedTFIDF++算法的离线实验性能。和TagBasedTFIDF算法相比，除了多样性有所下降，其他指标都有明显提高。这一结果表明，适当惩罚热门标签和热门物品，在增进推荐结果个性化的同时并不会降低推荐结果的离线精度。

表4-5　Delicious和CiteULike数据集上TagBasedTFIDF++的性能

	召回率	准确率	覆盖率	多样性	平均热门程度
CiteULike	11.79%	3.56%	75.68%	0.7346	2.83
Delicious	8.88%	1.53%	36.98%	0.6338	4.83

2. 数据稀疏性

在前面的算法中，用户兴趣和物品的联系是通过 $B(u)\cap B(i)$ 中的标签建立的。但是，对于新用户或者新物品，这个集合（ $B(u)\cap B(i)$ ）中的标签数量会很少。为了提高推荐的准确率，我们可能要对标签集合做扩展，比如若用户曾经用过"推荐系统"这个标签，我们可以将这个标签的相似标签也加入到用户标签集合中，比如"个性化"、"协同过滤"等标签。

进行标签扩展有很多方法，其中常用的有话题模型（topic model），不过这里遵循简单的原则介绍一种基于邻域的方法。

标签扩展的本质是对每个标签找到和它相似的标签，也就是计算标签之间的相似度。最简单的相似度可以是同义词。如果有一个同义词词典，就可以根据这个词典进行标签扩展。如果没有这个词典，我们可以从数据中统计出标签的相似度。

如果认为同一个物品上的不同标签具有某种相似度，那么当两个标签同时出现在很多物品的标签集合中时，我们就可以认为这两个标签具有较大的相似度。对于标签b，令$N(b)$为有标签b的物品的集合，$n_{b,i}$为给物品i打上标签b的用户数，我们可以通过如下余弦相似度公式计算标签b和标签b'的相似度：

$$\mathrm{sim}(b,b')=\frac{\sum_{i\in N(b)\cap N(b')} n_{b,i}n_{b',i}}{\sqrt{\sum_{i\in N(b)} n_{b,i}^2 \sum_{i\in N(b')} n_{b',i}^2}}$$

表4-6展示了利用上述公式计算出的、CiteULike数据集中recommender_system标签的相关标签。可以看到，相关标签列表中第一个词是该标签的复数形式，下面的标签包含该词的缩写recsys、collaborative_filter（协同过滤），都是和recommender_system非常相关的一些标签。同样，表4-7展示了利用Delicious数据集计算的和标签google相关的标签。如表所示，这些相关标签包含诸如search、indexing这些和谷歌的业务非常相关的标签。

表4-6　CiteULike数据集中recommender_system的相关标签

标签	相似度
recommender_systems	0.558 394 161
recommender	0.415 820 788
recommendation	0.387 596 911
recsys	0.351 025 321
cf	0.328 168 796
multidimensional	0.324 232 233
recommend	0.318 880 412
collaborative_filtering	0.318 210 024
music_recommendation	0.305 214 504
recommenation_systems	0.281 284 339

表4-7 Delicious数据集中google的相关标签

标 签	相 似 度
search	0.533 522
searchengine	0.458 06
robots.txt	0.394 027
indexing	0.391 894
googlebot	0.382 861
search_engines	0.379 196
indexation	0.375 179
bots	0.375 179
opt-in/opt-out	0.375 08
web_index	0.375 08

为了验证进行标签扩展是否能够提高推荐系统的性能，本节同样进行了实验。对于曾经打过的标签数少于20的用户，我们找到其所打标签的相关标签，然后将这些标签聚合排序，将排序结果中前20个标签作为用户相关的标签。表4-8展示了考虑标签扩展后的推荐算法性能。和表4-3相比，进行标签扩展确实能够提高基于标签的物品推荐的准确率和召回率，但可能会稍微降低推荐结果的覆盖率和新颖度。

表4-8 考虑标签扩展后的推荐性能

	召 回 率	准 确 率	覆 盖 率	多 样 性	平均热门程度
CiteULike	12.38%	3.74%	74.60%	0.7133	2.92
Delicious	9.04%	1.55%	37.09%	0.6261	4.85

3. 标签清理

不是所有标签都能反应用户的兴趣。比如，在一个视频网站中，用户可能对一个视频打了一个表示情绪的标签，比如“不好笑”，但我们不能因此认为用户对“不好笑”有兴趣，并且给用户推荐其他具有“不好笑”这个标签的视频。相反，如果用户对视频打过“成龙”这个标签，我们可以据此认为用户对成龙的电影感兴趣，从而给用户推荐成龙其他的电影。同时，标签系统里经常出现词形不同、词义相同的标签，比如recommender system和recommendation engine就是两个同义词。

标签清理的另一个重要意义在于将标签作为推荐解释。如果我们要把标签呈现给用户，将其作为给用户推荐某一个物品的解释，对标签的质量要求就很高。首先，这些标签不能包含没有意义的停止词或者表示情绪的词，其次这些推荐解释里不能包含很多意义相同的词语。

一般来说有如下标签清理方法：

- 去除词频很高的停止词；
- 去除因词根不同造成的同义词，比如 recommender system和recommendation system；
- 去除因分隔符造成的同义词，比如 collaborative_filtering和collaborative-filtering。

为了控制标签的质量，很多网站也采用了让用户进行反馈的思想，即让用户告诉系统某个标签是否合适。MovieLens在实验系统中就采用了这种方法。关于这方面的研究可以参考GroupLens的Shilad Wieland Sen同学的博士论文①。此外，电影推荐网站Jinni也采用了这种方式（如图4-10所示）。当然，Jinni不属于UGC的标签系统，它给电影的标签是专家赋予的，因此它让用户对标签进行反馈其实是想融合专家和广大用户的知识。

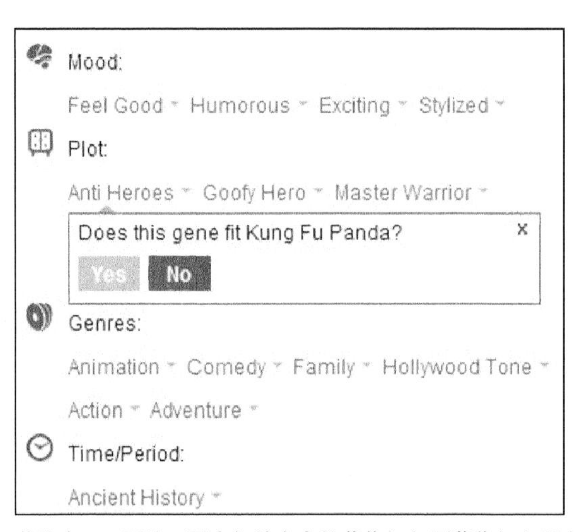

截取自Jinni网站，图中相关内容的著作权归原著作权人所有

图4-10　Jinni让用户对编辑给的标签进行反馈

4.3.4　基于图的推荐算法

前面讨论的简单算法很容易懂，也容易实现，但缺点是不够系统化和理论化。因此，在这一节中我们主要讨论如何利用图模型做基于标签数据的个性化推荐。

首先，我们需要将用户打标签的行为表示到一张图上。我们知道，图是由顶点、边和边上的权重组成的。而在用户标签数据集上，有3种不同的元素，即用户、物品和标签。因此，我们需要定义3种不同的顶点，即用户顶点、物品顶点和标签顶点。然后，如果我们得到一个表示用户u给物品i打了标签b的用户标签行为(u,i,b)，那么最自然的想法就是在图中增加3条边，首先需要在用户u对应的顶点$v(u)$和物品i对应的顶点$v(i)$之间增加一条边（如果这两个顶点已经有边相连，那么就应该将边的权重加1），同理，在$v(u)$和$v(b)$之间需要增加一条边，$v(i)$和$v(b)$之间也需要边相连接。

图4-11是一个简单的用户–物品–标签图的例子。该图包含3个用户（A、B、C）、3个物品（a、b、c）和3个标签（1、2、3）。

在定义出用户–物品–标签图后，我们可以用第2章提到的PersonalRank算法计算所有物品节点

① 参见Shilad Wieland Sen的“Nurturing Tagging Communities”。

相对于当前用户节点在图上的相关性，然后按照相关性从大到小的排序，给用户推荐排名最高的 N 个物品。

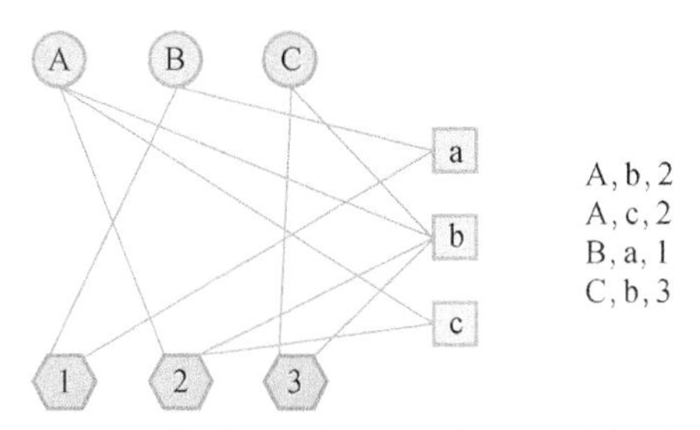

图4-11 简单的用户–物品–标签图的例子

用图模型解释前面的简单算法

在介绍了图模型后，我们可以基于图模型重新思考前面提到的简单算法。在那个算法中，用户对物品的兴趣公式如下：

$$P(i \mid u) = \sum_b P(i \mid b) P(b \mid u)$$

这个公式假定用户对物品的兴趣通过标签传递，因此这个公式可以通过一个比本节前面介绍的图更简单的图建模（记为SimpleTagGraph）。给定用户标签行为记录(u,i,b)，SimpleTagGraph会增加两条有向边，一条由用户节点$v(u)$指向标签节点$v(b)$，另一条由标签节点$v(b)$指向物品节点$v(i)$。从这个定义可以看到，SimpleTagGraph相对于前面提到用户–物品–标签图少了用户节点和物品节点之间的边。

图4-12就是一个简单的SimpleTagGraph例子。在构建了SimpleTagGraph后，利用前面的PersonalRank算法，令$K=1$，并给出不同边权重的定义，就等价于前面提出的简单推荐算法。

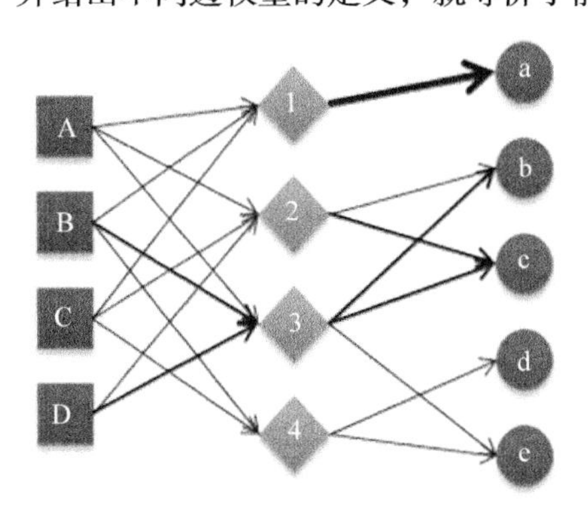

$(A, a, 1)(A, c, 2)(A, c, 3)$

$(B, a, 1)(B, b, 3)(B, e, 3)(B, e, 4)$

$(C, a, 1)(C, b, 2)(C, d, 4)$

$(D, b, 3)(D, c, 2)(D, c, 3)$

图4-12 SimpleTagGraph的例子

4.3.5 基于标签的推荐解释

基于标签的推荐其最大好处是可以利用标签做推荐解释，这方面的代表性应用是豆瓣的个性化推荐系统。图4-13展示了豆瓣读书的个性化推荐界面。

图4-13　豆瓣读书的个性化推荐应用“豆瓣猜”的界面

如图4-13所示，豆瓣读书推荐结果包括两部分。上面是一个标签云，表示用户的兴趣分布，标签的尺寸越大，表示用户对这个标签相关的图书越感兴趣。从图中上方的标签云可以看到，豆瓣认为我对“编程”、“机器学习”、“软件开发”感兴趣，这是因为我看了很多IT技术方面的图书，豆瓣认为我对“东野圭吾”感兴趣，是因为我看了好几本他的侦探小说，同时因为我对人文学科比较感兴趣，所以豆瓣认为我对“传记”、“文化”比较感兴趣。单击标签云中的每一个标签，都可以在标签云下方得到和这个标签相关的图书推荐，比如图4-13界面标签云下面就展示了机器学习相关的图书推荐。

豆瓣这样组织推荐结果页面有很多好处，首先是提高了推荐结果的多样性。我们知道，一个用户的兴趣在长时间内是很广泛的，但在某一天却比较具体。因此，我们如果想在某一天击中用户当天的兴趣，是非常困难的。而豆瓣通过标签云，展示了用户的所有兴趣，然后让用户自己根据他今天的兴趣选择相关的标签，得到推荐结果，从而极大地提高了推荐结果的多样性，使得推荐结果更容易满足用户多样的兴趣。

同时，标签云也提供了推荐解释功能。用户通过这个界面可以知道豆瓣给自己推荐的每一本书都是基于它认为自己对某个标签感兴趣。而对于每个标签，用户总能通过回忆自己之前的行为知道自己是否真的对这个标签感兴趣。

我们知道，要让用户直观上感觉推荐结果有道理是很困难的，而豆瓣将推荐结果的可解释性拆分成了两部分，首先让用户觉得标签云是有道理的，然后让用户觉得从某个标签推荐出某本书也是有道理的。因为生成让用户觉得有道理的标签云比生成让用户觉得有道理的推荐图书更加简单，标签和书的关系就更容易让用户觉得有道理，从而让用户最终觉得推荐出来的书也是很有道理的。

GroupLens的研究人员Jesse Vig对基于标签的解释进行了深入研究。[①]和4.3.2节提出的算法类似，Jesse Vig将用户和物品之间的关系变成了用户对标签的兴趣（tag preference）和标签与物品的相关度（tag relevance），然后作者用同一种推荐算法给用户推荐物品，但设计了4种标签解释的展示界面。

- **RelSort** 对推荐物品做解释时使用的是用户以前使用过且物品上有的标签，给出了用户对标签的兴趣和标签与物品的相关度，但标签按照和物品的相关度排序。
- **PrefSort** 对推荐物品做解释时使用的是用户以前使用过且物品上有的标签，给出了用户对标签的兴趣和标签与物品的相关度，但标签按照用户的兴趣程度排序。
- **RelOnly** 对推荐物品做解释时使用的是用户以前使用过且物品上有的标签，给出了标签与物品的相关度，且标签按照和物品的相关度排序。
- **PrefOnly** 对推荐物品做解释时使用的是用户以前使用过且物品上有的标签，给出了用户对标签的兴趣程度，且标签按照用户的兴趣程度排序。

然后，作者对用户设计了3种调查问卷。首先是关于推荐解释的调查问卷，作者问了如下3个问题：

- 推荐解释帮助我理解这部电影为什么会被推荐给我：对于这个问题用户认为RelSort>PrefOnly>=PrefSort>RelOnly。
- 推荐解释帮助我判定是否喜欢推荐的电影：对于这个问题用户认为RelSort>PrefSort>PrefOnly>RelOnly。
- 推荐解释帮助我判定观看这部电影是否符合我现在的兴趣：对于这个问题用户认为RelSort>PrefSort>RelOnly >PrefOnly。

然后，作者调查了用户对不同类型标签的看法。作者将标签分为主观类（比如对电影的看法，如表4-9所示）和客观类（比如对电影内容的描述，如表4-10所示）。作者对每种类型的标签同样问了上面3个问题。

---

① 参见Jesse Vig、Shilad Wieland Sen和John Riedl的“Tagsplanations: Explaining Recommendations Using Tags”（ACM 2009 Article，2009）。

- 这个标签帮助我理解这部电影为什么会被推荐给我：用户认为客观类标签优于主观类标签。
- 这个标签帮助我判定是否喜欢推荐的电影：用户认为客观类标签优于主观类标签。
- 这个标签帮助我判定观看这部电影是否符合我现在的兴趣：用户认为客观类标签优于主观类标签。

从上面的结果可以发现，客观事实类的标签优于主观感受类标签。

最后，作者询问了用户对4种不同推荐解释界面的总体满意度，结果显示PrefOnly > RelSort > PrefSort > RelOnly。

表4-9　10个用户最满意的主观类标签[①]

标　　签	认为这个标签好的人所占比例
great soundtrack	90.9%
fanciful	90.9%
funny	90.0%
poignant	88.9%
witty	88.0%
dreamlike	87.5%
whimsical	87.5%
dark	87.3%
surreal	86.7%
deadpan	84.2%

表4-10　10个用户最满意的客观类标签[②]

标　　签	认为这个标签好的人所占比例
afi-100	100.0%
fantasy world	100.0%
world war ii	100.0%
sci-fi	95.2%
action	94.4%
psychology	93.8%
disney	91.7%
satirical	88.5%
drama	87.5%
satire	86.4%

总结问卷调查的结果，作者得出了以下结论：

- 用户对标签的兴趣对帮助用户理解为什么给他推荐某个物品更有帮助；
- 用户对标签的兴趣和物品标签相关度对于帮助用户判定自己是否喜欢被推荐物品具有同样的作用；

① 该表引用自Jesse Vig、Shilad Wieland Sen和John Riedl的论文“Tagsplanations: Explaining Recommendations Using Tags”。
② 同上。

- 物品标签相关度对于帮助用户判定被推荐物品是否符合他当前的兴趣更有帮助；
- 客观事实类标签相比主观感受类标签对用户更有作用。

4.4　给用户推荐标签

当用户浏览某个物品时，标签系统非常希望用户能够给这个物品打上高质量的标签，这样才能促进标签系统的良性循环。因此，很多标签系统都设计了标签推荐模块给用户推荐标签。图4-14展示了音乐网站Last.fm和豆瓣的标签推荐系统。

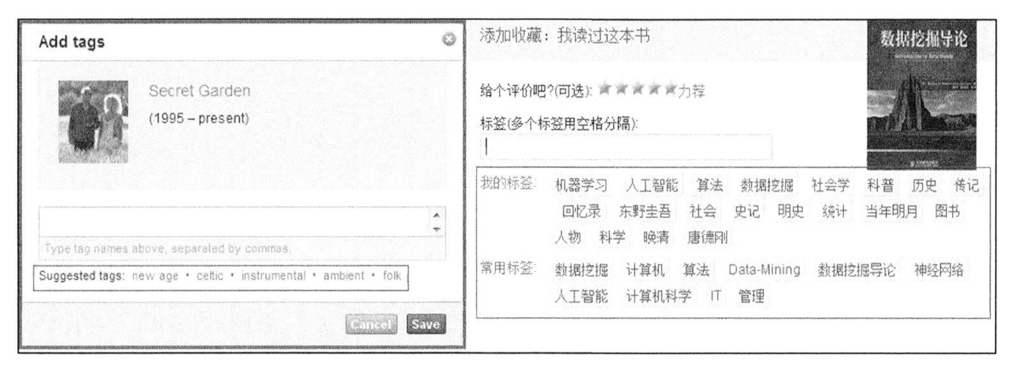

图4-14　Last.fm（左）和豆瓣（右）的标签推荐系统界面

4.4.1　为什么要给用户推荐标签

在讨论如何给用户推荐标签之前，首先需要了解为什么要给用户推荐标签。一般认为，给用户推荐标签有以下好处。

- **方便用户输入标签**　让用户从键盘输入标签无疑会增加用户打标签的难度，这样很多用户不愿意给物品打标签，因此我们需要一个辅助工具来减小用户打标签的难度，从而提高用户打标签的参与度。
- **提高标签质量**　同一个语义不同的用户可能用不同的词语来表示。这些同义词会使标签的词表变得很庞大，而且会使计算相似度不太准确。而使用推荐标签时，我们可以对词表进行选择，首先保证词表不出现太多的同义词，同时保证出现的词都是一些比较热门的、有代表性的词。

4.4.2　如何给用户推荐标签

用户u给物品i打标签时，我们有很多方法可以给用户推荐和物品i相关的标签。比较简单的方法有4种。

第0种方法就是给用户u推荐整个系统里最热门的标签（这里将这个算法称为PopularTags），

之所以称为第0种，是因为这个算法太简单了，以至于不能称为一种标签推荐算法。令tags[b]为标签b的热门程度，那么这个算法的实现如下：

```
def RecommendPopularTags(user,item, tags, N):
    return sorted(tags.items(), key=itemgetter(1), reverse=True)[0:N]
```

第1种方法就是给用户u推荐物品i上最热门的标签（这里将这个算法称为ItemPopularTags）。令item_tags[i][b]为物品i被打上标签b的次数，那么这个算法的实现很简单，具体如下所示：

```
def RecommendItemPopularTags(user,item, item_tags, N):
    return sorted(item_tags[item].items(), key=itemgetter(1), reverse=True)[0:N]
```

第2种方法是给用户u推荐他自己经常使用的标签（这里将这个算法称为UserPopularTags）。

令user_tags[u][b]为用户u使用标签b的次数，那么这个算法的实现如下所示：

```
def RecommendUserPopularTags(user,item, user_tags, N):
    return sorted(user_tags[user].items(), key=itemgetter(1), reverse=True)[0:N]
```

第3种算法是前面两种的融合（这里记为HybridPopularTags），该方法通过一个系数将上面的推荐结果线性加权，然后生成最终的推荐结果。这个算法的实现代码如下：

```
def RecommendHybridPopularTags(user,item, user_tags, item_tags, alpha, N):
    max_user_tag_weight = max(user_tags[user].values())
    for tag, weight in user_tags[user].items():
        ret[tag] = (1 - alpha) * weight / max_user_tag_weight

    max_item_tag_weight = max(item_tags[item].values())
    for tag, weight in item_tags[item].items():
        if tag not in ret:
            ret[tag] = alpha * weight / max_item_tag_weight
        else:
            ret[tag] += alpha * weight / max_item_tag_weight
    return sorted(ret[user].items(), key=itemgetter(1), reverse=True)[0:N]
```

注意在上面的实现中，我们在将两个列表线性相加时都将两个列表按最大值做了归一化，这样的好处是便于控制两个列表对最终结果的影响，而不至于因为物品非常热门而淹没用户对推荐结果的影响，或者因为用户非常活跃而淹没物品对推荐结果的影响。

4.4.3　实验设置

和前面的实验一样，我们用同样的方法将数据集按照9∶1分成训练集和测试集，然后通过训练集学习用户标注的模型。需要注意的是，这里切分数据集不再是以user、item为主键，而是以user、item、tag为主键。为了更好的理解如何切分数据集，请参考下面的Python代码：

```
def SplitData(records, train, test):
    for user,item, tag in records:
        if random.randint(1,10) == 1:
            test.append([user,item,tag])
        else:
            train.append([user,item,tag])
    return [train, test]
```

对于测试集中的每一个用户物品对(u,i)，我们都会推荐N个标签给用户u作参考。令$R(u,i)$为我们给用户u推荐的应该在物品i上打的标签集合，令$T(u,i)$为用户u实际给物品i打的标签的集合，我们可以利用准确率和召回率评测标签推荐的精度：

$$\text{Precision} = \frac{\sum_{(u,i)\in \text{Test}} |R(u,i) \cap T(u,i)|}{\sum_{(u,i)\in \text{Test}} |R(u,i)|}$$

$$\text{Recall} = \frac{\sum_{(u,i)\in \text{Test}} |R(u,i) \cap T(u,i)|}{\sum_{(u,i)\in \text{Test}} |T(u,i)|}$$

实验结果

表4-11列出了PopularTags、UserPopularTags、ItemPopularTags 3种算法在$N=10$ 时的准确率和召回率。

表4-11 3种标签推荐算法在N=10时的准确率和召回率

	PopularTags	UserPopularTags	ItemPopularTags
Delicious			
准确率	7.32%	11.84%	23.80%
召回率	19.88%	32.16%	64.63%
CiteULike			
准确率	2.21%	10.85%	12.94%
召回率	7.75%	38.00%	45.33%

如表中结果所示，ItemPopularTags具有最好的准确率和召回率，这一点和直观想法是符合的。因为用户的兴趣是广泛的，假设用户对编程和武侠小说有兴趣，那么用户在给一本武侠小说打标签时，肯定不会参考自己对编程书打的标签，而会更多地参考关于武侠小说的常用标签。因此ItemPopularTags肯定比UserPopularTags的精度要高。

下面来看一下HybridPopularTags算法，表4-12给出了HybridPopularTags算法在不同线性融合系数α下的准确率和召回率。

表4-12 HybridPopularTags算法在不同线性融合系数 α下的准确率和召回率

	Delicious		CiteULike	
α	准确率	召回率	准确率	召回率
0.0	11.84%	32.16%	10.85%	38.00%
0.1	15.27%	41.48%	12.71%	44.53%
0.2	16.71%	45.39%	13.82%	48.42%
0.3	18.93%	51.41%	14.85%	52.04%

（续）

	Delicious		CiteULike	
α	准确率	召回率	准确率	召回率
0.4	21.14%	57.42%	15.57%	54.55%
0.5	22.74%	61.75%	16.01%	56.07%
0.6	23.99%	65.15%	**16.24%**	**56.90%**
0.7	24.82%	67.42%	16.07%	56.29%
0.8	**25.15%**	**68.30%**	15.45%	54.12%
0.9	24.95%	67.77%	14.60%	51.15%
1.0	23.80%	64.63%	12.94%	45.33%

如表4-12所示，在 α=0.8的时候，HybridPopularTags取得了最好的准确度（准确率=25.15%，召回率=68.30%）。而且这个精度超过了单独的ItemPopularTags和UserPopularTags算法的精度。考虑到近70%的精度已经很高了，因此很多应用在给用户推荐标签时会直接给出用户最常用的标签，以及物品最经常被打的标签。比如豆瓣（如图4-15所示），在我浏览《MongoDB权威指南》一书时，它给我推荐的标签分为两类。一类是我的标签，即我之前常用的标签，可以看到这一类中包含诸如历史、传记等和MongoDB毫无关系的标签。另一类是常用标签，即别的用户给MongoDB打的最多的标签，可以看到这里面所有的标签都是和MongoDB相关的。

截取自豆瓣，图中相关内容的著作权归原著作权人所有

图4-15　豆瓣给我推荐的《MongoDB权威指南》一书的标签

不过，前面提到的基于统计用户常用标签和物品常用标签的算法有一个缺点，就是对新用户或者不热门的物品很难有推荐结果。解决这一问题有两个思路。

第一个思路是从物品的内容数据中抽取关键词作为标签。这方面的研究很多，特别是在上下文广告领域[①]。本书3.4节也介绍了生成关键词向量的一些方法。

① 参见Wen-tau Yih、Joshua Goodman和 Vitor R. Carvalho的"Finding Advertising Keywords on Web Pages"（ACM 2006 Article，2006）。

第二个思路是针对有结果，但结果不太多的情况。比如《MongoDB权威指南》一书只有一个用户曾经给它打过一个标签nosql，这个时刻可以做一些关键词扩展，加入一些和nosql相关的标签，比如数据库、编程等。实现标签扩展的关键就是计算标签之间的相似度。关于这一点，4.3.3节已经进行了深入探讨。

4.4.4 基于图的标签推荐算法

图模型同样可以用于标签推荐。在根据用户打标签的行为生成图之后（如图4-11所示），我们可以利用PersonalRank算法进行排名。但这次遇到的问题和之前不同。这次的问题是，当用户u遇到物品i时，会给物品i打什么样的标签。因此，我们可以重新定义顶点的启动概率，如下所示：

$$r_{v(k)} = \begin{cases} \alpha(v(k) = v(u)) \\ 1 - \alpha(v(k) = v(i)) \\ 0 \quad (\text{其他}) \end{cases}$$

也就是说，只有用户u和物品i对应的顶点有非0的启动概率，而其他顶点的启动概率都为0。在上面的定义中，$v(u)$和$v(i)$的启动概率并不相同，$v(u)$的启动概率是α，而$v(i)$的启动概率是$1-\alpha$。参数α可以通过离线实验选择。

4.5 扩展阅读

本章主要讨论了UGC标签在推荐系统中的应用。标签作为描述语义的重要媒介，无论是对于描述用户兴趣还是表示物品的内容都有很重要的意义。标签在推荐系统中的应用主要集中在两个问题上，一个是如何利用用户打标签的行为给用户推荐物品，另一个是如何给用户推荐标签。本章在深入分析用户标签行为的基础上对这两个问题进行了深入探讨。

关于标签的问题，最近几年在学术界获得了广泛关注。ECML/PKDD在2008年曾经推出过基于标签的推荐系统比赛[①]。在这些研究中涌现了很多新的方法，比如张量分解[②]（tensor factorization）、基于LDA的算法[③]、基于图的算法[④]等。不过这些算法很多具有较高的复杂度，在实际系统中应用起来还有很多实际的困难需要解决。

GroupLens的研究人员给MovieLens系统做了很多标签方面的工作。Shilad Sen在论文[⑤]中研究

① 比赛介绍见 http://www.kde.cs.uni-kassel.de/ws/rsdc08/program.html。

② 参见Panagiotis Symeonidis、Alexandros Nanopoulos和Yannis Manolopoulos的“Tag recommendations based on tensor dimensionality reduction”（ACM 2008 Article，2008）。

③ 参见Ralf Krestel、Peter Fankhauser和Wolfgang Nejdl的“Latent dirichlet allocation for tag recommendation”（ACM 2009 Article，2009）。

④ 参见Andreas Hotho、Robert Jäschke、Christoph Schmitz和Gerd Stumme的“Folkrank: A ranking algorithm for folksonomies”（Proc. FGIR 2006，2006）。

⑤ 参见Shilad Wieland Sen、Jesse Vig和John Riedl的“Tagommenders: Connecting Users to Items through Tags”（ACM 2009 Article，2009）。

了如何利用标签联系用户和物品并给用户进行个性化电影推荐。Jesse Vig在论文[1]中研究了如何利用标签进行推荐解释，他将用户和物品之间的关系转化为用户对标签的兴趣（tag preference）以及标签和物品的相关度（tag relevance）两种因素。同时他们研究了如何对标签进行清理[2]，以及如何选择合适的标签进行解释。

① 参见Jesse Vig、Shilad Wieland Sen和John Riedl的“Tagsplanations: Explaining Recommendations Using Tags”（ACM 2009 Article，2009）。

② 参见Shilad Wieland Sen、F. Maxwell Harper、Adam LaPitz和John Riedl的“The quest for quality tags”（ACM 2007 Article，2007）。

第5章

利用上下文信息

本章之前提到的推荐系统算法主要集中研究了如何联系用户兴趣和物品，将最符合用户兴趣的物品推荐给用户，但这些算法都忽略了一点，就是用户所处的上下文（context）。这些上下文包括用户访问推荐系统的时间、地点、心情等，对于提高推荐系统的推荐效果是非常重要的。比如，一个卖衣服的推荐系统在冬天和夏天应该给用户推荐不同种类的服装。推荐系统不能因为用户在夏天喜欢过某件T恤，就在冬天也给该用户推荐类似的T恤。再举个例子，当用户在中关村打开一个美食推荐系统时，如果这个推荐系统推荐的餐馆都是中关村附近的，显然推荐结果更加能够令用户满意。上下文影响用户兴趣的例子还有很多，比如用户上班时和下班后的兴趣会有区别，用户在平时和周末的兴趣会有区别，用户和父母在一起与和同学在一起时的兴趣有区别，甚至用户在上厕所时阅读的文章和在办公桌旁阅读的文章也是不同的。因此，准确了解用户的上下文信息，并将该信息应用于推荐算法是设计好的推荐系统的关键步骤。

关于上下文推荐的研究，可以参考Alexander Tuzhilin[①]教授的一篇综述“Context Aware Recommender Systems”。Alexander Tuzhilin教授最近几年和他的学生们对上下文相关的推荐算法进行了深入研究。他们在论文中提到了一个上下文推荐系统的例子——Sourcetone音乐推荐系统（如图5-1所示）。该系统会让用户选择自己现在的心情，然后它根据用户选择的心情给用户推荐音乐。这里，心情是一种重要的上下文，用户在不同的心情下会选择不同的音乐。当然，当用户在某个时间点刚刚使用推荐系统时，系统很难猜出用户当时是什么心情。因此Sourcetone采取了让用户主动告诉系统他现在心情的方式，然后系统根据用户当前的心情并综合考虑其历史兴趣推荐符合他要求的合适歌曲。

和心情类似的上下文还有很多，以看视频为例。用户是在上班时间看还是在下班后看，用户是在家里看还是在单位看，用户是自己一个人看还是和好友一起看，用户是和同学一起看还是和父母一起看，用户是喝着啤酒看还是吃着鸡翅看，这些都是上下文信息，而且这些上下文对用户当时观看什么电视剧都有很大影响。

本章我们主要讨论时间上下文，并简单介绍一下地点上下文，讨论如何将时间信息和地点信息建模到推荐算法中，从而让推荐系统能够准确预测用户在某个特定时刻及特定地点的兴趣。本章仍然研究TopN推荐，即如何给用户生成一个长度为*N*的推荐列表，而该列表包含了用户在某一时刻或者某个地方最可能喜欢的物品。

---

① 个人主页为http://people.stern.nyu.edu/atuzhili/。

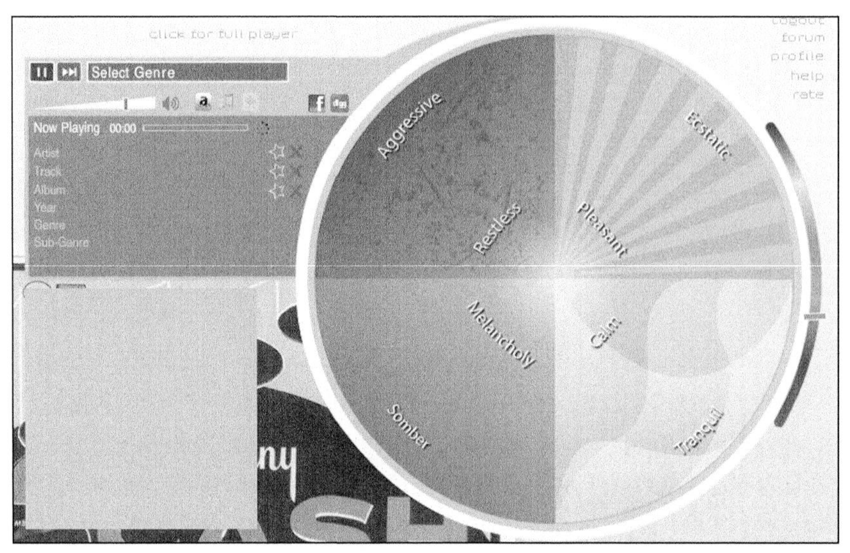

截取自Sourcetone，图中相关内容的著作权归原著作权人所有

图5-1 sourcetone.com个性化音乐推荐系统，该图右侧的圆盘可以让用户选择现在的心情

5.1 时间上下文信息

本节将重点讨论上下文信息中最重要的时间上下文信息。本节首先介绍各种不同的时间效应，然后研究如何将这些时间效应建模到推荐系统的模型中，最后通过实际数据集对比不同模型的效果。

5.1.1 时间效应简介

时间是一种重要的上下文信息，对用户兴趣有着深入而广泛的影响。一般认为，时间信息对用户兴趣的影响表现在以下几个方面。

- **用户兴趣是变化的** 我们这里提到的用户兴趣变化是因为用户自身原因发生的变化。比如随着年龄的增长，用户小时候喜欢看动画片，长大了喜欢看文艺片。一位程序员随着工作时间的增加，逐渐从阅读入门书籍过渡到阅读专业书籍。一个人参加工作了，工作后的兴趣和学生时代的兴趣相比发生了变化。那么，如果我们要准确预测用户现在的兴趣，就应该关注用户最近的行为，因为用户最近的行为最能体现他现在的兴趣。当然，考虑用户最近的兴趣只能针对渐变的用户兴趣，而对突变的用户兴趣很难起作用，比如用户突然中奖了。
- **物品也是有生命周期的** 一部电影刚上映的时候可能被很多人关注，但是经久不衰的电影是很少的，很多电影上映后不久就被人们淡忘了。此外，物品也可能受新闻事件的影响，比如一部已经被淡忘的电影会因为突然被某个新闻事件涉及而重新热门起来。因此，当我们决定在某个时刻给某个用户推荐某个物品时，需要考虑该物品在该时刻是否已经过时了。比如，我们给一个NBA迷推荐10年前的某个NBA新闻显然是不太合适的（当然这也不一定，比如用户当时就是在寻找旧的NBA新闻时）。不同系统的物品具有不同的生命周期，比如新闻的生命周期很短暂，而电影的生命周期相对较长。

- **季节效应** 季节效应主要反映了时间本身对用户兴趣的影响。比如人们夏天吃冰淇淋，冬天吃火锅，夏天穿T恤，冬天穿棉衣。当然，我们也不排除有特别癖好的人存在，但大部分用户都是遵循这个规律的。除此之外，节日也是一种季节效应：每年的圣诞节，人们都要去购物；每年的奥斯卡颁奖礼，人们都要关注电影。2011年ACM推荐大会的一个研讨会曾经举办过一次上下文相关的电影推荐算法比赛[1]，该比赛要求参赛者预测数据集中用户在奥斯卡颁奖礼附近时刻的行为。关注季节效应的读者可以关注一下这个研讨会上发表的相关论文。

5.1.2 时间效应举例

下面通过一些例子体会一下时间对用户兴趣的影响。我们通过Google Insights工具对时间效应进行一些分析。Google Insights提供了某个搜索词自2004年以来的搜索频率曲线，我们可以通过该曲线发现一些用户兴趣变化的例子。

图5-2展示了3个著名的社交网站名字自2004年以来在google上的搜索量变化曲线，从图中可以看到，facebook的搜索量直线上升，而myspace在2007年达到顶峰后开始下降，twitter的搜索量也在不断增长，但增长趋势明显低于facebook。这种变化的产生主要源于用户兴趣的变化。

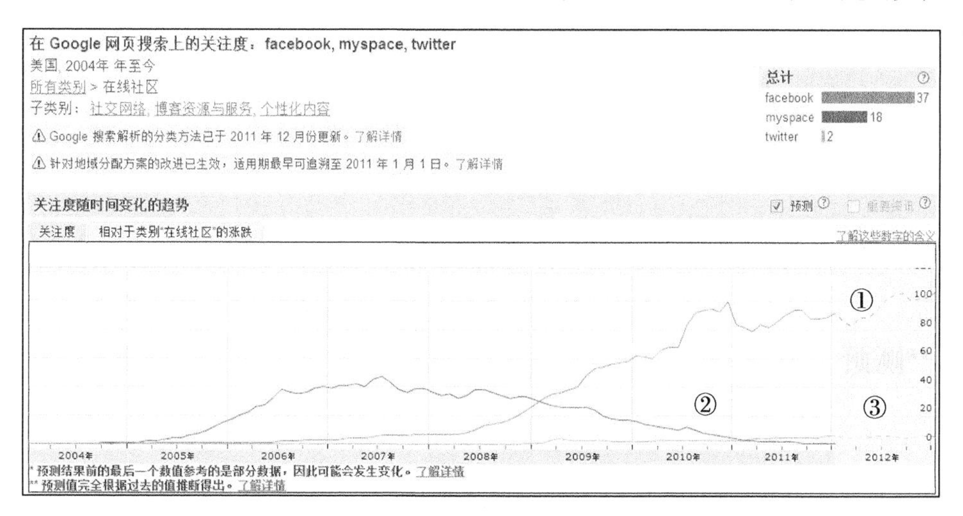

图5-2 facebook、twitter和myspace 3个词的搜索变化曲线[2]

---

① 详见http://2011.camrachallenge.com/。

② 图5-2中标号为①的曲线对应facebook，标号为②的曲线对应myspace，标号为③的曲线对应twitter。——编者注

图5-3展示了2004年以来著名手机品牌的搜索量变化曲线。从图中可以看到两个现象。第一是自2006年以来，iPhone的搜索量增长明显，反映了越来越多的用户开始喜欢iPhone。另一个现象是几乎所有品牌的手机在年底时搜索量都有一个尖峰，这是因为圣诞节附近手机的销售量会大增，因此这是一种典型的节日效应。

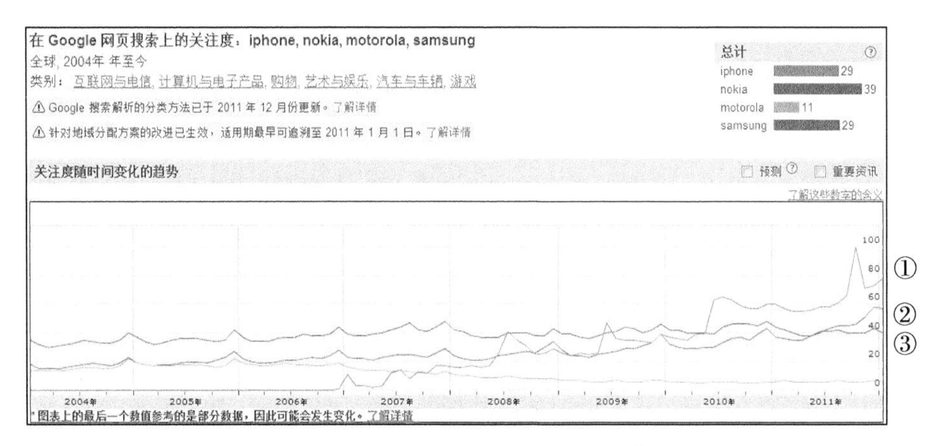

图5-3　手机品牌的搜索量变化曲线[①]

图5-4展示了一些食品的搜索量变化曲线。该图突显了季节效应对用户行为的影响。比如，用户在夏天吃冰淇淋(该图由美国用户统计得出，如果是南半球的澳大利亚，结论应该是相反的)，冬天喝汤和咖啡。对于巧克力，可以明显看到两个尖峰，一个是圣诞节附近，而另一个是情人节附近，这也体现了巧克力的销售具有典型的节日效应。

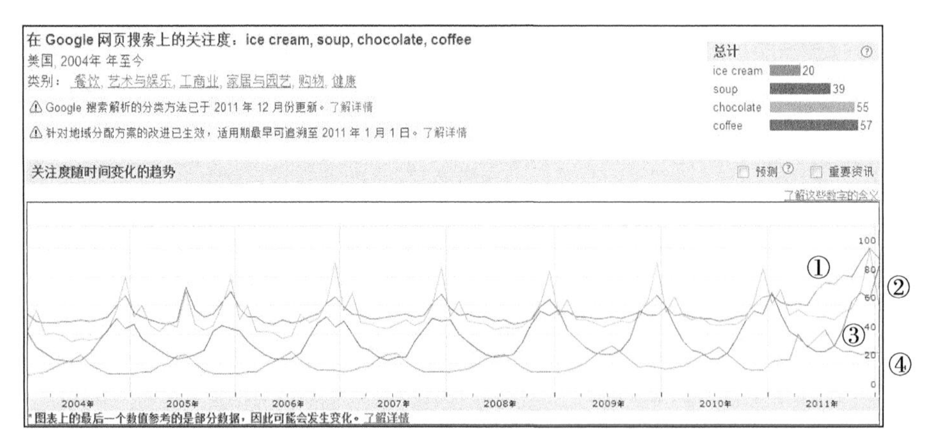

图5-4　一些食品相关搜索词的搜索量变化曲线[②]

---

① 标号为①的曲线对应iphone，标号为②的曲线对应samsung，标号为③的曲线对应nokia。——编者注

② 标号为①的曲线对应coffee（咖啡），标号为②的曲线对应chocolate（巧克力），标号为③的曲线对应soup（汤），标号为④的曲线对应ice cream（冰淇淋）。——编者注

5.1.3 系统时间特性的分析

在给定时间信息后，推荐系统从一个静态系统变成了一个时变的系统，而用户行为数据也变成了时间序列。研究一个时变系统，需要首先研究这个系统的时间特性。本节将通过研究时变的用户行为数据集来研究不同类型网站的时间特性。包含时间信息的用户行为数据集由一系列三元组构成，其中每个三元组(u,i,t)代表了用户u在时刻t对物品i产生过行为。在给定数据集后，可以通过统计如下信息研究系统的时间特性。

- **数据集每天独立用户数的增长情况** 有些网站处于快速增长期，它们每天的独立用户数都在线性（甚至呈指数级）增加。而有些网站处于平稳期，每天的独立用户数都比较平稳。还有一些网站处于衰落期，每天的用户都在流失。在不同的系统中用户行为是不一样的，因此我们首先需要确定系统的增长情况。
- **系统的物品变化情况** 有些网站，比如新闻网站，每天都会出现大量新的新闻，而每条热门的新闻其时间周期都不会太长，今天热门的新闻也许明天就被人忘记了[①]。
- **用户访问情况** 有些网站用户来一次就永远不来了，有些网站用户每周来一次，而有些网站用户每天都来。为了度量这些特性，我们可以统计用户的平均活跃天数，同时也可以统计相隔T天来系统的用户的重合度。

1. 数据集的选择

本节将利用Delicious数据集进行离线实验以评测不同算法的预测精度。该数据集包含950 000个用户在2003年9月到2007年12月间对网页打标签的行为。该数据集中包含132 000 000个标签和420 000 000条标签行为记录。该数据集每行是一条标签行为记录，由4部分组成——用户ID、日期、网页URL和标签，代表了一个用户在某一天对某个网页打上了某个标签的行为。因为网页由URL标识，因此可以根据域名将网页分成不同的类别。本节选取了5个域名对应的网页，将整个数据集分成5个不同的数据集加以研究。这5个域名是nytimes.com、sourceforge.net、blogspot.com、wikipedia.org、youtube.com。表5-1给出了本节所用数据集的基本统计信息。

表5-1 离线实验数据集的基本统计信息

数据集	用户数	物品数	稀疏度
nytimes	4947	7856	99.65%
youtube	4551	7526	99.72%
wikipedia	7163	14770	99.86%
sourceforge	8547	5638	99.65%
blogspot	8703	10107	99.82%

2. 物品的生存周期和系统的时效性

不同类型网站的物品具有不同的生命周期，比如新闻的生命周期很短，而电影的生命周期很长。我们可以用如下指标度量网站中物品的生命周期。

① 参见“The Lifespan of a link”，地址为http://bits.blogs.nytimes.com/2011/09/07/the-lifespan-of-a-link/?ref=technology。

- **物品平均在线天数** 如果一个物品在某天被至少一个用户产生过行为，就定义该物品在这一天在线。因此，我们可以通过物品的平均在线天数度量一类物品的生存周期。考虑到物品的平均在线天数和物品的流行度应该成正比，因此给定一个数据集，我们首先将物品按照流行度分成20份，然后计算每一类物品的平均在线天数。图5-5展示了5个数据集中物品流行度和物品在线天数之间的关系。横坐标是每一类物品的平均流行度，纵轴是该类物品的平均在线天数。如图所示，不同数据集中的曲线具有不同的斜率。对于流行度相同的物品，维基百科的物品在线天数很长，而纽约时报的物品在线天数很短。这说明这两个网站具有不同的时效性。纽约时报等新闻类网站时效性很强，每一条新闻热起来很快，冷下去也很快，所以它们的物品生存周期都很短。维基百科的词条则不同，它们和百科全书的词条一样，经常会被用户查询到，因此具有比较长的生存周期。

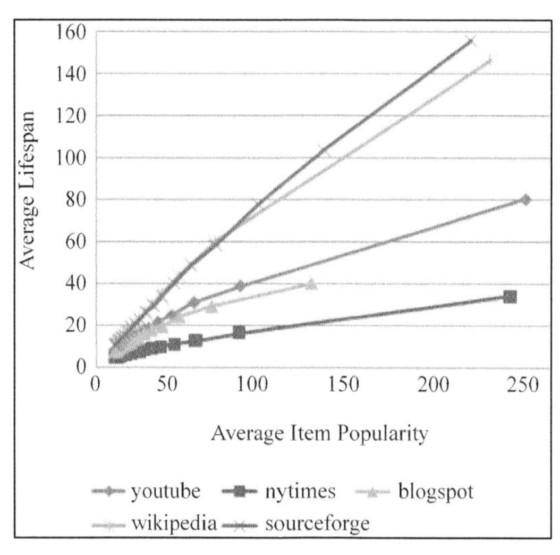

图5-5 不同数据集中物品流行度和物品平均在线时间的关系曲线

- **相隔*T*天系统物品流行度向量的平均相似度** 取系统中相邻*T*天的两天，分别计算这两天的物品流行度，从而得到两个流行度向量。然后，计算这两个向量的余弦相似度，如果相似度大，说明系统的物品在相隔*T*天的时间内没有发生大的变化，从而说明系统的时效性不强，物品的平均在线时间较长。相反，如果相似度很小，说明系统中的物品在相隔*T*天的时间内发生了很大变化，从而说明系统的时效性很强，物品的平均在线时间很短。图5-6展示了5个数据集中相隔*T*天物品流行度向量的平均相似度。横坐标是*T*，纵坐标是系统中*t*时刻物品流行度向量和*t*+*T*时刻物品流行度向量的平均相似度（取不同的*t*计算相似度，取平均值）。图5-6中的结果首先说明了*T*越大，系统物品流行度分布差距越大——这一点是显然的。其次，可以看到，尽管所有的数据集中相似度都随*T*的增加而下降，但下降速率却是不同的。在纽约时报的数据集中，相似度下降很快，说明系统中物品流行度分布变化很快，系统时效性很强。而维基百科的数据集中，相似度的下降却相对比较慢，说明系统中物品流行度分布变化较慢，系统时效性比较弱。

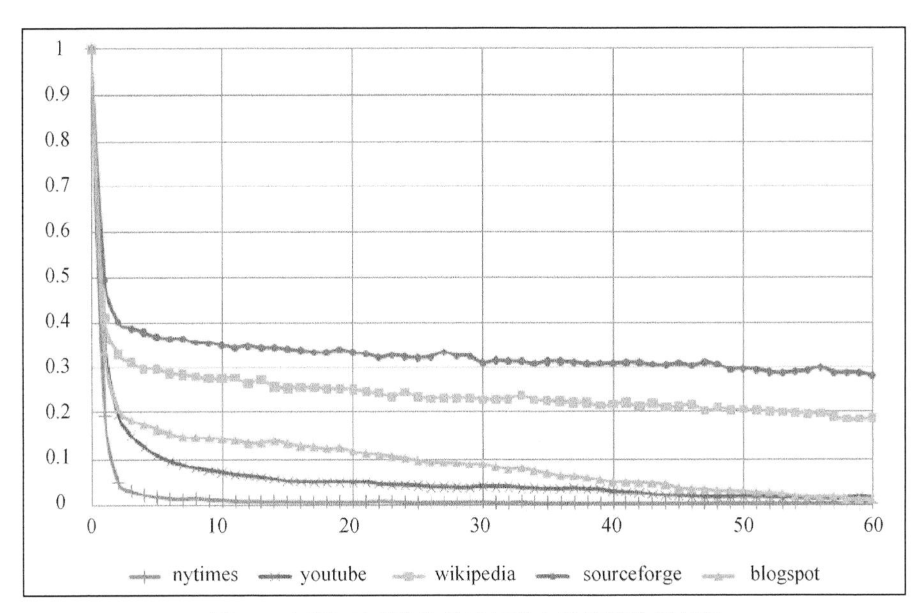

图5-6 相隔T天系统物品流行度向量的平均相似度

5.1.4 推荐系统的实时性

5

用户兴趣是不断变化的，其变化体现在用户不断增加的新行为中。一个实时的推荐系统需要能够实时响应用户新的行为，让推荐列表不断变化，从而满足用户不断变化的兴趣。

如果仔细研究一下亚马逊网的推荐系统，就可以发现它是一个实时的推荐系统。如图5-7所示，我首先打开亚马逊网的推荐系统页面，大家可以看到亚马逊网给我推荐的图书。然后，我通过搜索找到关于MongoDB的一本书，单击了Liked（喜欢过）按钮。接着，我重新回到亚马逊网的推荐系统页面，发现我的推荐列表变化了，多了一本*Mahout in Action*，单击fix this recommendation（修正此推荐），可以看到亚马逊网给我推荐这本书的理由：因为我刚刚为*MongoDB: The Definitive Guide*单击了Linked。

这一切都发生在几十秒内。为了证明亚马逊网不是每次刷新都随机展示推荐列表，我曾经每隔十几秒就刷新一次亚马逊网的推荐列表，发现并没有任何变化。但一旦我产生了新的行为，变化就发生了。当然，并非我的任何新行为都能导致推荐列表的变化，比如如果我仅仅是浏览了*MongoDB: The Definite Guide*一书的网页，推荐列表并不会变化，但我的所有显性反馈行为都会导致推荐列表的变化。

实现推荐系统的实时性除了对用户行为的存取有实时性要求，还要求推荐算法本身具有实时性，而推荐算法本身的实时性意味着：

- 实时推荐系统不能每天都给所有用户离线计算推荐结果，然后在线展示昨天计算出来的结果。所以，要求在每个用户访问推荐系统时，都根据用户这个时间点前的行为实时计算推荐列表。

- 推荐算法需要平衡考虑用户的近期行为和长期行为，既要让推荐列表反应出用户近期行为所体现的兴趣变化，又不能让推荐列表完全受用户近期行为的影响，要保证推荐列表对用户兴趣预测的延续性。

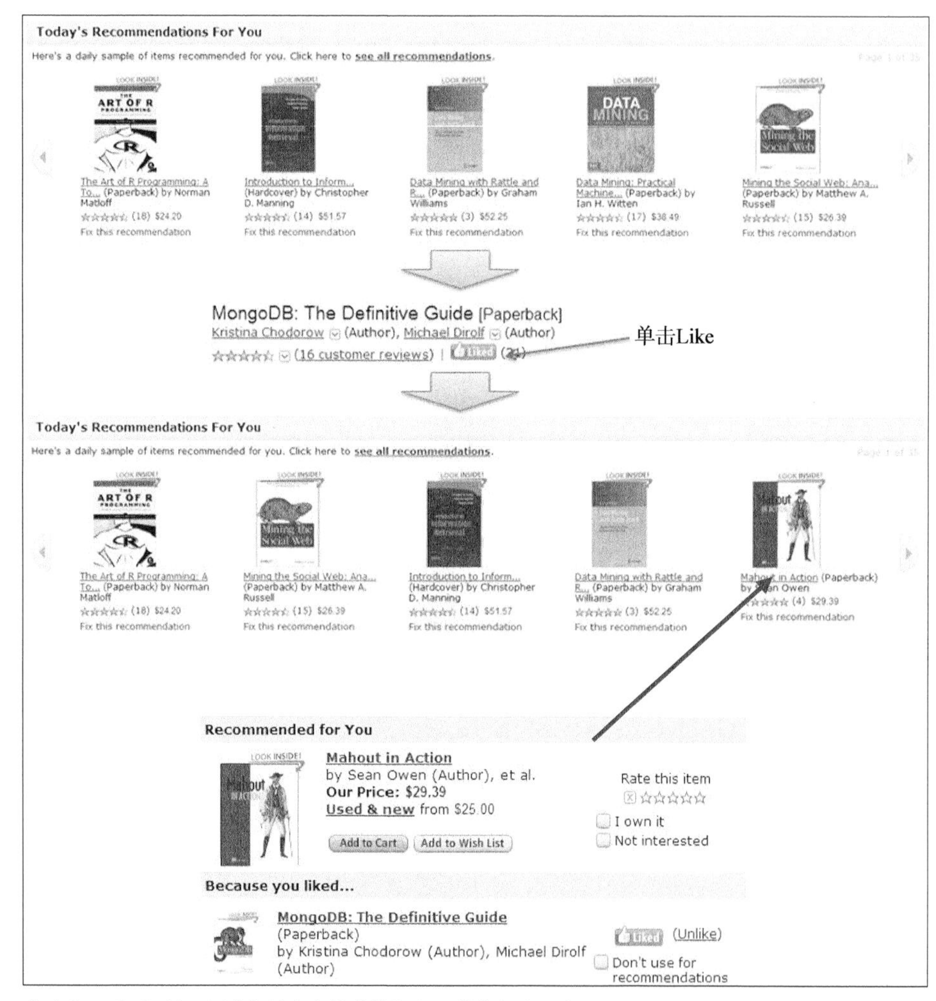

图5-7　推荐系统实时性举例

5.1.5　推荐算法的时间多样性

很多推荐系统的研究人员经常遇到一个问题，就是每天给用户的推荐结果都差不多，没有什么变化。推荐系统每天推荐结果的变化程度被定义为推荐系统的时间多样性。时间多样性高的推荐系统中用户会经常看到不同的推荐结果。

那么推荐系统的时间多样性和用户满意度之间是否存在关系呢？时间多样性高是否就能提高用户的满意度？为了解答这些问题，英国研究人员进行了一次实验[1]，他们设计了3种推荐系统。

A 给用户推荐最热门的10部电影。

B 从最热门的100部电影中推荐10部给用户，但保证了时间多样性，每周都有7部电影推荐结果不在上周的推荐列表中。

C 每次都从所有电影中随机挑选10部推荐给用户。

对比这3种算法可知，A算法每天给用户的推荐结果都一样，没有时间多样性，B算法保证了一定的时间多样性，同时推荐结果也是比较热门的电影，C算法具有完全的时间多样性，因为它每次推荐都是从所有电影中随机选择的，但是它并没有考虑电影的热门程度。

然后，研究人员进行了用户调查实验。他们每次给用户展示30个推荐结果（分别来自3个不同的算法）然后让用户给这些推荐结果评分。经过5周的实验后，研究人员统计了每一周不同算法的推荐结果的平均评分，发现了如下现象（具体结果分析请参考他们的论文）。

- A、B算法的平均分明显高于C算法。这说明纯粹的随机推荐虽然具有最高的时间多样性，但不能保证推荐的精度。
- A算法的平均分随时间逐渐下降，而B算法的平均分随时间基本保持不变。这说明A算法因为没有时间多样性，从而造成用户满意度不断下降，从而也说明了保证时间多样性的重要性。

在证明了时间多样性对推荐系统的正面意义之后，下面的问题就是如何在不损失精度的情况下提高推荐结果的时间多样性。

提高推荐结果的时间多样性需要分两步解决：首先，需要保证推荐系统能够在用户有了新的行为后及时调整推荐结果，使推荐结果满足用户最近的兴趣；其次，需要保证推荐系统在用户没有新的行为时也能够经常变化一下结果，具有一定的时间多样性。

对于第一步，又可以分成两种情况进行分析。第一是从推荐系统的实时性角度分析。有些推荐系统会每天离线生成针对所有用户的推荐结果，然后在线直接将这些结果展示给用户。这种类型的系统显然无法做到在用户有了新行为后及时调整推荐结果。第二，即使是实时推荐系统，由于使用的算法不同，也具有不同的时间多样性。对于不同算法的时间多样性，Neal Lathia博士在博士论文中进行了深入探讨[2]，这里就不再详述了。

那么，如果用户没有行为，如何保证给用户的推荐结果具有一定的时间多样性呢？一般的思路有以下几种。

- 在生成推荐结果时加入一定的随机性。比如从推荐列表前20个结果中随机挑选10个结果展示给用户，或者按照推荐物品的权重采样10个结果展示给用户。
- 记录用户每天看到的推荐结果，然后在每天给用户进行推荐时，对他前几天看到过很多

① 参见Neal Lathia、Stephen Hailes、Licia Capra和Xavier Amatriain的“Temporal Diversity in Recommender Systems”（SIGIR 2010）。

② 参见Neal Lathia的“Evaluating Collaborative Filtering Over Time”，论文链接为http://www.cs.ucl.ac.uk/staff/n.lathia/thesis.html。

次的推荐结果进行适当地降权。

- 每天给用户使用不同的推荐算法。可以设计很多推荐算法，比如协同过滤算法、内容过滤算法等，然后在每天用户访问推荐系统时随机挑选一种算法给他进行推荐。

当然，时间多样性也不是绝对的。推荐系统需要首先保证推荐的精度，在此基础上适当地考虑时间多样性。在实际应用中需要通过多次的实验才能知道什么程度的时间多样性对系统是最好的。

5.1.6 时间上下文推荐算法

上一节介绍了很多时间效应，本节主要讨论如何将这些时间效应应用到系统中。建模时间信息有很多方法，本节将分别介绍不同的方法，并通过实验对比这些方法。

1. 最近最热门

在没有时间信息的数据集中，我们可以给用户推荐历史上最热门的物品。那么在获得用户行为的时间信息后，最简单的非个性化推荐算法就是给用户推荐最近最热门的物品了。给定时间T，物品i最近的流行度$n_i(T)$可以定义为：

$$n_i(T) = \sum_{(u,i,t)\in \text{Train}, t<T} \frac{1}{1+\alpha(T-t)}$$

这里，α是时间衰减参数。

下面的Python代码实现了上面的计算公式：

```
def RecentPopularity(records, alpha, T):
    ret = dict()
    for user,item,tm in records:
        if tm >= T:
            continue
        addToDict(ret, item, 1 / (1.0 + alpha * (T - tm)))
    return ret
```

2. 时间上下文相关的ItemCF算法

基于物品（item-based）的个性化推荐算法是商用推荐系统中应用最广泛的，从前面几章的讨论可以看到，该算法由两个核心部分构成：

- 利用用户行为离线计算物品之间的相似度；
- 根据用户的历史行为和物品相似度矩阵，给用户做在线个性化推荐。

时间信息在上面两个核心部分中都有重要的应用，这体现在两种时间效应上。

- **物品相似度** 用户在相隔很短的时间内喜欢的物品具有更高相似度。以电影推荐为例，用户今天看的电影和用户昨天看的电影其相似度在统计意义上应该大于用户今天看的电影和用户一年前看的电影的相似度。
- **在线推荐** 用户近期行为相比用户很久之前的行为，更能体现用户现在的兴趣。因此在预测用户现在的兴趣时，应该加重用户近期行为的权重，优先给用户推荐那些和他近期喜欢的物品相似的物品。

首先回顾一下前面提到的基于物品的协同过滤算法，它通过如下公式计算物品的相似度：

$$\text{sim}(i,j)=\frac{\sum_{u\in N(i)\cap N(j)}1/\log\left(1+|N(u)|\right)}{\sqrt{|N(i)||N(j)|}}$$

而在给用户u做推荐时，用户u对物品i的兴趣$p(u,i)$通过如下公式计算：

$$p(u,i)=\sum_{j\in N(u)}\text{sim}(i,j)$$

在得到时间信息（用户对物品产生行为的时间）后，我们可以通过如下公式改进相似度计算：

$$\text{sim}(i,j)=\frac{\sum_{u\in N(i)\cap N(j)}f\left(|t_{ui}-t_{uj}|\right)}{\sqrt{|N(i)||N(j)|}}$$

注意，上面的公式在分子中引入了和时间有关的衰减项$f\left(|t_{ui}-t_{uj}|\right)$，其中$t_{ui}$是用户u对物品i产生行为的时间。$f$函数的含义是，用户对物品i和物品j产生行为的时间越远，则$f\left(|t_{ui}-t_{uj}|\right)$越小。我们可以找到很多数学衰减函数，本节使用如下衰减函数：

$$f\left(|t_{ui}-t_{uj}|\right)=\frac{1}{1+\alpha|t_{ui}-t_{uj}|}$$

α是时间衰减参数，它的取值在不同系统中不同。如果一个系统用户兴趣变化很快，就应该取比较大的α，反之需要取比较小的α。

改进后ItemCF的相似度可以通过如下代码实现：

```
def ItemSimilarity(train, alpha):
    #calculate co-rated users between items
    C = dict()
    N = dict()
    for u, items in train.items():
        for i,tui in items.items():
            N[i] += 1
            for j,tuj in items.items():
                if i == j:
                    continue
                C[i][j] += 1 / (1 + alpha * abs(tui - tuj))

    #calculate finial similarity matrix W
    W = dict()
    for i,related_items in C.items():
        for j, cij in related_items.items():
            W[i][j] = cij / math.sqrt(N[i] * N[j])
    return W
```

除了考虑时间信息对相关表的影响，我们也应该考虑时间信息对预测公式的影响。一般来说，用户现在的行为应该和用户最近的行为关系更大。因此，我们可以通过如下方式修正预测公式：

$$p(u,i)=\sum_{j\in N(u)\cap S(i,K)}\text{sim}(i,j)\frac{1}{1+\beta|t_0-t_{uj}|}$$

其中，t_0是当前时间。上面的公式表明，t_{uj}越靠近t_0，和物品j相似的物品就会在用户u的推荐列表中获得越高的排名。β是时间衰减参数，需要根据不同的数据集选择合适的值。上面的推荐算法可以通过如下代码实现。

```
def Recommendation(train, user_id, W, K, t0):
    rank = dict()
    ru = train[user_id]
    for i,pi in ru.items():
        for j, wj in sorted(W[i].items(), \
                            key=itemgetter(1), reverse=True)[0:K]:
            if j,tuj in ru.items():
                continue
            rank[j] += pi * wj / (1 + beta * (t0 - tuj))
    return rank
```

3. 时间上下文相关的UserCF算法

和ItemCF算法一样，UserCF算法同样可以利用时间信息提高预测的准确率。首先，回顾一下前面关于UserCF算法的基本思想：给用户推荐和他兴趣相似的其他用户喜欢的物品。从这个基本思想出发，我们可以在以下两个方面利用时间信息改进UserCF算法。

- **用户兴趣相似度**　在第3章的定义中我们知道，两个用户兴趣相似是因为他们喜欢相同的物品，或者对相同的物品产生过行为。但是，如果两个用户同时喜欢相同的物品，那么这两个用户应该有更大的兴趣相似度。比如用户A在2006年对C++感兴趣，在2007年对Java感兴趣，用户B在2006年对Java感兴趣，2007年对C++感兴趣，而用户C和A一样，在2006年对C++感兴趣，在2007年对Java感兴趣。那么，根据第3章的定义，用户A和用户B的兴趣相似度等于用户A和用户C的兴趣相似度。但显然，在实际世界，我们会认为用户A和C的兴趣相似度要大于用户A和B。
- **相似兴趣用户的最近行为**　在找到和当前用户u兴趣相似的一组用户后，这组用户最近的兴趣显然相比这组用户很久之前的兴趣更加接近用户u今天的兴趣。也就是说，我们应该给用户推荐和他兴趣相似的用户最近喜欢的物品。

在新闻推荐系统中，时间信息在UserCF中的作用非常明显。假设我们今天要给一个NBA篮球迷推荐新闻。首先，我们需要找到一批和他一样的NBA迷，然后找到这批人在当前时刻最近阅读最多的新闻推荐给当前用户，而不是把这批人去年阅读的新闻推荐给当前用户，因为他们去年阅读最多的新闻在现在看显然过期了。

首先回顾一下UserCF的推荐公式。UserCF通过如下公式计算用户u和用户v的兴趣相似度：

$$w_{uv} = \frac{|N(u) \cap N(v)|}{\sqrt{|N(u)||N(v)|}}$$

其中$N(u)$是用户u喜欢的物品集合，$N(v)$是用户v喜欢的物品集合。可以利用如下方式考虑时间信息：

$$w_{uv} = \frac{\sum_{i \in N(u) \cap N(v)} \frac{1}{1+\alpha\left|t_{ui}-t_{vi}\right|}}{\sqrt{|N(u)||N(v)|}}$$

上面公式的分子对于用户u和用户v共同喜欢的物品i增加了一个时间衰减因子。用户u和用户v对物品i产生行为的时间越远，那么这两个用户的兴趣相似度就会越小。

```
def UserSimilarity(train):
    # build inverse table for item_users
    item_users = dict()
    for u, items in train.items():
        for i,tui in items.items():
            if i not in item_users:
                item_users[i] = dict()
            item_users[i][u] = tui

    #calculate co-rated items between users
    C = dict()
    N = dict()
    for i, users in item_users.items():
        for u,tui in users.items():
            N[u] += 1
            for v,tvi in users.items():
                if u == v:
                    continue
                C[u][v] += 1 / (1 + alpha * abs(tui - tvi))

    #calculate finial similarity matrix W
    W = dict()
    for u, related_users in C.items():
        for v, cuv in related_users.items():
            W[u][v] = cuv / math.sqrt(N[u] * N[v])
    return W
```

在得到用户相似度后，UserCF通过如下公式预测用户对物品的兴趣：

$$p(u,i) = \sum_{v \in S(u,K)} w_{uv} r_{vi}$$

其中，$S(u,K)$包含了和用户u兴趣最接近的K个用户。如果用户v对物品i产生过行为，那么$r_{vi}=1$，否则$r_{vi}=0$。

如果考虑和用户u兴趣相似用户的最近兴趣，我们可以设计如下公式：

$$p(u,i) = \sum_{v \in S(u,K)} w_{uv} r_{vi} \frac{1}{1+\alpha(t_0 - t_{vi})}$$

```
def Recommend(user, T, train, W):
    rank = dict()
    interacted_items = train[user]
    for v, wuv in sorted(W[u].items, key=itemgetter(1),
    reverse=True)[0:K]:
        for i, tvi in train[v].items:
            if i in interacted_items:
                #we should filter items user interacted before
                continue
            rank[i] += wuv / (1 + alpha * (T - tvi))
    return rank
```

5.1.7　时间段图模型

基于图的模型在前面几章中得到了广泛应用。在时变个性化推荐系统中，它依然得到了广泛应用。我们在KDD会议上曾经提出过一个时间段图模型①，试图解决如何将时间信息建模到图模型中的方法，最终取得了不错的效果。

时间段图模型 $G(U,S_U,I,S_I,E,w,\sigma)$ 也是一个二分图。U是用户节点集合，S_U 是用户时间段节点集合。一个用户时间段节点 $v_{ut}\in S_U$ 会和用户u在时刻t喜欢的物品通过边相连。I是物品节点集合，S_I 是物品时间段节点集合。一个物品时间段节点 $v_{it}\in S_I$ 会和所有在时刻t喜欢物品i的用户通过边相连。E是边集合，它包含了3种边：(1)如果用户u对物品i有行为，那么存在边 $e(v_u,v_i)\in E$；(2)如果用户u在t时刻对物品i有行为，那么就存在两条边 $e(v_{ut},v_i),e(v_u,v_{it})\in E$。$w(e)$定义了边的权重，$\sigma(e)$ 定义了顶点的权重。

图5-8是一个简单的时间段图模型示例。在这个例子中，用户A在时刻2对物品b产生了行为。因此，时间段图模型会首先创建4个顶点，即用户顶点A、用户时间段顶点A:2、物品顶点b、物品时间段顶点b:2。然后，图中会增加3条边，即(A, b)、(A:2, b)、(A, b:2)。这里不再增加(A:2, b:2)这条边，一方面是因为增加这条边后不会对结果有所改进，另一方面则是因为增加一条边会增加图的空间复杂度和图上算法的时间复杂度。

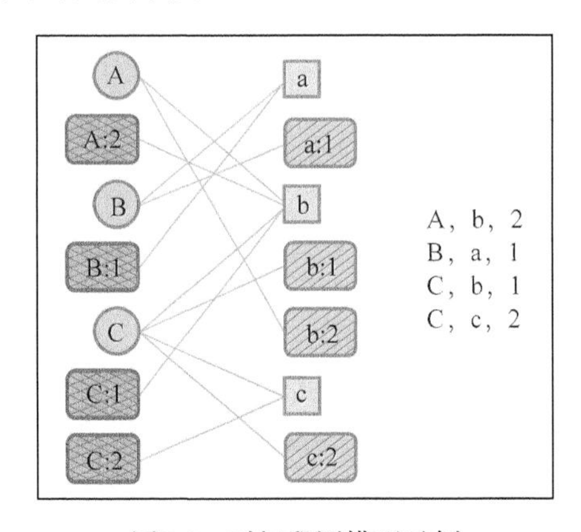

图5-8　时间段图模型示例

定义完图的结构后，最简单的想法是可以利用前面提到的PersonalRank算法给用户进行个性化推荐。但是因为这个算法需要在全图上进行迭代计算，所以时间复杂度比较高。因此我们提出了一种称为路径融合算法的方法，通过该算法来度量图上两个顶点的相关性。

一般来说，图上两个相关性比较高的顶点一般具有如下特征：

- 两个顶点之间有很多路径相连；
- 两个顶点之间的路径比较短；

① 参见Liang Xiang、Quan Yuan、Shiwan Zhao、Li Chen、Xiatian Zhang、Qing Yang和Jimeng Sun的“Temporal recommendation on graphs via long- and short-term preference fusion”（ACM 2010 Article，2010）。

- 两个顶点之间的路径不经过出度比较大的顶点。

从这3条原则出发，路径融合算法首先提取出两个顶点之间长度小于一个阈值的所有路径，然后根据每条路径经过的顶点给每条路径赋予一定的权重，最后将两个顶点之间所有路径的权重之和作为两个顶点的相关度。

假设 $P=\{v_1,v_2,\cdots,v_n\}$ 是连接顶点 v_1 和 v_n 的一条路径，这条路径的权重 $\Gamma(P)$ 取决于这条路径经过的所有顶点和边：

$$\Gamma(P)=\sigma(v_n)\prod_{i=1}^{n-1}\frac{\sigma(v_i)\cdot w(v_i,v_{i+1})}{|\text{out}(v_i)|^{\rho}}$$

这里out(v)是顶点v指向的顶点集合，|out(v)|是顶点v的出度，$\sigma(v_i)\in(0,1]$ 定义了顶点的权重，$w(v_i,v_{i+1})\in(0,1]$ 定义了边 $e(v_i,v_{i+1})$ 的权重。上面的定义符合上面3条原则的后两条。首先，因为 $\frac{\sigma(v_i)\cdot w(v_i,v_{i+1})}{|\text{out}(v_i)|^{\rho}}\in(0,1)$，所以路径越长$n$越大，$\Gamma(P)$ 就越小。同时，如果路径经过了出度大的顶点v′，那么因为|out(v')|比较大，所以 $\Gamma(P)$ 也会比较小。

在定义了一条路径的权重后，就可以定义顶点之间的相关度。对于顶点v和v′，令 $p(v,v',K)$ 为这两个顶点间距离小于K的所有路径，那么这两个顶点之间的相关度可以定义为：

$$d(v,v')=\sum_{P\in P(v,v',K)}\Gamma(P)$$

对于时间段图模型，所有边的权重都定义为1，而顶点的权重 $\sigma(v)$ 定义如下：

$$\sigma(v)=\begin{cases}1-\alpha\ (v\in U)\\ \alpha\ (v\in S_U)\\ 1-\beta\ (v\in I)\\ \beta\ (v\in S_I)\end{cases}$$

这里，$\alpha,\beta\in[0,1]$ 是两个参数，控制了不同顶点的权重。

路径融合算法可以基于图上的广度优先搜索算法实现，下面的Python代码简单实现了路径融合算法。

```
def PathFusion(user, time,G,alpha)
    Q = []
    V = set()
    depth = dict()
    rank = dict()
    depth['u:' + user] = 0
    depth['ut:' + user + '_' + time] = 0
    rank ['u:' + user] = alpha
    rank ['ut:' + user + '_' + time] = 1 - alpha
    Q.append('u:' + user)
    Q.append('ut:' + user + '_' + time)
    while len(Q) > 0:
        v = Q.pop()
        if v in V:
            continue
```

```
        if depth[v] > 3:
            continue
        for v2,w in G[v].items():
            if v2 not in V:
                depth[v2] = depth[v] + 1
                Q.append(v2)
            rank[v2] = rank[v] * w
    return rank
```

5.1.8 离线实验

为了证明时间上下文信息对推荐系统至关重要，本节将利用离线实验对比使用时间信息后不同推荐算法的离线性能。

1. 实验设置

在得到由（用户、物品、时间）三元组组成的数据集后，我们可以通过如下方式生成训练集和测试集。对每一个用户，将物品按照该用户对物品的行为时间从早到晚排序，然后将用户最后一个产生行为的物品作为测试集，并将这之前的用户对物品的行为记录作为训练集。推荐算法将根据训练集学习用户兴趣模型，给每个用户推荐N个物品，并且利用准确率和召回率评测推荐算法的精度。本节将选取不同的N(10,20,⋯,100)进行10次实验，并画出最终的准确率和召回率曲线，通过该曲线来比较不同算法的性能。

$$\text{Recall@}N = \frac{\sum_u |R(u,N) \cap T(u)|}{\sum_u |T(u)|}$$

$$\text{Precision@}N = \frac{\sum_u |R(u,N) \cap T(u)|}{\sum_u |R(u,N)|}$$

这里，$R(u,N)$是推荐算法给用户u提供的长度为N的推荐列表，$T(u)$是测试集中用户喜欢的物品集合。

本节的离线实验将同时对比如下算法，将它们的召回率和准确率曲线画在一张图上。

- Pop　给用户推荐当天最热门的物品。
- TItemCF　融合时间信息的ItemCF算法。
- TUserCF　融合时间信息的UserCF算法。
- ItemCF　不考虑时间信息的ItemCF算法。
- UserCF　不考虑时间信息的UserCF算法。
- SGM　时间段图模型。
- USGM　物品时间节点权重为0的时间段图模型。
- ISGM　用户时间节点权重为0的时间段图模型。

这里，我们没有对比不同参数下各个算法的性能，最终的实验结果是在最优参数下获得的。图5-9、图5-10、图5-11、图5-12、图5-13展示了5个不同数据集上各个算法的召回率和准确率曲线。

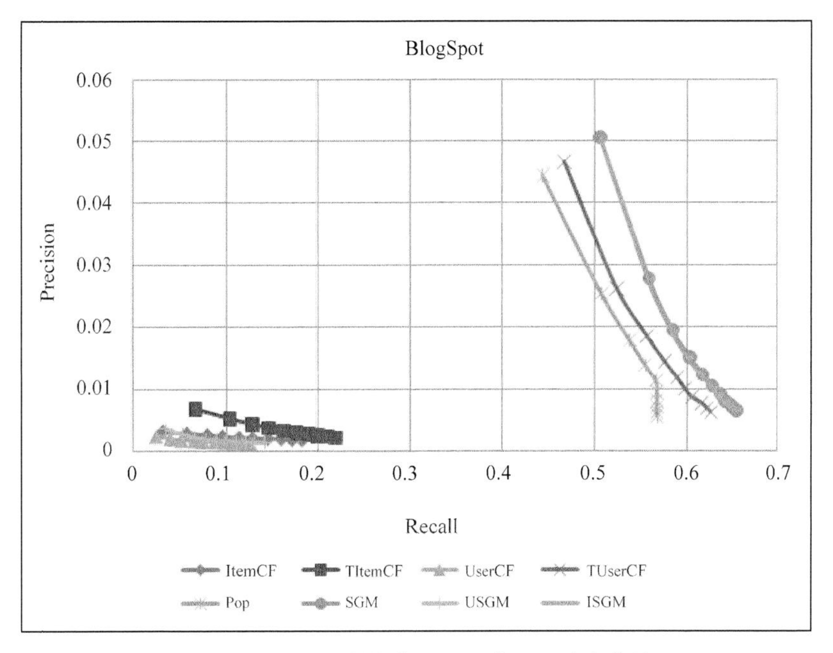

图5-9 BlogSpot数据集的召回率和准确率曲线

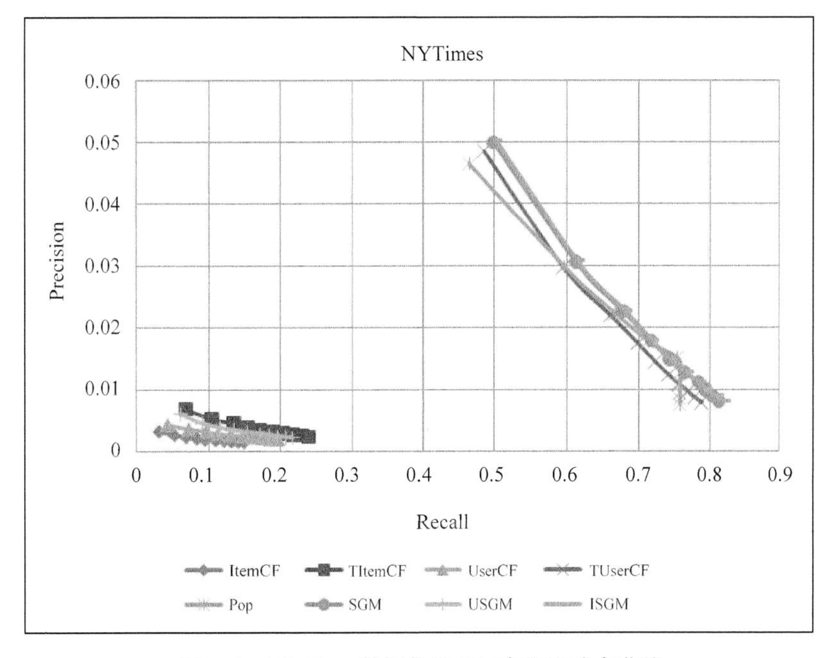

图5-10 NYTimes数据集的召回率和准确率曲线

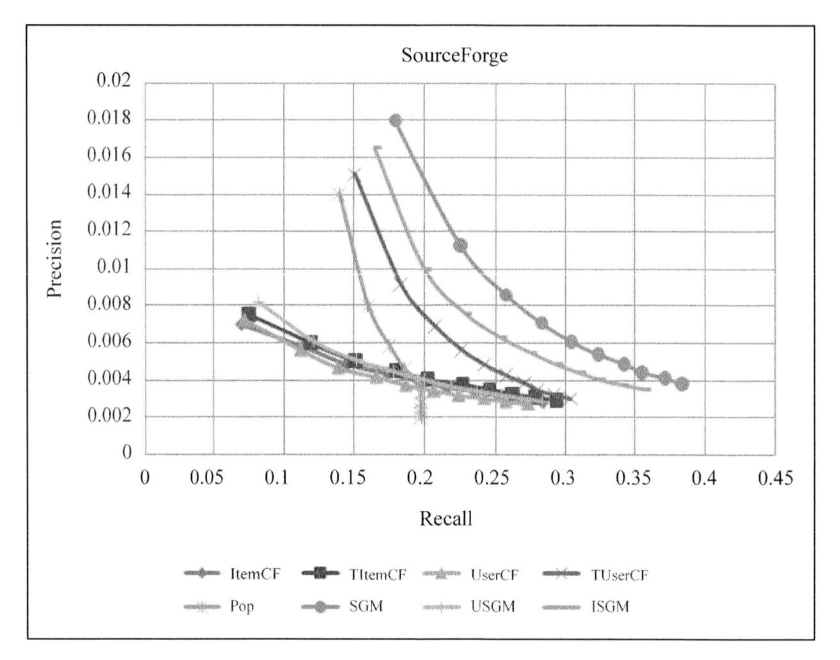

图5-11　SourceForge数据集的召回率和准确率曲线

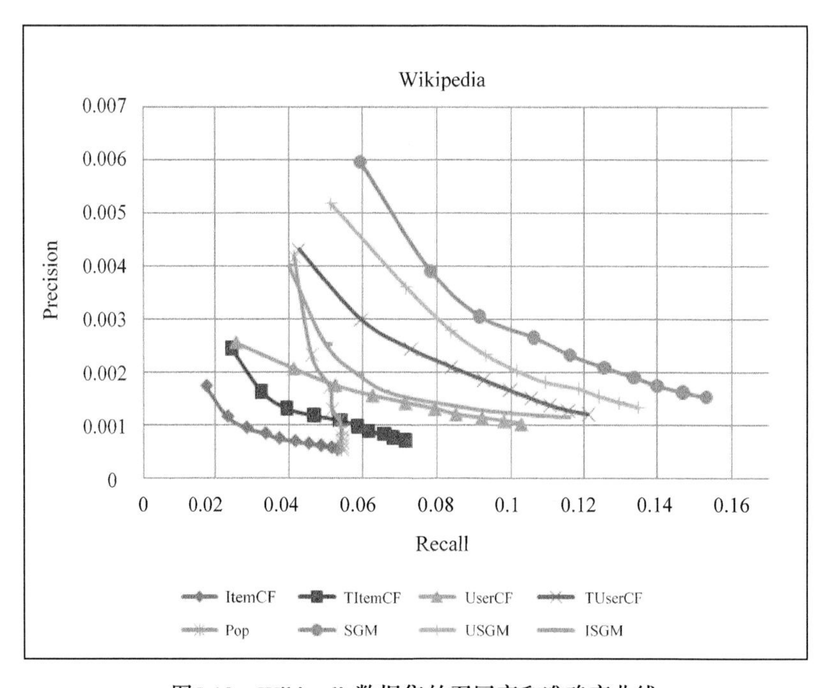

图5-12　Wikipedia数据集的召回率和准确率曲线

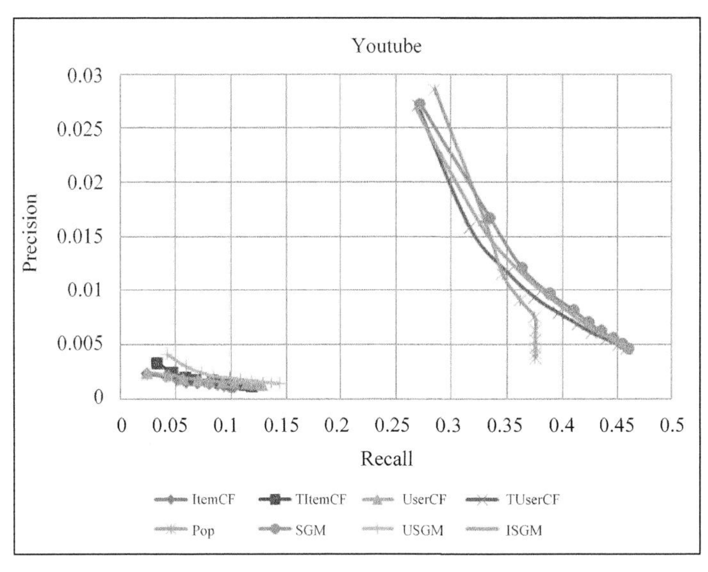

图5-13 YouTube数据集的召回率和准确率曲线

仔细研究不同数据集的召回率和准确率曲线可以发现，这些曲线的形状将数据集分成了两类。一类是BlogSpot、YouTube、NYTimes，另一类是Wikipedia和SourceForge。在第一类数据集中，有4个算法（SGM、ISGM、TUserCF、Pop）明显好于另外4个算法，而在第二类数据集中，不同算法的召回率和准确率曲线交织在一起，并不能明显分开。而且，在第一类数据集中，即使是非个性化推荐算法Pop也优于很多个性化推荐算法（TItemCF、USGM）。这主要是因为第一类数据集的时效性很强，因此用户兴趣的个性化不是特别明显，每天最热门的物品已经吸引了绝大多数用户的眼球，而长尾中的物品很少得到用户的关注。

5.2 地点上下文信息

除了时间，地点作为一种重要的空间特征，也是一种重要的上下文信息。不同地区的用户兴趣有所不同，用户到了不同的地方，兴趣也会有所不同。在中关村逛街逛累了，希望寻找美食时，你可能会考虑几个因素，包括距离、价位、口味和口碑，而在这些因素里，最重要的因素可能是距离。因此，很多基于位置的服务（LBS）软件都提供了推荐附近餐馆和商店的功能（如图5-14所示）。

谷歌在2010年推出了一个叫做Hotpot[①]的服务，该服务让用户对自己去过的地点评分，然后通过用户评分给用户推荐地点（如图5-15所示）。Hotpot利用了用户在谷歌地图上标注和评论的5亿个不同的地点[②]，目的是帮助用户更方便地找到附近可能令他们感兴趣的地方，这些地方包括餐馆、酒店、咖啡馆和旅游景点等。

① Hotpot 网址为http://places.google.com/rate。

② 参见读写网上的文章“Google Launches Hotpot, A Recommendation Engine for Places”。

截取自大众点评和街旁网，图中相关内容的著作权归原著作权人所有

图5-14　左图是大众点评提供的附近商户推荐，右图是街旁网提供的探索功能界面

截取自谷歌网站，图中相关内容的著作权归原著作权人所有

图5-15　Hotpot地点推荐界面

西班牙电信的研究人员曾经设计过一个基于位置的电影推荐系统，并且提供了详细的技术报告[①]。该报告详细地介绍了如何在iPhone上开发一个推荐系统，如何在电影推荐中融入用户的位置信息，感兴趣的读者可以仔细阅读他们的报告。

① 参见“Geolocated Recommendations”，地址为http://xavier.amatriain.net/pubs/GeolocatedRecommendations.pdf。

基于位置的推荐算法

明尼苏达大学的研究人员提出过一个称为LARS（Location Aware Recommender System,位置感知推荐系统）的和用户地点相关的推荐系统。该系统首先将物品分成两类，一类是有空间属性的，比如餐馆、商店、旅游景点等，另一类是无空间属性的物品，比如图书和电影等。同时，它将用户也分成两类，一类是有空间属性的，比如给出了用户现在的地址（国家、城市、邮编等），另一类用户并没有相关的空间属性信息。它使用的数据集有3种不同的形式。

- (用户，用户位置，物品，评分)，每一条记录代表了某一个地点的用户对物品的评分。它们使用的是MovieLens数据集。该数据集给出了用户的邮编，从而可以知道用户的大致地址。
- (用户，物品，物品位置，评分)，每一条记录代表了用户对某个地方的物品的评分。LARS使用了FourSquare的数据集，该数据集包含用户对不同地方的餐馆、景点、商店的评分。
- (用户，用户位置，物品，物品位置，评分)，每一条记录代表了某个位置的用户对某个位置的物品的评分。

LARS通过研究前两种数据集，发现了用户兴趣和地点相关的两种特征。

- **兴趣本地化** 不同地方的用户兴趣存在着很大的差别。不同国家和地区用户的兴趣存在着一定的差异性。LARS一文通过MovieLens数据集上的用户邮编数据统计发现，佛罗里达州的用户喜欢的电影和威斯康星州的用户喜欢的电影类型存在很大差别。关于这一点，纽约时报曾经发表过一篇文章，它给出了每个不同地区的用户使用Netflix的情况[①]。在那篇文章中，它给出了不同电影在不同地区的DVD租赁情况。我们通过研究第2章提到的Last.fm数据集，也可以得到不同国家用户对歌手兴趣的差异（如表5-2所示）。
- **活动本地化** 一个用户往往在附近的地区活动。通过分析Foursqure的数据，研究人员发现45%的用户其活动范围半径不超过10英里[②]，而75%的用户活动半径不超过50英里。因此，在基于位置的推荐中我们需要考虑推荐地点和用户当前地点的距离，不能给用户推荐太远的地方。

表5-2 美国、英国、德国用户兴趣度最高的歌手

德　国	美　国	英　国
Die Ärzte（德国柏林著名的摇滚乐队）	girl talk（美国音乐人）	Biffy Clyro（苏格兰摇滚乐队）
Clueso（德国歌手）	They Might Be Giants（成立于1982年的美国独立摇滚乐队）	Feeder（威尔士的独立摇滚乐队）
Peter Fox（德国柏林的Hip Hop音乐人）	Guster（美国波士顿的独立摇滚乐队）	Idlewild（苏格兰摇滚乐队）
Deichkind（德国汉堡的乐队）	Saves the Day（美国普林斯顿的摇滚乐队）	Elbow（英格兰摇滚乐队）
K.I.Z.（德国柏林的Hip Hop乐队）	Spoon（美国奥斯汀的摇滚乐队）	Girls Aloud（英格兰和爱尔兰的流行女子乐团）

① 参见“A Peek Into Netflix Queues”，地址为http://www.nytimes.com/interactive/2010/01/10/nyregion/20100110-netflix-map.html。

② 1英里≈1.609 344千米。——编者注

对于第一种数据集，LARS的基本思想是将数据集根据用户的位置划分成很多子集。因为位置信息是一个树状结构，比如国家、省、市、县的结构。因此，数据集也会划分成一个树状结构。然后，给定每一个用户的位置，我们可以将他分配到某一个叶子节点中，而该叶子节点包含了所有和他同一个位置的用户的行为数据集。然后，LARS就利用这个叶子节点上的用户行为数据，通过ItemCF给用户进行推荐。

不过这样做的缺点是，每个叶子节点上的用户数量可能很少，因此他们的行为数据可能过于稀疏，从而无法训练出一个好的推荐算法。为此，我们可以从根节点出发，在到叶子节点的过程中，利用每个中间节点上的数据训练出一个推荐模型，然后给用户生成推荐列表。而最终的推荐结果是这一系列推荐列表的加权。文章的作者将这种算法称为金字塔模型，而金字塔的深度影响了推荐系统的性能，因而深度是这个算法的一个重要指标。下文用LARS-U代表该算法。

举一个简单的例子，如图5-16所示，假设有一个来自中国江苏南京的用户。我们会首先根据所有用户的行为利用某种推荐算法（假设是ItemCF）给他生成推荐列表，然后利用中国用户的行为给他生成第二个推荐列表，以此类推，我们用中国江苏的用户行为给该用户生成第三个推荐列表，并利用中国江苏南京的用户行为给该用户生成第四个推荐列表。然后，我们按照一定的权重将这4个推荐列表线性相加，从而得到给该用户的最终推荐列表。

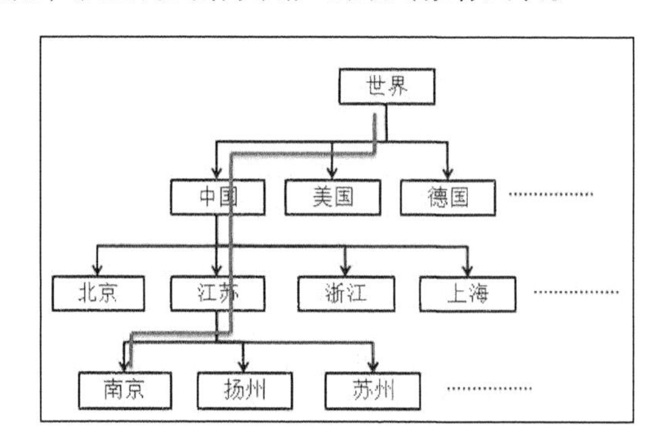

图5-16　一个简单的利用用户位置信息进行推荐的例子

对于第二种数据集，每条用户行为表示为四元组（用户、物品、物品位置、评分），表示了用户对某个位置的物品给了某种评分。对于这种数据集，LARS会首先忽略物品的位置信息，利用ItemCF算法计算用户u对物品i的兴趣$P(u,i)$，但最终物品i在用户u的推荐列表中的权重定义为：

$$\text{RecScore}(u,i) = P(u,i) - \text{TravelPenalty}(u,i)$$

在该公式中，`TravelPenalty(u,i)`表示了物品i的位置对用户u的代价。计算`TravelPenalty(u,i)`的基本思想是对于物品i与用户u之前评分的所有物品的位置计算距离的平均值（或者最小值）。关于如何度量地图上两点的距离，最简单的是基于欧式距离[①]。当然，欧式距离有明显的缺点，因为人们是不可能沿着地图上的直线距离从一点走到另一点的。比较好的度量方

① 参见Gísli R. Hjaltason和Hanan Samet的"Distance browsing in spatial databases"（ACM 1999 Article，1999）。

式是利用交通网络数据，将人们实际需要走的最短距离作为距离度量[①]。

为了避免计算用户对所有物品的TravelPenalty，LARS在计算用户u对物品i的兴趣度RecScore(u,i)时，首先对用户每一个曾经评过分的物品（一般是餐馆、商店、景点），找到和它距离小于一个阈值*d*的所有其他物品，然后将这些物品的集合作为候选集，然后再利用上面的公式计算最终的RecScore。

对于第三种数据集，LARS一文没有做深入讨论。不过，从第三种数据集的定义可以看到，它相对于第二种数据集增加了用户当前位置这一信息。而在给定了这一信息后，我们应该保证推荐的物品应该距离用户当前位置比较近，在此基础上再通过用户的历史行为给用户推荐离他近且他会感兴趣的物品。

为了证明兴趣本地化和活动本地化两种效应，作者在FourSquare和MovieLens两个数据集上进行了离线实验。作者使用TopN推荐的Precision作为评测指标。

作者首先在FourSquare数据集上对比了ItemCF算法和考虑了TravelPenalty之后的算法（简称为LARS-T）。结果证明考虑TravelPenality确实能够提高TopN推荐的离线准确率，LARS-T算法明显优于ItemCF算法。

然后，作者在FourSquare数据集和MovieLens数据集上对比了普通的ItemCF算法和考虑用户位置的金字塔模型后的LARS-U算法。同时，作者对比了不同深度对LARS-U算法的影响。实验表明，选择合适的深度对LARS-U算法很重要，不过在绝大多数深度的选择下，LARS-U算法在两个数据集上都优于普通的ItemCF算法。

5.3 扩展阅读

时间上下文信息在Netflix Prize中得到了广泛关注，很多参赛者都研究了如何利用这一信息。这方面最著名的文章无疑是Koren的“collaborative filtering with temporal dynamics”，该文系统地总结了各种使用时间信息的方式，包括考虑用户近期行为的影响，考虑时间的周期性等。

英国剑桥大学的Neal Lathia在读博士期间对时间上下文信息以及推荐系统的时间效应进行了深入研究。他在“Temporal Diversity in Recommender Systems”一文中深入分析了时间多样性对推荐系统的影响。他的博士论文“Evaluating Collaborative Filtering Over Time”论述了各种不同推荐算法是如何随时间演化的。

如果要系统地研究与上下文推荐相关的工作，可以参考Alexander Tuzhili教授的工作（http://pages.stern.nyu.edu/~atuzhili/），他在最近几年和学生对上下文推荐问题进行了深入研究。

① 参见Jie Bao、Chi-Yin Chow、Mohamed F. Mokbel和Wei-Shinn Ku的“Efficient Evaluation of k-Range Nearest Neighbor Queries in Road Networks”（MDM，2012）。

第6章

利用社交网络数据

自从搜索引擎谷歌诞生后，大家都在讨论互联网的下一个金矿是什么。现在，几乎所有的人都认为那就是社交网络。根据尼尔森2010年的报告，用户在互联网上22%的时间花费在社交网站和社交媒体上[①]。Facebook和Twitter作为两种不同类型社交网络的代表，是目前互联网界的宠儿。谷歌公司也不甘落后，连续推出了很多社交网络产品（Buzz和Google Plus）。国内的互联网以新浪微博为代表，也吸引了很多人的眼球。

基于社交网络的推荐可以很好地模拟现实社会。在现实社会中，很多时候我们都是通过朋友获得推荐。美国著名的第三方调查机构尼尔森调查了影响用户相信某个推荐的因素[②]。调查结果显示，90%的用户相信朋友对他们的推荐，70%的用户相信网上其他用户对广告商品的评论。从该调查可以看到，好友的推荐对于增加用户对推荐结果的信任度非常重要。

为了进一步证实好友推荐对用户的影响，尼尔森和Facebook合作进行了一次个性化广告实验。尼尔森测试了同一个品牌的3种不同形式的广告。第一种广告和第二种广告都是图片广告，但两者的推荐理由不同。第一种广告的推荐理由没有社会化信息，仅仅是表示该品牌受到了51 930个用户的关注，而第二种广告的推荐理由是用户的某些好友关注了这个广告。第三种广告比较特别，它是在用户的好友关注该品牌时，就在用户的信息流中加入一条信息，告诉用户他的某个好友关注了一个品牌。通过在线AB测试，尼尔森发现第三种广告的效果明显高于第二种，而第二种广告的效果明显高于第一种，从而证明了社会化推荐对于增加用户对广告的印象和购买意愿具有非常强烈的作用。同时，该实验也从侧面说明社交网络在推荐系统中可能具有重要的作用。

本章将详细讨论如何利用社交网络数据给用户进行个性化推荐。本章不仅讨论如何利用社交网络给用户推荐物品，而且将讨论如何利用社交网络给用户推荐好友。

6.1 获取社交网络数据的途径

现在互联网上充斥着各种各样带有社交性质的网站。那么，从什么方面可以获得社交网络数据呢？一般来说，有如下方式。

---

① 参见“Social Media Accounts for 22% of Time Online”，http://blog.nielsen.com/nielsenwire/onlinemobile/social-media-accounts-for-22-percent-of-time-online/。

② 参见“Global Advertising Consumers Trust Real Friends and Virtual Strangers the Most”，http://blog.nielsen.com/nielsen-wire/consumer/global-advertising-consumers-trust-real-friends-and-virtual-strangers-the-most/。

6.1.1 电子邮件

电子邮件诞生于1971年，因此它的历史比因特网还要久远。但就是这个互联网里古董级的应用，其实是一种社交工具。我们可以通过分析用户的联系人列表了解用户的好友信息，而且可以进一步通过研究两个用户之间的邮件往来频繁程度度量两个用户的熟悉程度。

不过，电子邮件是一个封闭的系统，一般的研究人员很难得到用户的联系人列表和用户之间的来往信件。所以对电子邮件中社交关系的研究集中在一些有大型电子邮件系统的公司中。比如，谷歌在2010年的KDD会议上发表了一篇文章①，其中就研究了如何通过Gmail系统中、一些不违反隐私协议的数据预测用户之间的社交关系，以便给用户推荐好友的问题。

其实，如果我们获得了用户的邮箱，也可以通过邮箱后缀得到一定的社交关系信息。一般来说，邮箱名是name@xxx.xxx的格式。如果用户用的是公司邮箱，那么我们可以根据后缀知道哪些用户是同一家公司的。同一家公司的用户可能互相认识，因而我们也可以获得一种隐性的社交关系。正是由于电子邮件系统包含了用户的大量社交信息，很多社交网站（如图6-1所示）都在用户注册时提供了让用户从电子邮件联系人中导入好友关系的功能，用以解决社交网络的冷启动问题。

截取自Facebook网站，图中相关内容的著作权归原著作权人所有

图6-1 Facebook提供的导入电子邮件好友的方式

① 参见Maayan Roth、Assaf Ben-David、David Deutscher、Guy Flysher、Ilan Horn、Ari Leichtberg、Naty Leiser、Yossi Matias、Ron Merom的“Suggesting Friends Using the Implicit Social Graph”（ACM 2010 Article，2010）。

6.1.2 用户注册信息

有些网站需要用户在注册时填写一些诸如公司、学校等信息（如图6-2所示）。有了这些信息后，我们就可以知道哪些用户曾经在同一家公司工作过，哪些用户曾经在同一个学校学习过。这也是一种隐性的社交网络数据。

截取自Facebook网站，图中相关内容的著作权归原著作权人所有

图6-2 Facebook在用户注册时让用户提供的一部分信息

6.1.3 用户的位置数据

在网页上最容易拿到的用户位置信息就是IP地址。对于手机等移动设备，我们可以拿到更详细的GPS数据。位置信息也是一种反映用户社交关系的数据。一般来说，在给定位置信息后，可以通过查表知道用户访问时的地址。这种地址在某些时候不太精确，只能精确到城市级别，但在有些时候可以精确到学校里的某栋宿舍楼或者某家公司。那么，我们也可以合理地假设同一栋宿舍楼或同一家公司的用户可能有好友关系。

6.1.4 论坛和讨论组

论坛是Web 1.0的产品，它允许用户在一个讨论区就某一类话题进行讨论。比如，豆瓣上有很多小组，每个小组都包含一些志同道合的人。如果两个用户同时加入了很多不同的小组，我们可以认为这两个用户很可能互相了解或者具有相似的兴趣。如果两个用户在讨论组中曾经就某一个帖子共同进行过讨论，那就更加说明他们之间的熟悉程度或兴趣相似度很高。

6.1.5 即时聊天工具

和电子邮件一样，即时聊天工具也是一个早于Facebook和Twitter的早期互联网社交应用。它可以让用户在网上实时地通过文字、语音和视频等方式进行交流。很多即时聊天工具往往都和电子邮件系统深度集成，比如MSN、GTalk都依赖于自己的电子邮件系统，而国产的即时聊天工具QQ后来也集成了QQ邮件系统。

和电子邮件系统一样，用户在即时聊天工具上也会有一个联系人列表，而且往往还会给联系人进行分组。通过这个列表和分组信息，我们就可以知道用户的社交网络关系，而通过统计用户之间聊天的频繁程度，可以度量出用户之间的熟悉程度。

但是，即时聊天工具和电子邮件一样，也是一个封闭的系统，获取用户的即时聊天信息是非常困难的，这里面存在着很多隐私问题。一般来说，绝大部分用户不会公开他们的联系人列表和聊天记录。

6.1.6 社交网站

上述各种获取用户社交关系的途径，要么就是因为隐私问题很难获取，要么就是虽然容易获取，但却都是隐性社交关系数据，很难推断出用户之间的显性社交关系。在Facebook和Twitter诞生之前，社会化应用（无论是电子邮件系统还是即时聊天系统）都过于封闭。用户只能和自己的好友进行交流，而无法了解到好友圈以外的世界，而且用户之间交流的内容都是非常私密的，大部分用户不会允许将它们公开来用作其他用途。

但以Facebook和Twitter为代表的新一代社交网络突破了这个瓶颈。它们允许用户创建一个公开的页面介绍自己，并且默认公开用户的好友列表（当然用户可以指定不将某些好友公开，但如果用户不指定，默认是公开的），而用户基于它们讨论的话题也很少涉及个人隐私，大都是讨论一些社会热点或分享一些图片、音乐、视频和笑话。

社交网站的另一个好处是自然地减轻了信息过载问题。在社交网站中，我们可以通过好友给自己过滤信息。比如，我们只关注那些和我们兴趣相似的好友，只阅读他们分享的信息，因此可以避免阅读很多和自己无关的信息。个性化推荐系统可以利用社交网站公开的用户社交网络和行为数据，辅助用户更好地完成信息过滤的任务，更好地找到和自己兴趣相似的好友，更快地找到自己感兴趣的内容。

1. 社会图谱和兴趣图谱

Facebook和Twitter作为社交网站中的两个代表，它们其实代表了不同的社交网络结构。在Facebook里，人们的好友一般都是自己在现实社会中认识的人[①]，比如亲戚、同学、同事等，而且Facebook中的好友关系是需要双方确认的。在Twitter里，人们的好友往往都是现实中自己不

---

① 参见“Friends & Frenemies: Why We Add and Remove Facebook Friends”，地址为http://blog.nielsen.com/nielsenwire/online_mobile/friends-frenemies-why-we-add-and-remove-facebook-friends/，尼尔森的这个报告表明82%的用户会因为在现实社会中认识而在Facebook中加好友。

认识的，而只是出于对对方言论的兴趣而建立好友关系，好友关系也是单向的关注关系。以Facebook为代表的社交网络称为社会图谱（social graph），而以Twitter为代表的社交网络称为兴趣图谱（interest graph）。

关于这两种社交网络的分类其实早在19世纪就被社会学家研究过了。19世纪，德国社会学家斐迪南·滕尼斯（Ferdinand Tönnies）认为社会群体分为两种，一种是通过人们之间的共同兴趣和信念形成的，他将这种社会群体称为Gemeinschaft，而Gemeinschaft这个词后来被翻译成英语就是community，即汉语中的社区。另一种社会群体则是由于人们之间的亲属关系，工作关系而形成的，他称之为Gesellschaft，英文翻译为society，即汉语中的“社会”。因此，斐迪南·滕尼斯说的Gemeinschaft就是兴趣图谱，而Gesellschaft就是社会图谱。

但是，每个社会化网站都不是单纯的社会图谱或者兴趣图谱。一般认为，Facebook中的绝大多数用户联系基于社会图谱，而Twitter中的绝大多数用户联系基于兴趣图谱。但是，在Twitter或者微博中，我们也会关注现实中的亲朋好友，在Facebook中我们也会和一部分好友有同样的兴趣。

6.2　社交网络数据简介

社交网络定义了用户之间的联系，因此可以用图定义社交网络。我们用图$G(V,E,w)$定义一个社交网络，其中V是顶点集合，每个顶点代表一个用户，E是边集合，如果用户v_a和v_b有社交网络关系，那么就有一条边$e(v_a,v_b)$连接这两个用户，而$w(v_a,v_b)$定义了边的权重。业界有两种著名的社交网络。一种以Facebook为代表，它的朋友关系是需要双向确认的，因此在这种社交网络上可以用无向边连接有社交网络关系的用户。另一种以Twitter为代表，它的朋友关系是单向的，因此可以用有向边代表这种社交网络上的用户关系。

此外，对图G中的用户顶点u，定义out(u)为顶点u指向的顶点集合（如果套用微博中的术语，out(u)就是用户u关注的用户集合），定义in(u)为指向顶点u的顶点集合（也就是关注用户u的用户集合）。那么，在Facebook这种无向社交网络中显然有out(u)=in(u)。

一般来说，有3种不同的社交网络数据。

- **双向确认的社交网络数据**　在以Facebook和人人网为代表的社交网络中，用户A和B之间形成好友关系需要通过双方的确认。因此，这种社交网络一般可以通过无向图表示。
- **单向关注的社交网络数据**　在以Twitter和新浪微博为代表的社交网络中，用户A可以关注用户B而不需要得到用户B的允许，因此这种社交网络中的用户关系是单向的，可以通过有向图表示。
- **基于社区的社交网络数据**　还有一种社交网络数据，用户之间并没有明确的关系，但是这种数据包含了用户属于不同社区的数据。比如豆瓣小组，属于同一个小组可能代表了用户兴趣的相似性。或者在论文数据集中，同一篇文章的不同作者也存在着一定的社交关系。或者是在同一家公司工作的人，或是同一个学校毕业的人等。

社交网络数据中的长尾分布

和前面第2章提到的用户活跃度分布和物品流行度分布类似，社交网络中用户的入度（in degree）和出度（out degree）的分布也是满足长尾分布的。

本节利用了Slashdot的社交网络数据集[①]统计了用户入度和出度的分布。Slashdot的社交网络类似于Twitter，是一个有向图结构。因此，用户的入度反映了用户的社会影响力。如图6-3所示，用户的入度近似长尾分布，这说明在一个社交网络中影响力大的用户总是占少数。

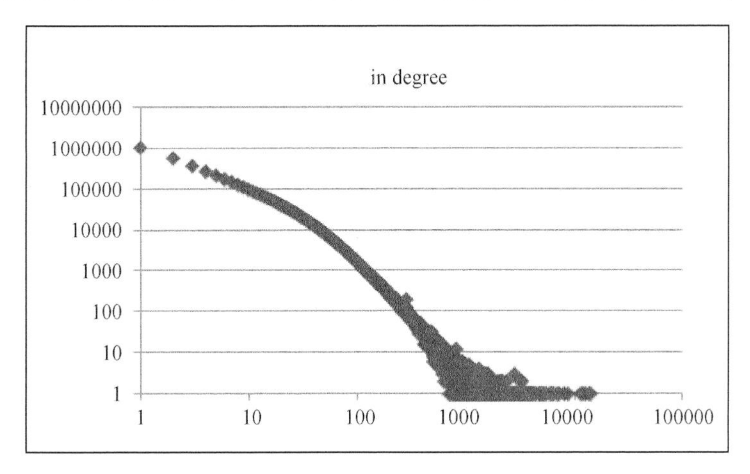

图6-3 社交网络（Slashdot）中用户入度的分布

同样，图6-4展示了Slashdot社交网络中用户出度的分布，而出度代表了一个用户关注的用户数，该图说明在一个社交网络中，关注很多人的用户占少数，而绝大多数用户只关注很少的人。

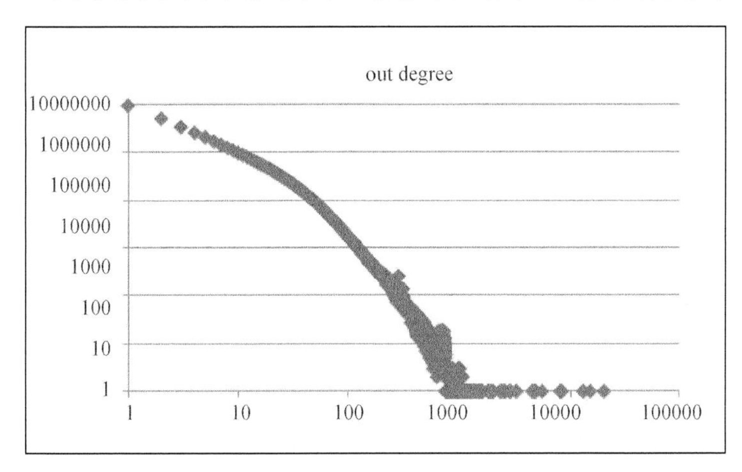

图6-4 社交网络（Slashdot）中用户出度的分布

① 数据集来自Stanford Large Network Dataset Collection，参见http://snap.stanford.edu/data/。

6.3　基于社交网络的推荐

很多网站都利用Facebook的社交网络数据给用户提供社会化推荐。如图6-5所示，视频推荐网站Clicker利用用户在Facebook的好友信息给用户推荐好友喜欢的视频，并且用好友进行了推荐解释。如图6-6所示，亚马逊网利用用户在Facebook的好友信息给用户推荐好友喜欢的商品，同时也使用好友进行了推荐解释。

图6-5　视频推荐网站Clicker利用Facebook好友信息给用户推荐视频

图6-6　亚马逊利用Facebook好友信息给用户推荐商品

社会化推荐之所以受到很多网站的重视，是缘于如下优点。

- **好友推荐可以增加推荐的信任度**　好友往往是用户最信任的。用户往往不一定信任计算机的智能，但会信任好朋友的推荐。同样是给用户推荐《天龙八部》，前面提到的基于物品的协同过滤算法会说是因为用户之前看过《射雕英雄传》，而好友推荐会说是因为用户有8个好友都非常喜欢《天龙八部》。对比这两种解释，第二种解释一般能让用户更加心动，从而购买或者观看《天龙八部》。
- **社交网络可以解决冷启动问题**　当一个新用户通过微博或者Facebook账号登录网站时，我们可以从社交网站中获取用户的好友列表，然后给用户推荐好友在网站上喜欢的物品。从而我们可以在没有用户行为记录时就给用户提供较高质量的推荐结果，部分解决了推荐系统的冷启动问题。

当然，社会化推荐也有一些缺点，其中最主要的就是很多时候并不一定能提高推荐算法的离线精度（准确率和召回率）。特别是在基于社会图谱数据的推荐系统中，因为用户的好友关系不是基于共同兴趣产生的，所以用户好友的兴趣往往和用户的兴趣并不一致。比如，我们和自己父母的兴趣往往就差别很大。不过，因为社会化推荐算法不一定能提供离线精度，而且包含社交网络数据和用户行为数据的数据集不太多，因此本章不准备通过离线实验证明社会化推荐的优势。

2010年，ACM推荐系统大会的一个讨论组CAMRa曾经举办过一个关于社交网络的推荐系统比赛[①]。该比赛希望参赛者能够利用用户之间的好友关系给用户推荐电影，并且利用准确率相关的指标评测参赛者的推荐算法。对社会化推荐感兴趣的读者可以关注一下该会议的相关论文。

6.3.1 基于邻域的社会化推荐算法

如果给定一个社交网络和一份用户行为数据集。其中社交网络定义了用户之间的好友关系，而用户行为数据集定义了不同用户的历史行为和兴趣数据。那么我们想到的最简单算法是给用户推荐好友喜欢的物品集合。即用户u对物品i的兴趣p_{ui}可以通过如下公式计算。

$$p_{ui} = \sum_{v \in \text{out}(u)} r_{vi}$$

其中out(u)是用户u的好友集合，如果用户v喜欢物品i，则r_{vi}=1，否则r_{vi}=0。不过，即使都是用户u的好友，不同的好友和用户u的熟悉程度和兴趣相似度也是不同的。因此，我们应该在推荐算法中考虑好友和用户的熟悉程度以及兴趣相似度：

$$p_{ui} = \sum_{v \in \text{out}(u)} w_{uv} r_{vi}$$

这里，w_{uv} 由两部分相似度构成，一部分是用户u和用户v的熟悉程度，另一部分是用户u和用户v的兴趣相似度。用户u和用户v的熟悉程度（familiarity）描述了用户u和用户v在现实社会中的熟悉程度。一般来说，用户更加相信自己熟悉的好友的推荐，因此我们需要考虑用户之间的熟悉度。熟悉度可以用用户之间的共同好友比例来度量。也就是说如果用户u和用户v很熟悉，那么一般来说他们应该有很多共同的好友。

$$\text{familiarity}(u,v) = \frac{|\text{out}(u) \cap \text{out}(v)|}{|\text{out}(u) \cup \text{out}(v)|}$$

除了熟悉程度，还需要考虑用户之间的兴趣相似度。我们都和父母很熟悉，但很多时候我们和父母的兴趣却不相似，因此也不会喜欢他们喜欢的物品。因此，在度量用户相似度时还需要考虑兴趣相似度（similarity），而兴趣相似度可以通过和UserCF类似的方法度量，即如果两个用户喜欢的物品集合重合度很高，两个用户的兴趣相似度很高。

$$\text{similiarity}(u,v) = \frac{|N(u) \cap N(v)|}{|N(u) \cup N(v)|}$$

其中$N(u)$是用户u喜欢的物品集合。

① 参见http://www.dai-labor.de/camra2010/。

下面的代码实现社会化推荐的逻辑。在代码中，familiarity存储了每个用户最熟悉的*K*个好友和他们的熟悉程度，similarity存储了和每个用户兴趣最相关的*K*个好友和他们的兴趣相似度。train记录了每个用户的行为记录，其中train[u]记录了用户u喜欢的物品列表。

```
def Recommend(uid, familiarity, similarity, train):
    rank = dict()
    interacted_items = train[uid]
    for fid,fw in familiarity[uid]:
        for item,pw in train[fid]:
            # if user has already know the item
            # do not recommend it
            if item in interacted_items:
                continue
            addToDict(rank, item, fw * pw)
    for vid,sw in similarity[uid]:
        for item,pw in train[vid]:
            if item in interacted_items:
                continue
            addToDict(rank, item, sw * pw)
    return rank
```

6.3.2　基于图的社会化推荐算法

前几章都提到了如何在推荐系统中使用图模型，比如用户物品二分图、用户-物品-标签图模型等。从前面几章的介绍可以看到，图模型的优点是可以将各种数据和关系都表示到图上去。在社交网站中存在两种关系，一种是用户对物品的兴趣关系，一种是用户之间的社交网络关系。本节主要讨论如何将这两种关系建立到图模型中，从而实现对用户的个性化推荐。

用户的社交网络可以表示为社交网络图，用户对物品的行为可以表示为用户物品二分图，而这两种图可以结合成一个图。图6-7是一个结合了社交网络图和用户物品二分图的例子。该图上有用户顶点（圆圈）和物品顶点（方块）两种顶点。如果用户u对物品i产生过行为，那么两个节点之间就有边相连。比如该图中用户A对物品a、e产生过行为。如果用户u和用户v是好友，那么也会有一条边连接这两个用户，比如该图中用户A就和用户B、D是好友。

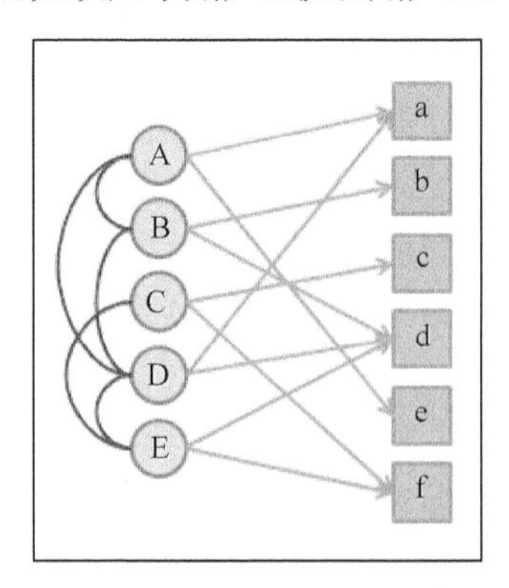

图6-7　社交网络图和用户物品二分图的结合

在定义完图中的顶点和边后，需要定义边的权重。其中用户和用户之间边的权重可以定义为用户之间相似度的 α 倍（包括熟悉程度和兴趣相似度），而用户和物品之间的权重可以定义为用户对物品喜欢程度的 β 倍。α 和 β 需要根据应用的需求确定。如果我们希望用户好友的行为对推荐结果产生比较大的影响，那么就可以选择比较大的 α 。相反，如果我们希望用户的历史行为对推荐结果产生比较大的影响，就可以选择比较大的 β 。

在定义完图中的顶点、边和边的权重后，我们就可以利用前面几章提到的PersonalRank图排序算法给每个用户生成推荐结果。

在社交网络中，除了常见的、用户和用户之间直接的社交网络关系，还有一种关系，即两个用户属于同一个社群。Quan Yuan等详细研究了这两种社交网络关系[①]，他们将第一种社交网络关系称为friendship，而将第二种社交网络关系称为membership。如果要在前面提到的基于邻域的社会化推荐算法中考虑membership的社交关系，可以利用两个用户加入的社区重合度计算用户相似度，然后给用户推荐和他相似的用户喜欢的物品。但是，如果利用图模型，我们就很容易同时对friendship和membership建模。如图6-8所示，可以加入一种节点表示社群（最左边一列的节点），而如果用户属于某一社群，图中就有一条边联系用户对应的节点和社群对应的节点。在建立完图模型后，我们就可以通过前面提到的基于图的推荐算法（比如PersonalRank）给用户推荐物品。

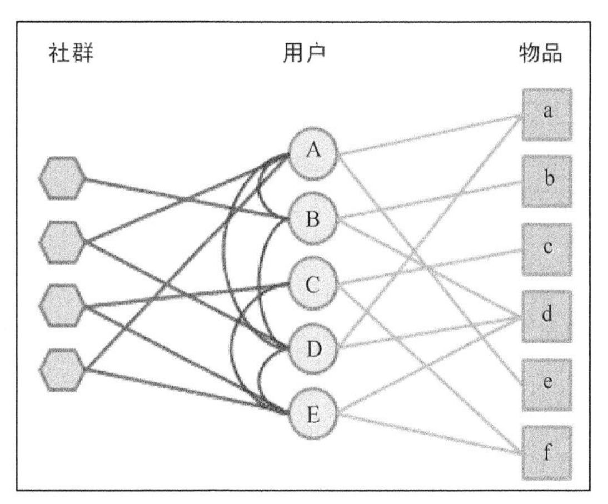

图6-8 融合两种社交网络信息的图模型

6.3.3 实际系统中的社会化推荐算法

6.3.1节提出的基于邻域的社会化推荐算法看起来非常简单，但在实际系统中却是很难操作的，这主要是因为该算法需要拿到用户所有好友的历史行为数据，而这一操作在实际系统中是比

① 参见Quan Yuan、Li Chen和Shiwan Zhao的“Factorization vs. regularization: fusing heterogeneous social relationships in top-n recommendation”（ACM 2011 Article，2011）。

较重的操作。因为大型网站中用户数目非常庞大，用户的历史行为记录也非常庞大，所以不太可能将用户的所有行为都缓存在内存中，只能在数据库前做一个热数据的缓存。而如果我们需要比较实时的数据，这个缓存中的数据就要比较频繁地更新，因而避免不了数据库的查询。我们知道，数据库查询一般是很慢的，特别是针对行为很多的用户更是如此。所以，如果一个算法在给一个用户做推荐时，需要他所有好友的历史行为数据，这在实际环境中是比较困难的。

如果回想一下ItemCF可以发现，ItemCF算法只需要当前用户的历史行为数据和物品的相关表就可以生成推荐结果。对于物品数不是特别多的网站，可以很容易地将物品相关表缓存在内存中，因此查询相关物品的代价很低，所以ItemCF算法很容易在实际环境下实现。

当然，我们可以从几个方面改进基于邻域的社会化推荐算法，让它能够具有比较快的响应时间。改进的方向有两种，一种是治标不治本的方法。简单地说，就是可以做两处截断。第一处截断就是在拿用户好友集合时并不拿出用户所有的好友，而是只拿出和用户相似度最高的N个好友。这里N可以取一个比较小的数。从而给该用户做推荐时可以只查询N次用户历史行为接口。此外，在查询每个用户的历史行为时，可以只返回用户最近1个月的行为，这样就可以在用户行为缓存中缓存更多用户的历史行为数据，从而加快查询用户历史行为接口的速度。此外，还可以牺牲一定的实时性，降低缓存中用户行为列表过期的频率。

而第二种解决方案需要重新设计数据库。通过前面的分析可以发现，社会化推荐中关键的操作就是拿到用户所有好友的行为数据，然后通过一定的聚合展示给用户。如果对照一下微博，我们就可以发现微博中每个用户都有一个信息墙，这个墙上实时展示着用户关注的所有好友的动态。因此，如果能够实现这个信息墙，就能够实现社会化推荐算法。Twitter的解决方案是给每个用户维护一个消息队列（message queue），当一个用户发表一条微博时，所有关注他的用户的消息队列中都会加入这条微博。这个实现的优点是用户获取信息墙时可以直接读消息队列，所以终端用户的读操作很快。不过这个实现也有缺点，当一个用户发表了一条微博，就会触发很多写操作，因为要更新所有关注他的用户的消息队列，特别是当一个人被很多人关注时，就会有大量的写操作。Twitter通过大量的缓存解决了这一问题。具体的细节可以参考InfoQ对Twitter架构的介绍[①]。

如果将Twitter的架构搬到社会化推荐系统中，我们就可以按照如下方式设计系统：

- 首先，为每个用户维护一个消息队列，用于存储他的推荐列表；
- 当一个用户喜欢一个物品时，就将（物品ID、用户ID和时间）这条记录写入关注该用户的推荐列表消息队列中；
- 当用户访问推荐系统时，读出他的推荐列表消息队列，对于这个消息队列中的每个物品，重新计算该物品的权重。计算权重时需要考虑物品在队列中出现的次数，物品对应的用户和当前用户的熟悉程度、物品的时间戳。同时，计算出每个物品被哪些好友喜欢过，用这些好友作为物品的推荐解释。

① 参见“Twitter, an Evolving Architecture”，地址为http://www.infoq.com/news/2009/06/Twitter-Architecture。

6.3.4 社会化推荐系统和协同过滤推荐系统

关于社会化推荐系统的离线评测可以参考Georg Groh和Christian Ehmig的工作成果①。不过社会化推荐系统的效果往往很难通过离线实验评测，因为社会化推荐的优势不在于增加预测准确度，而是在于通过用户的好友增加用户对推荐结果的信任度，从而让用户单击那些很冷门的推荐结果。此外，很多社交网站（特别是基于社会图谱的社交网站）中具有好友关系的用户并不一定有相似的兴趣。因此，利用好友关系有时并不能增加离线评测的准确率和召回率。因此，很多研究人员利用用户调查和在线实验的方式评测社会化推荐系统。

对社会化推荐系统进行用户调查的代表性工作成果是Rashmi Sinha和Kirsten Swearingen对比社会化推荐系统和协同过滤推荐系统的论文②。这一节将简单介绍一下他们的工作方法和结果。

一共有19个人参加了实验，他们都来自加州大学伯克利分校，年龄为20~35岁，其中6名男性13名女性，9名实验人员从事互联网技术相关的工作，而剩下10位从事的工作和互联网技术无关。

Sinha首先让他们进行第一项任务：评测3个真实的电影推荐系统（Amazon、MovieCritic、Reel.co）和3个真实的图书推荐系统（Amazon.com、RatingZone、Sleeper）。在评测每一个真实推荐系统时，参试者需要按照如下顺序完成实验。

- 利用一个虚假的邮箱注册推荐系统，从而保证这些新账号没有任何历史行为。
- 利用新注册的账号给电影、图书进行评分。
- 查看推荐列表。
- 如果一开始的推荐列表中没有符合用户兴趣的物品，用户将被要求从该网站中搜索到至少一个令他们感兴趣的物品，如果实在找不到，可以停止搜索。
- 回答调查问卷。

在完成真实推荐系统的评测任务后，参试者还需要评测社会化推荐系统。实验步骤如下。

- 每个参试者需要提供3个他们认为了解其兴趣的好友的邮箱。
- 实验人员给每个好友发邮件，要求他们给参试者推荐3本书和3部电影，并且要求这些书和电影不能是参试者之前和他们讨论过的，即不能是参试者之前告诉他们并表示喜欢的物品。
- 参试者将会看到好友推荐的书和电影的缩略图以及一段简单的介绍。
- 回答调查问卷。

作者通过分析用户实验的过程和最终回答的调查问卷证明，社会化推荐系统推荐结果的用户满意度明显高于主要基于协同过滤算法的几个真实推荐系统。具体的数据可以参考作者的论文。这里仅引用亚马逊网的图书推荐和好友推荐的结果对比。60%的参试者认为亚马逊网的图书推荐是好的推荐，32%的参试者认为亚马逊网的图书推荐是有用的推荐。与之形成对比的是，90%的参试者认为好友的图书推荐是好的推荐，78%的参试者认为好友的图书推荐是有用的推荐。从这

① 参见“Recommendations in Taste Related Domains: Collaborative Filtering vs. Social Filtering”，2007年。

② 参见“Comparing Recommendations Made by Online Systems and Friends”，2001年。

个数据可以看出，好友推荐结果的用户满意度明显高于基于协同过滤的亚马逊推荐系统。

不过作者也承认实验存在一些问题。其中两个主要的问题如下：

- 不是双盲实验，参试者知道什么结果来自基于协同过滤的推荐系统，什么结果来自好友的推荐；
- 参试者在实验室中的行为可能和他们平时的真实行为不同。

此外，上述实验结果仅仅来自对19个用户的调查，样本过小。因此，对于上面的结果不要过分解读，还是应该在自己的系统中进行AB测试，得到最为客观的答案。

6.3.5　信息流推荐

信息流推荐是社会化推荐领域的新兴话题，它主要针对Twitter和Facebook这两种社交网站。在这两种社交网站中，每个用户都有一个信息墙（如图6-9、图6-10所示），展示了用户好友最近的言论。这个信息墙无疑已经是个性化的，但是里面还是夹杂了很多垃圾信息。这主要是因为我们并不关心我们关注的好友的所有言论，而只关心他们的言论中和自己相关的部分。虽然我们在选择关注时已经考虑了关注对象和自己兴趣的相似度，但显然我们无法找到和自己兴趣完全一致的人。因此，信息流的个性化推荐要解决的问题就是如何进一步帮助用户从信息墙上挑选有用的信息。

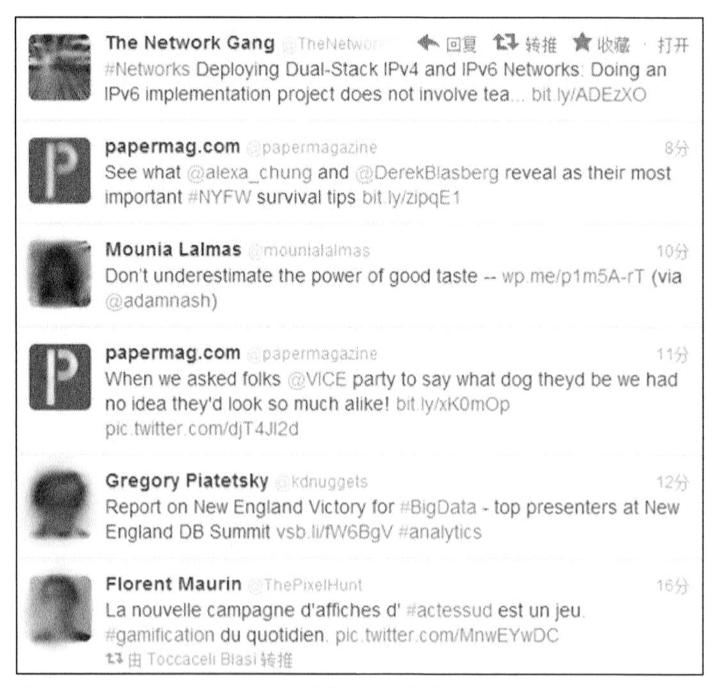

图6-9　Twitter的用户信息流

截取自Facebook，图中相关内容的著作权归原著作权人所有

图6-10 Facebook的用户信息流

目前最流行的信息流推荐算法是Facebook的EdgeRank，该算法综合考虑了信息流中每个会话的时间、长度与用户兴趣的相似度。EdgeRank算法比较神秘，没有相关的论文，不过TechCrunch曾经公开过它的主要思想[①]。Facebook将其他用户对当前用户信息流中的会话产生过行为的行为称为edge，而一条会话的权重定义为：

$$\sum_{\text{edges } e} u_e w_e d_e$$

其中：

- u_e 指产生行为的用户和当前用户的相似度，这里的相似度主要是在社交网络图中的熟悉度；
- w_e 指行为的权重，这里的行为包括创建、评论、like（喜欢）、打标签等，不同的行为有不同的权重。

① 参见“EdgeRank: The Secret Sauce That Makes Facebook's News Feed Tick”，地址为http://techcrunch.com/2010/04/22/facebook-edgerank/。

- d_e 指时间衰减参数，越早的行为对权重的影响越低。

从上面的描述中可以得出如下结论：如果一个会话被你熟悉的好友最近产生过重要的行为，它就会有比较高的权重。

不过，EdgeRank算法的个性化因素仅仅是好友的熟悉度，它并没有考虑帖子内容和用户兴趣的相似度。所以EdgeRank仅仅考虑了“我”周围用户的社会化兴趣，而没有重视“我”个人的个性化兴趣。为此，GroupLens的研究人员Jilin Chen深入研究了信息流推荐中社会兴趣和个性化兴趣之间的关系。[①]他们的排名算法考虑了如下因素。

- **会话的长度**　越长的会话包括越多的信息。
- **话题相关性**　度量了会话中主要话题和用户兴趣之间的相关性。这里Jilin Chen用了简单的TF-IDF建立用户历史兴趣的关键词向量和当前会话的关键词向量，然后用这两个向量的相似度度量话题相关性。
- **用户熟悉程度**　主要度量了会话中涉及的用户（比如会话的创建者、讨论者等）和当前用户的熟悉程度。对于如何度量用户的熟悉程度下一节将详细介绍。计算熟悉度的主要思想是考虑用户之间的共同好友数等。

为了验证算法的性能，Jilin Chen同样也设计了一个用户调查。首先，他通过问卷将用户分成两种类型。第一种类型的用户使用Twitter的目的是寻找信息，也就是说他们将Twitter看做一种信息源和新闻媒体。而第二种用户使用Twitter的目的是了解好友的最新动态以及和好朋友聊天。然后，他让参试者对如下5种算法的推荐结果给出1~5分的评分，其中1分表示不喜欢，5分表示最喜欢。

- **Random**　给用户随机推荐会话。
- **Length**　给用户推荐比较长的会话。
- **Topic**　给用户推荐和他兴趣相关的会话。
- **Tie**　给用户推荐和他熟悉的好友参与的会话。
- **Topic+Tie**　综合考虑会话和用户的兴趣相关度以及用户好友参与会话的程度。

通过收集用户反馈，Jilin Chen发现（如图6-11所示），对于所有用户不同算法的平均得分是：

Topic+Tie > Tie > Topic > Length > Random

而对于主要目的是寻找信息的用户，不同算法的得分是：

Topic+Tie ≥ Topic > Length > Tie > Random

对于主要目的是交友的用户，不同算法的得分是：

Topic+Tie > Tie > Topic > Length > Random

实验结果说明，综合考虑用户的社会兴趣和个人兴趣对于提高用户满意度是有帮助的。因此，当我们在一个社交网站中设计推荐系统时，可以综合考虑这两个因素，找到最合适的融合参数来融合用户的社会兴趣和个人兴趣，从而给用户提供最令他们满意的推荐结果。

---

① 参见Jilin Chen、Rowan Nairn和Ed H. Chi的“Speak Little and Well: Recommending Conversations in Online Social Streams”（ACM 2011 Article, 2011）。

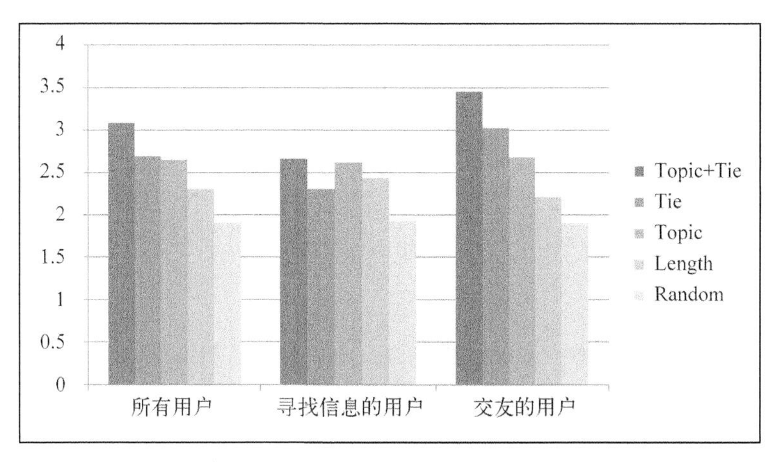

图6-11 Jilin Chen的用户调查实验结果①

6.4 给用户推荐好友

好友关系是社会化网站的重要组成部分，如果用户的好友很稀少，就不能体验到社会化的好处。因此好友推荐是社会化网站的重要应用之一。好友推荐系统的目的是根据用户现有的好友、用户的行为记录给用户推荐新的好友，从而增加整个社交网络的稠密程度和社交网站用户的活跃度。图6-12、图6-13和图 6-14分别展示了3个著名社交网站Twitter、LinkedIn和Facebook的好友推荐界面。由此可以说明，好友推荐模块已经成为社交网站的标准配置之一。

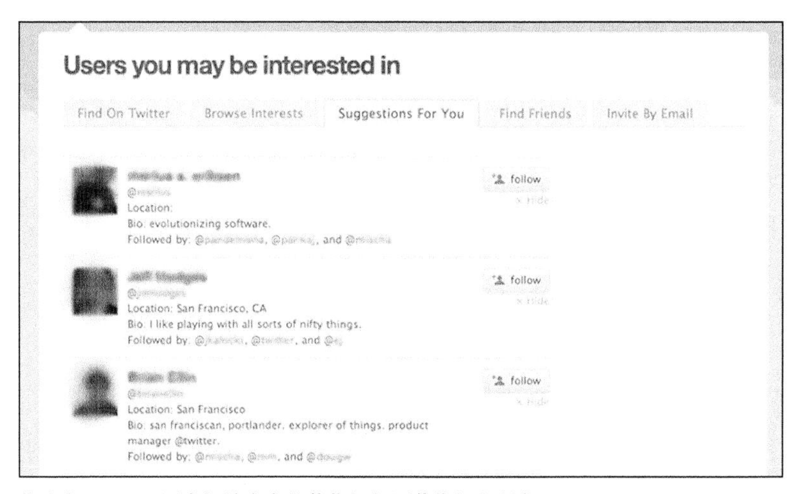

截取自Twitter，图中相关内容的著作权归原著作权人所有

图6-12 Twitter的好友推荐界面

① 本图引用自Jilin Chen的论文“Recommending Conversations in Online Social Streams”（CHI 2011）。

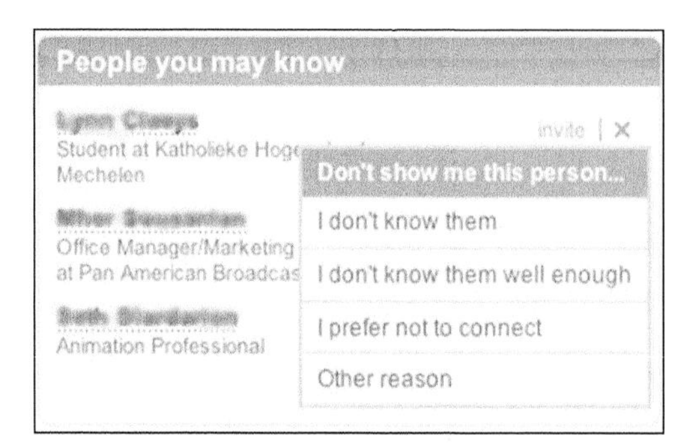

截取自LinkedIn，图中相关内容的著作权归原著作权人所有

图6-13　LinkedIn的好友推荐界面①

截取自Facebook，图中相关内容的著作权归原著作权人所有

图6-14　Facebook的好友推荐界面

好友推荐算法在社交网络上被称为链接预测（link prediction）。关于链接预测算法研究的代表文章是Jon Kleinberg的“Link Prediction in Social Network”。该文对各种用户好友关系的预测方法进行了系统地研究和对比。本章我们将介绍其中一些比较直观和简单的算法。

① 参见Learn more about“People You May Know”，地址为http://blog.linkedin.com/2008/04/11/learn-more-abou-2/。

6.4.1 基于内容的匹配

我们可以给用户推荐和他们有相似内容属性的用户作为好友（如图6-15所示）。下面给出了常用的内容属性。

- 用户人口统计学属性，包括年龄、性别、职业、毕业学校和工作单位等。
- 用户的兴趣，包括用户喜欢的物品和发布过的言论等。
- 用户的位置信息，包括用户的住址、IP地址和邮编等。

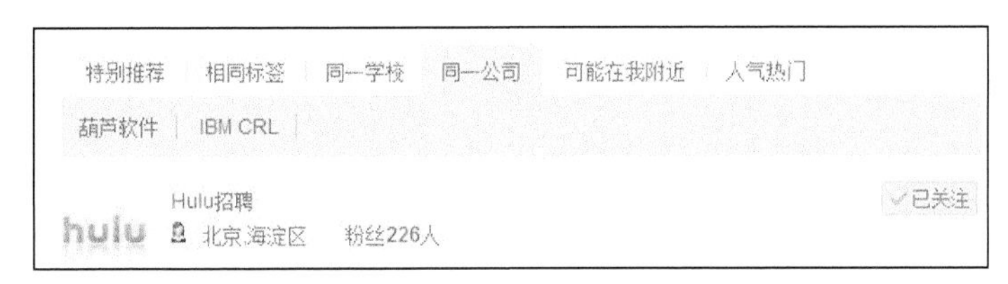

截取自新浪微博，图中相关内容的著作权归原著作权人所有

图6-15 新浪微博利用用户的学校、公司、位置、标签给用户推荐好友

利用内容信息计算用户的相似度和我们前面讨论的利用内容信息计算物品的相似度类似。

6.4.2 基于共同兴趣的好友推荐

在Twitter和微博为代表的以兴趣图谱为主的社交网络中，用户往往不关心对于一个人是否在现实社会中认识，而只关心是否和他们有共同的兴趣爱好。因此，在这种网站中需要给用户推荐和他有共同兴趣的其他用户作为好友。

我们在第3章介绍基于用户的协同过滤算法（UserCF）时已经详细介绍了如何计算用户之间的兴趣相似度，其主要思想就是如果用户喜欢相同的物品，则说明他们具有相似的兴趣。在新浪微博中，可以将微博看做物品，如果两个用户曾经评论或者转发同样的微博，说明他们具有相似的兴趣。在Facebook中，因为有大量用户Like（喜欢）的数据，所以更容易用UserCF算法计算用户的兴趣相似度。关于这方面的算法可以参考第3章。

此外，也可以根据用户在社交网络中的发言提取用户的兴趣标签，来计算用户的兴趣相似度。关于如何分析用户发言的内容、提取文本的关键词、计算文本的相似度，可以参考第4章。

6.4.3 基于社交网络图的好友推荐

在社交网站中，我们会获得用户之间现有的社交网络图，然后可以基于现有的社交网络给用户推荐新的好友，比如可以给用户推荐好友的好友。

最简单的好友推荐算法是给用户推荐好友的好友。在人人网，我们经常可以通过这个功能找到很多自己的老同学。在刚开始用人人网时，我们只能加入有限的好友，因为我们记住的好友有限。虽然我们只能记住几个同学，但那些同学又能记住几个不同的同学，在这种情况下，我们可以通过朋友的朋友找到更多我们认识的人。

基于好友的好友推荐算法可以用来给用户推荐他们在现实社会中互相熟悉，而在当前社交网络中没有联系的其他用户。下面将介绍3种基于社交网络的好友推荐算法。

对于用户u和用户v，我们可以用共同好友比例计算他们的相似度：

$$w_{\text{out}}(u,v)=\frac{|\text{out}(u)\cap \text{out}(v)|}{\sqrt{|\text{out}(u)||\text{out}(v)|}}$$

下面的代码实现了这种相似度：

```
def FriendSuggestion(user, G, GT):
    suggestions = dict()
    friends = G[user]
    for fid in G[user]:
        for ffid in GT[fid]:
            if ffid in friends:
                continue
            if ffid not in suggestions:
                suggestions[ffid] = 0
            suggestions[ffid] += 1
    suggestions = {x: y / math.sqrt(len(G[user]) * len(G[x]) for x,y in suggestions}
```

$w_{\text{out}}(u,v)$ 公式中out(u)是在社交网络图中用户u指向的其他好友的集合。我们也可以定义in(u)是在社交网络图中指向用户u的用户的集合。在无向社交网络图中，out(u)和in(u)是相同的集合。但在微博这种有向社交网络中，这两个集合就不同了，因此也可以通过in(u)定义另一种相似度：

$$w_{\text{in}}(u,v)=\frac{|\text{in}(u)\cap \text{in}(v)|}{\sqrt{|\text{in}(u)||\text{in}(v)|}}$$

```
def FriendSuggestion(user, G, GT):
    suggestions = dict()
    friends = GT[user]
    for fid in GT[user]:
        for ffid in G[fid]:
            if ffid in friends:
                continue
            if ffid not in suggestions:
                suggestions[ffid] = 0
            suggestions[ffid] += 1
    suggestions = {x: y / math.sqrt(len(GT[user]) * len(GT[x]) for x,y in suggestions}
```

这两种相似度的定义有着不同的含义，我们用微博中的关注来解释这两种相似度。如果用户u关注了用户v，那么v就属于out(u)，而u就属于in(v)。因此，$w_{\text{out}}(u,v)$ 越大表示用户u和v关注的用户集合重合度越大，而 $w_{\text{in}}(u,v)$ 越大表示关注用户u和关注用户v的用户的集合重合度越大。

前面两种相似度都是对称的，也就是 $w_{\text{in}}(u,v)=w_{\text{in}}(v,u)$ ，$w_{\text{out}}(u,v)=w_{\text{out}}(v,u)$ 。同时，我们还可以定义第三种有向的相似度：

$$w_{\text{out,in}}(u,v)=\frac{|\text{out}(u)\cap \text{in}(v)|}{|\text{out}(u)|}$$

这个相似度的含义是用户u关注的用户中，有多大比例也关注了用户v。但是，这个相似度有

一个缺点，就是在该相似度的定义下所有人都和名人有很大的相似度。这是因为这个相似度在分母的部分没有考虑$|\text{in}(v)|$的大小。因此，我们可以用如下公式改进上面的相似度：

$$w'_{\text{out,in}}(u,v)=\frac{|\text{out}(u)\cap\text{in}(v)|}{\sqrt{|\text{out}(u)||\text{in}(v)|}}$$

```
def FriendSuggestion(user, G, GT):
    suggestions = dict()
    friends = GT[user]
    for fid in GT[user]:
        for ffid in G[fid]:
            if ffid in friends:
                continue
            if ffid not in suggestions:
                suggestions[ffid] = 0
            suggestions[ffid] += 1
    suggestions = {x: y / math.sqrt(len(GT[user]) * len(GT[x]) for x,y in suggestions}
```

前面讨论的这些相似度都是基于一些简单计算公式给出的。这些相似度的计算无论时间复杂度还是空间复杂度都不是很高，非常适合在线应用使用。

离线实验

本节希望通过一些离线实验评测本节提出的几种相似度，评测哪种相似度能更好地预测用户之间的好友关系。互联网上有很多社交网络数据集，其中比较著名的是斯坦福大学的大规模网络数据集[①]。该数据集包含很多链接结构数据集，包括社交网络数据集、互联网超级链接数据集、道路交通网络、用户行为网络、论文引用网络等。这里，我们使用该集合中提供的Slashdot社交网络数据集。该数据集是一个有向图，包含82 168个顶点和948 464条边。

为了测试不同好友推荐算法的性能，本节将数据集按照9:1分成训练集和测试集。然后，给定用户u，我们会利用训练集中的社交网络给用户生成长度为10的好友推荐列表$R(u)$，其中$R(u)$中的用户不包含用户u在训练集中的好友。表6-1展示了不同好友推荐算法的召回率和准确率。

表6-1 3种不同好友推荐算法的召回率和准确率

	Slashdot		Epinion	
	召回率	准确率	召回率	准确率
w_{out}	14.09%	3.63%	7.40%	1.87%
w_{in}	12.32%	3.17%	7.20%	1.82%
$w_{\text{out,in}}$	8.62%	2.22%	11.94%	3.02%
$w'_{\text{out,in}}$	9.12%	2.35%	8.77%	2.21%

从表中结果可以看到，不同数据集上不同算法的性能并不相同。在Slashdot数据集上w_{out}取得了最好的性能，而在Epinion数据集上$w_{\text{out,in}}$取得了最好的性能。所以，在实际系统中我们需要在自己的数据集上对比不同的算法，找到最适合自己数据集的好友推荐算法。

① 参见http://snap.stanford.edu/data/。

6.4.4 基于用户调查的好友推荐算法对比

对于前面3节提出的几种不同的好友推荐算法，上一节提到的GroupLens的Jilin Chen也进行了研究。他通过用户调查对比了不同算法的用户满意度[①]，其中算法（这里我们使用了不同的命名）如下。

- InterestBased 给用户推荐和他兴趣相似的其他用户作为好友。
- SocialBased 基于社交网络给用户推荐他好友的好友作为好友。
- Interest+Social 将InterestBased算法推荐的好友和SocialBased算法推荐的好友按照一定权重融合。
- SONA SONA是IBM内部的推荐算法，该算法利用大量用户信息建立了IBM员工之间的社交网络。这些信息包括所在的部门、共同发表的文章、共同写的Wiki、IBM的内部社交网络信息、共同合作的专利等。

然后，Jilin Chen在IBM数据的基础上用上述算法建立4种不同的好友推荐系统，然后给每个参加测试的用户提供12个推荐结果，其中每个算法提供了3个推荐结果。也就是说，参试者并不知道每个结果来自哪个算法。然后，Jilin Chen让参试者对每个推荐结果回答以下4个问题。

- 你是否认识这个人？
- 你是否觉得这是一个好的推荐结果？
- 你是否觉得推荐理由能够帮助你决策？
- 看到这个推荐结果后你决定进行以下哪种行为（单选）：
  - 主动和这个人交朋友；
  - 希望别人能够向这个人介绍自己；
  - 什么也不干。

调查结果如表6-2所示。首先，从结果可以发现，对推荐结果的新颖性不同算法的排名如下：

```
InterestBased > Interest+Social > SocialBased > SONA
```

表6-2 不同好友推荐算法的问卷调查结果[②]

	认识		不认识	
	好	不好	好	不好
InterestBased	19.5%	3.0%	30.1%	41.5%
SocialBased	55.4%	5.2%	23.8%	15.5%
Interest+Social	31.8%	4.4%	24.9%	38.9%
SONA	75.9%	10.0%	6.6%	7.6%

SONA因为用到了部门信息、共同写论文和发表专利的信息，所以推荐的好友大部分都是用

① 参见Jilin Chen、Werner Geyer、Casey Dugan Michael Muller、Ido Guy的“‘Make New Friends, but Keep the Old’——Recommending People on Social Networking Site”（CHI 2009）。

② 此表引用自Jilin Chen的论文。

户认识的，因此新颖度不高。

其次，结果表明如果用户认识推荐结果中的人，那么绝大部分用户都会觉得这是一个好的推荐结果，而如果用户不认识推荐结果中的人，绝大多数人都觉得推荐结果不好。

从用户认为推荐结果是否好的比例看，不同算法的排名如下：

```
SONA > SocialBased > Interest+Social > InterestBased
```

SONA排名不高是因为它综合了更多的信息。

6.5 扩展阅读

社交网络分析的研究已经有很悠久的历史了。其中关于社交网络最让人耳熟能详的结论就是六度原理。六度原理讲的是社会中任意两个人都可以通过不超过6个人的路径相互认识，如果转化为图的术语，就是社交网络图的直径为6。不过喜欢刨根问底的读者一定好奇六度原理的正确性。六度原理在均匀随机图上已经得到了完美证明，对此感兴趣的读者可以参考*Random Graph*一书。很多对社交网络的研究都是基于随机图理论的，因此深入研究社交网络必须掌握随机图理论的相关知识。

社交网络研究中有两个最著名的问题。第一个是如何度量人的重要性，也就是社交网络顶点的中心度（centrality），第二个问题是如何度量社交网络中人和人之间的关系，也就是链接预测。这两个问题的研究都有着深刻的实际意义，因此得到了业界和学术界的广泛关注。对这两个问题感兴趣的读者可以参考社交网络分析方面的书[①]。

对于基于社交网络的推荐算法，因为数据集的限制，最早的研究都是基于Epinion的用户信任网络的。Ma Hao在Epinion数据集上提出了很多基于矩阵分解的社会化推荐算法用来解决评分预测问题[②]，其主要思想是在矩阵分解模型中加入正则化项，让具有社交关系的用户的隐语义向量具有比较高的相似度。

ACM推荐系统大会在2010年曾经举办过一个社会化推荐比赛[③]，该比赛将社交网络看做一种上下文，希望参赛者能够利用社交网络信息提高推荐系统的性能。关注社交化推荐的读者可以关注一下该比赛最后发出的论文集。

① 比如（*Social Network Analysis: Methods and Applications*）和（*Social Network Analysis: A Handbook*）。

② 参见Hao Ma、Haixuan Yang、Michael R. Lyu和Irwin King的“SoRec: Social Recommendation Using Probabilistic Matrix Factorization”（ACM 2008 Article , 2008）。

③ 即CAMRa201: Challenge on Context-aware Movie Recommendation。

第7章

推荐系统实例

前面几章介绍了各种各样的数据和基于这些数据的推荐算法。在实际系统中，前面几章提到的数据大都存在，因此如何设计一个真实的推荐系统处理不同的数据，根据不同的数据设计算法，并将这些算法融合到一个系统当中是本章讨论的主要问题。本章将首先介绍推荐系统的外围架构，然后介绍推荐系统的架构，并对架构中每个模块的设计进行深入讨论。

7.1 外围架构

这一节主要讨论推荐系统是如何和网站的其他系统接口的。图7-1表示了推荐系统和网站其他系统的关系。一般来说，每个网站都会有一个UI系统，UI系统负责给用户展示网页并和用户交互。网站会通过日志系统将用户在UI上的各种各样的行为记录到用户行为日志中。日志可能存储在内存缓存里，也可能存储在数据库中，也可能存储在文件系统中。而推荐系统通过分析用户的行为日志，给用户生成推荐列表，最终展示到网站的界面上。

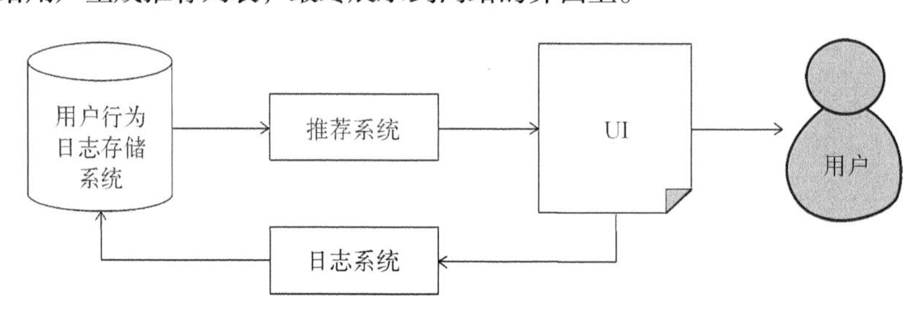

图7-1　推荐系统和其他系统之间的关系

从上面的结构可以看到，推荐系统要发挥强大的作用，除了推荐系统本身，主要还依赖于两个条件——界面展示和用户行为数据。关于如何设计推荐系统的界面，笔者没有太多的发言权。不过，如果我们看看目前流行的推荐系统界面，可以看到这些界面都有一些共性。

- 通过一定方式展示物品，主要包括物品的标题、缩略图和介绍等。
- 很多推荐界面都提供了推荐理由，理由可以增加用户对推荐结果的信任度。
- 推荐界面还需要提供一些按钮让用户对推荐结果进行反馈，这样才能让推荐算法不断改善用户的个性化推荐体验。

在设计推荐界面时，我们可以综合考虑其他网站的设计并结合自己网站的特点。

下面着重讨论如何收集和存储用户数据。

数据收集和存储

个性化推荐算法依赖于用户行为数据，而在任何一个网站中都存在着各种各样的用户行为数据。那么如何存取这些数据就是推荐系统需要解决的首要问题。表7-1展示了一个假想的电子商务网站上的典型用户行为数据。如表所示，从产生行为的用户角度看，有些行为是只有注册用户才能产生的，而有些行为是所有用户都可以产生的。从规模上看，浏览网页、搜索记录的规模都很大，因为这种行为所有用户都能产生，而且平均每个用户都会产生很多这些行为。购买、收藏行为规模中等，因为只有注册用户才能产生这种行为，但购买行为又是电商网站的主要行为，所以它们相对于评论来说规模更大，但相对于网页浏览行为来说规模要小得多，最后剩下的行为是注册用户里的一小部分人才有的，所以规模不会很大。从实时存取的角度上看，购买、收藏、评论、评分、分享等行为都是需要实时存取的，因为只要用户有了这些行为，界面上就需要体现出来，比如用户购买了商品后，用户的个人购买列表中就应立即显示用户购买的商品。而有些行为，比如浏览网页的行为和搜索行为并不需要实时存取。

表 7-1 电子商务网站中的典型行为

行 为	用户类型	规 模	实时存取
浏览网页	注册/匿名	大	×
将商品加入购物车	注册	中	√
购买商品	注册	中	√
收藏商品	注册	中	√
评论商品	注册	小	√
给商品评分	注册	小	√
搜索商品	注册/匿名	大	×
点击搜索结果	注册/匿名	大	×
分享商品	注册	小	√

按照前面数据的规模和是否需要实时存取，不同的行为数据将被存储在不同的媒介中。一般来说，需要实时存取的数据存储在数据库和缓存中，而大规模的非实时地存取数据存储在分布式文件系统（如HDFS）中。

数据能否实时存取在推荐系统中非常重要，因为推荐系统的实时性主要依赖于能否实时拿到用户的新行为。只有快速拿到大量用户的新行为，推荐系统才能够实时地适应用户当前的需求，给用户进行实时推荐。

7.2 推荐系统架构

前面提到推荐系统是联系用户和物品的媒介，而推荐系统联系用户和物品的方式主要有3种

（如图7-2所示）。如果将这3种方式都抽象一下就可以发现，如果认为用户喜欢的物品也是一种用户特征，或者和用户兴趣相似的其他用户也是一种用户特征，那么用户就和物品通过特征相联系。

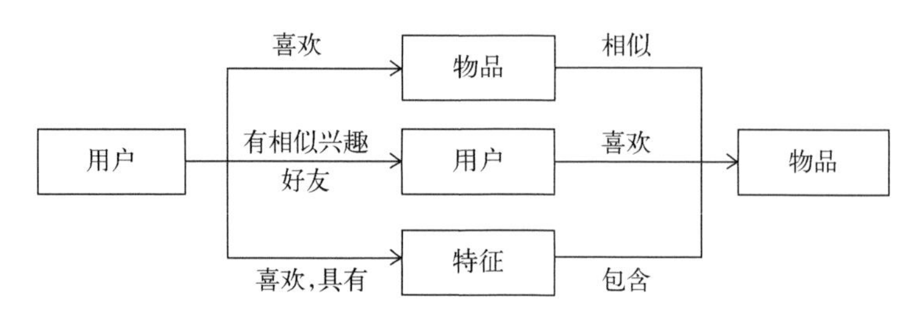

图7-2　3种联系用户和物品的推荐系统

根据上面的抽象，可以设计一种基于特征的推荐系统架构。如图7-3所示，当用户到来之后，推荐系统需要为用户生成特征，然后对每个特征找到和特征相关的物品，从而最终生成用户的推荐列表。因而，推荐系统的核心任务就被拆解成两部分，一个是如何为给定用户生成特征，另一个是如何根据特征找到物品。

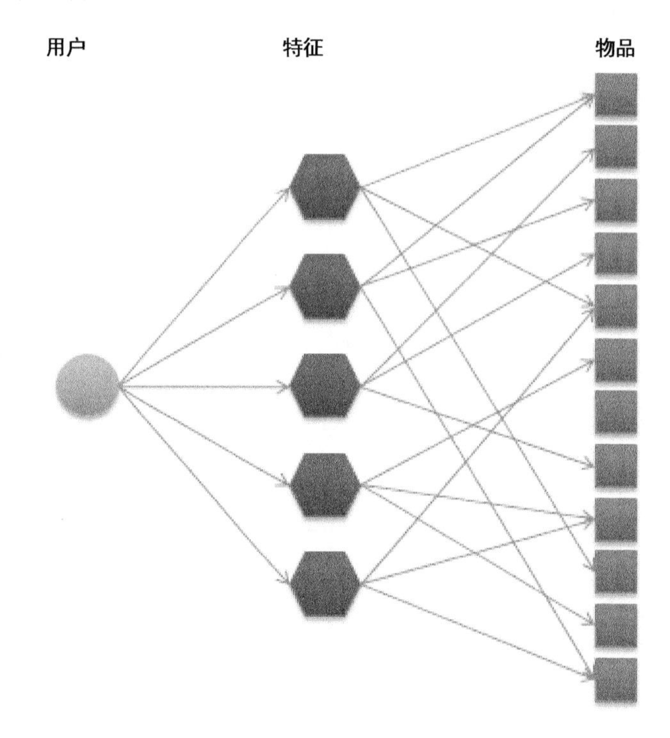

图7-3　基于特征的推荐系统架构

用户的特征种类非常多，主要包括如下几类。

- **人口统计学特征**　包括用户的年龄、性别、国籍和民族等用户在注册时提供的信息。

- **用户的行为特征** 包括用户浏览过什么物品、收藏过什么物品、给什么物品打过什么样的分数等用户行为相关的特征。同时，用户行为从时间上也可以分为用户近期的行为和长期的行为。
- **用户的话题特征** 可以根据用户的历史行为利用话题模型（topic model）将电视剧和电影聚合成不同的话题，并且计算出每个用户对什么话题感兴趣。比如用户如果看了《叶问》、《新龙门客栈》和《醉拳》，那么可以认为用户对“香港武侠电影”这个话题感兴趣。

推荐系统的推荐任务也有很多种，如下所示。

- 将最新加入的物品推荐给用户。
- 将商业上需要宣传的物品推荐给用户。
- 给用户推荐不同种类的物品，比如亚马逊会推荐图书、音像、电子产品和服装等（如图7-4所示）。

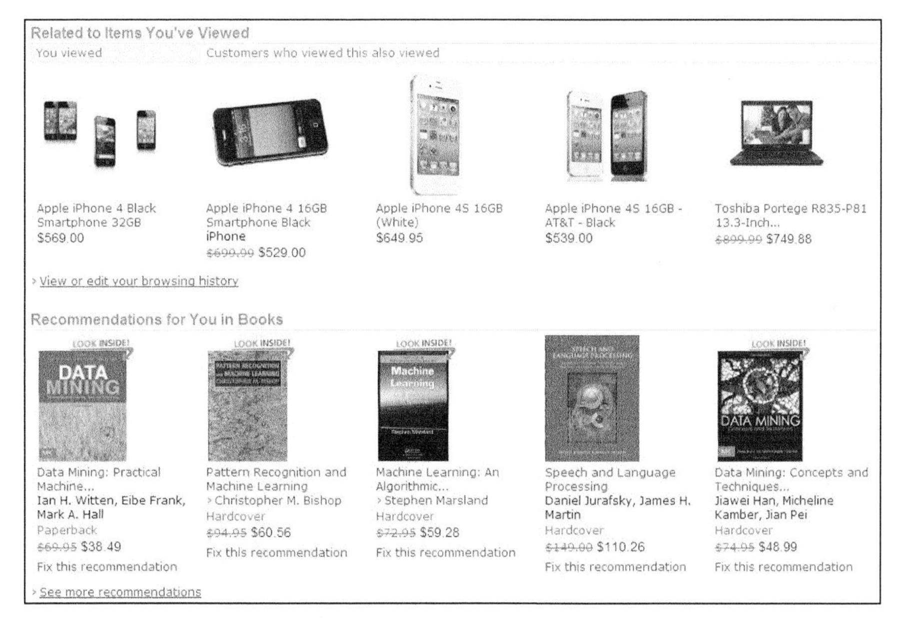

截取自亚马逊网站，图中相关内容的著作权归原著作权人所有

图7-4 亚马逊同时给用户推荐电子产品和图书

- 给用户混合推荐，有时需要将图书和音像制品放到一个推荐列表中展示给用户（如图7-5所示）。
- 对于不同的产品推荐不同新颖度的物品。比如在首页给用户展示比较热门的推荐结果，在推荐系统页面给用户展示长尾中的物品（如图7-6所示）。
- 考虑到用户访问推荐系统的上下文，比如当你在豆瓣音乐找到“李宗盛”时，右侧会有一个链接告诉你可以在豆瓣电台收听“李宗盛”。单击了这个链接后，豆瓣电台给你推荐的音乐就考虑了“李宗盛”这个上下文（如图7-7所示）。

截取自亚马逊网站，图中相关内容的著作权归原著作权人所有

图7-5　亚马逊的社会化推荐结果中包含了各种物品

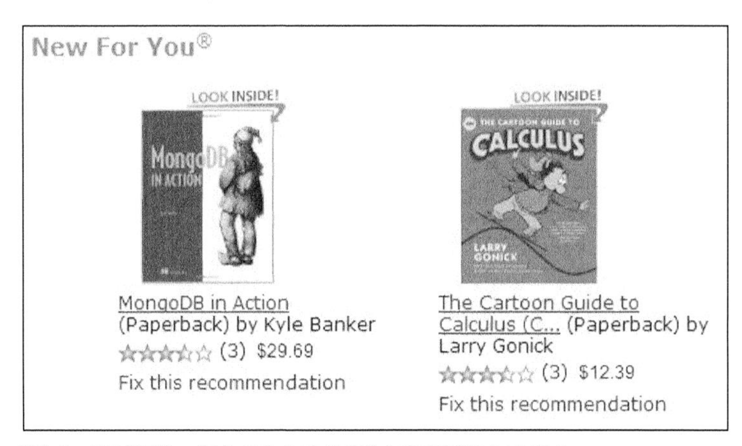

截取自亚马逊网站，图中相关内容的著作权归原著作权人所有

图7-6　亚马逊给用户推荐最新加入的物品

截取自豆瓣，图中相关内容的著作权归原著作权人所有

图7-7　豆瓣电台考虑用户来源的上下文（该页面地址链接中加入了`context`参数）

如果要在一个系统中把上面提到的各种特征和任务都统筹考虑，那么系统将会非常复杂，而且很难通过配置文件方便地配置不同特征和任务的权重。因此，推荐系统需要由多个推荐引擎组成，每个推荐引擎负责一类特征和一种任务，而推荐系统的任务只是将推荐引擎的结果按照一定权重或者优先级合并、排序然后返回（如图7-8所示）。

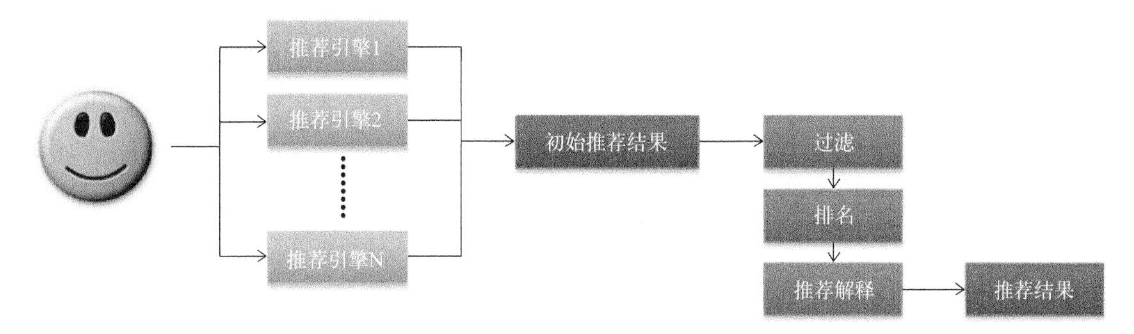

图7-8 推荐系统的架构图

这样做还有两个好处。

- 可以方便地增加/删除引擎，控制不同引擎对推荐结果的影响。对于绝大多数需求，只需要通过不同的引擎组合实现。
- 可以实现推荐引擎级别的用户反馈。每一个推荐引擎其实代表了一种推荐策略，而不同的用户可能喜欢不同的推荐策略。有些用户可能喜欢利用他的年龄性别作出的推荐，有些用户可能比较喜欢看到新加入的和他兴趣相关的视频，有些用户喜欢比较新颖的推荐，有些用户喜欢专注于一个邻域的推荐，有些用户喜欢多样的推荐。我们可以将每一种策略都设计成一个推荐引擎，然后通过分析用户对推荐结果的反馈了解用户比较喜欢哪些引擎推荐出来的结果，从而对不同的用户给出不同的引擎组合权重。

将推荐系统拆分成不同推荐引擎后，如何设计一个推荐引擎变成了推荐系统设计的核心部分。下一节将讨论推荐引擎的设计方法。

7.3 推荐引擎的架构

上一节提到，推荐引擎使用一种或几种用户特征，按照一种推荐策略生成一种类型物品的推荐列表。图7-9展示了每个具体推荐引擎的架构。

如图7-9所示，推荐引擎架构主要包括3部分。

- 部分A负责从数据库或者缓存中拿到用户行为数据，通过分析不同行为，生成当前用户的特征向量。不过如果是使用非行为特征，就不需要使用行为提取和分析模块了。该模块的输出是用户特征向量。
- 部分B负责将用户的特征向量通过特征-物品相关矩阵转化为初始推荐物品列表。
- 部分C负责对初始的推荐列表进行过滤、排名等处理，从而生成最终的推荐结果。

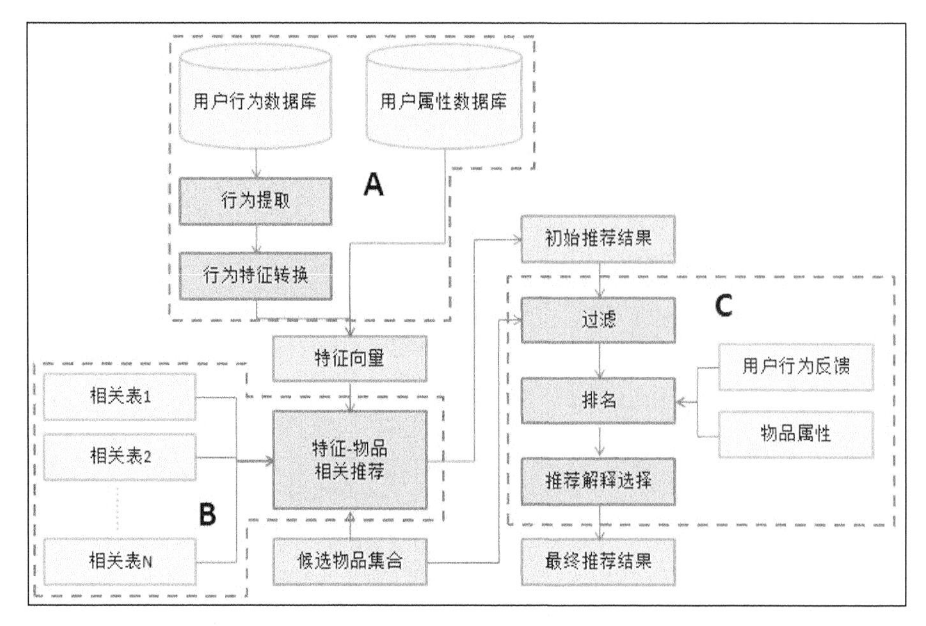

图7-9　推荐引擎的架构图

下面一节将对各个不同的部分分别详细解释。

7.3.1　生成用户特征向量

一般来说，用户的特征包括两种，一种是用户的注册信息中可以提取出来的，主要包括用户的人口统计学特征。对于使用这种特征的推荐引擎，如果内存够，可以将存储这些特征的信息直接缓存在内存中，在推荐时直接拿到用户的特征数据并生成特征向量。除了这种特征，另一种特征主要是从用户的行为中计算出来的，本节着重讨论如何生成特征。

一个特征向量由特征以及特征的权重组成，在利用用户行为计算特征向量时需要考虑以下因素。

- **用户行为的种类**　在一个网站中，用户可以对物品产生很多不同种类的行为。用户可以浏览物品、单击物品的链接、收藏物品、给物品打分、购买物品、评论物品、给物品打上不同的标签、和好友分享物品、搜索不同的关键词等。这些行为都会对物品特征的权重产生影响，但不同行为的影响不同，大多时候很难确定什么行为更加重要，一般的标准就是用户付出代价越大的行为权重越高。比如，购买物品需要用户掏钱，所以用户一定会三思而后行，因此购买行为最为重要。相反，浏览物品的网页代价很小，所以这种行为对反映用户的真实兴趣的影响很小。
- **用户行为产生的时间**　一般来说，用户近期的行为比较重要，而用户很久之前的行为相对比较次要。因此，如果用户最近购买过某一个物品，那么这个物品对应的特征将会具有比较高的权重。

- **用户行为的次数** 有时用户对一个物品会产生很多次行为。比如用户会听一首歌很多次，看一部电视剧的很多集等。因此用户对同一个物品的同一种行为发生的次数也反映了用户对物品的兴趣，行为次数多的物品对应的特征权重越高。
- **物品的热门程度** 如果用户对一个很热门的物品产生了行为，往往不能代表用户的个性，因为用户可能是在跟风，可能对该物品并没有太大兴趣，特别是在用户对一个热门物品产生了偶尔几次不重要的行为（比如浏览行为）时，就更说明用户对这个物品可能没有什么兴趣，可能只是因为这个物品的链接到处都是，很容易点到而已。反之，如果用户对一个不热门的物品产生了行为，就说明了用户的个性需求。因此，推荐引擎在生成用户特征时会加重不热门物品对应的特征的权重。

7.3.2 特征-物品相关推荐

在得到用户的特征向量后，我们可以根据离线的相关表得到初始的物品推荐列表。离线相关表可以存储在MySQL中，其存储格式如表7-2所示。

表7-2 离线相关表在MySQL中的存储格式

src_id	dst_id	weight
特征ID	物品ID	权重

对于每个特征，我们可以在相关表中存储和它最相关的N个物品的ID。

在线使用的特征－物品相关表一般都不止一张。以论文之间的相关表为例，计算论文之间的相关性既可以使用第3章提出的协同过滤算法（即如果两篇论文的读者重合度很大说明两篇论文相似），也可以通过内容计算（比如有相同的作者、关键词、相似的标题等）。即使是协同过滤，也可以根据不同的用户行为数据得到不同的相关表。比如可以根据用户的打分行为计算论文之间的相关性，也可以根据用户的浏览行为计算论文之间的相关性。总之，对于一个推荐引擎可以在配置文件中配置很多相关表以及它们的权重，而在线服务在启动时会将这些相关表按照配置的权重相加，然后将最终的相关表保存在内存中，而在给用户进行推荐时，用的已经是加权后的相关表了。

从上面的架构图可以看到，特征-物品相关推荐模块还可以接受一个候选物品集合。候选物品集合的目的是保证推荐结果只包含候选物品集合中的物品。它的应用场合一般是产品需求希望将某些类型的电视剧推荐给用户。比如有些产品要求给用户推荐最近一周加入的新物品，那么候选物品集合就包括最近一周新加的物品。

也许有读者会奇怪，为什么不在过滤模块中将候选集合外的电视剧过滤掉，而要在相关推荐模块中处理候选物品列表？这里举一个简单的例子说明原因。首先，一般来说对于协同过滤算法计算出的相关表，每个物品都会倾向于和比较热门的物品具有较高的相似度。那么假设用户购买过物品A，候选列表中包含了物品B，A和B相关，但A比B热门。那么，一般情况下，B在A的相关物品列表中会排在靠后的位置（假设排在第10名），而A在B的相关物品列表中会排在靠前的位置（假设排在第1名）。那么，如果推荐算法是给用户推荐和A最相关的5部电视剧，那么B就不会出现在用户的推荐列表中。但是，如果算法在给定候选列表时会用一种不同的方式进行推荐，比如如果用户看过和B最相关的5部电视剧中的某一部，就将B推荐给用户，那么这种情况下B就出现在推荐列表中了。

一般来说，如果需要在一个小的候选物品集合中给用户推荐物品，那么可以考虑上述方法。但如果是要在一个很大的候选物品集合中给用户推荐物品，那么可以考虑直接在初始推荐列表中过滤掉不在候选物品集合中物品的方法。

特征-物品相关推荐模块除了给用户返回物品推荐列表，还需要给推荐列表中的每个推荐结果产生一个解释列表，表明这个物品是因为哪些特征推荐出来的。下面的代码给出了相关推荐模块的大体工作流程。

```
def RecommendationCore(features, related_table):
    ret = dict()
    for fid, fweight in features.items()
        for item, sim in related_table[fid].items():
            ret[item].weight += sim * fweight
            ret[item].reason[fid] = sim * fweight
    return ret
```

7.3.3　过滤模块

在得到初步的推荐列表后，还不能把这个列表展现给用户，首先需要按照产品需求对结果进行过滤，过滤掉那些不符合要求的物品。一般来说，过滤模块会过滤掉以下物品。

- **用户已经产生过行为物品**　因为推荐系统的目的是帮助用户发现物品，因此没必要给用户推荐他已经知道的物品，这样可以保证推荐结果的新颖性。
- **候选物品以外的物品**　候选物品集合一般有两个来源，一个是产品需求。比如在首页可能要求将新加入的物品推荐给用户，因此需要在过滤模块中过滤掉不满足这一条件的物品。另一个来源是用户自己的选择，比如用户选择了某一个价格区间，只希望看到这个价格区间内的物品，那么过滤模块需要过滤掉不满足用户需求的物品。
- **某些质量很差的物品**　为了提高用户的体验，推荐系统需要给用户推荐质量好的物品，那么对于一些绝大多数用户评论都很差的物品，推荐系统需要过滤掉。这种过滤一般以用户的历史评分为依据，比如过滤掉平均分在2分以下的物品。

7.3.4　排名模块

经过过滤后的推荐结果直接展示给用户一般也没有问题，但如果对它们进行一些排名，则可以更好地提升用户满意度，一般排名模块需要包括很多不同的子模块，下面将对不同的模块分别加以介绍。

1. 新颖性排名

新颖性排名模块的目的是给用户尽量推荐他们不知道的、长尾中的物品。虽然前面的过滤模块已经过滤掉了用户曾经有过行为的物品，保证了一定程度的新颖性，但是用户在当前网站对某个物品没有行为并不代表用户不知道这个物品，比如用户可能已经在别的途径知道这个物品了。

要准确了解用户是否已经知道某个物品是非常困难的，因此我们只能通过某种近似的方式知道，比如对推荐结果中热门的物品进行降权，比如使用如下公式：

$$p_{ui} = \frac{p_{ui}}{\log(1+\alpha \cdot \text{popularity}(i))}$$

不过，要实现推荐结果的新颖性，仅仅在最后对热门物品进行降权是不够的，而应在推荐引擎的各个部分考虑新颖性问题。

本章提到的推荐系统架构主要是基于物品的推荐算法的，因此可以回顾一下基于物品的推荐算法的基本公式：

$$p_{ui} = \sum_{j \in N(u) \cap S(i,K)} w_{ji} r_{uj}$$

在这个公式中，j就是联系用户和推荐物品的特征。可以看到，最终 p_{ui} 的大小主要取决于两个参数——w_{ji} 和 r_{uj} 。其中，r_{uj} 在通过用户行为生成用户特征向量时计算，而 w_{ji} 是离线计算的物品相似度。如果要提高推荐结果的新颖性，在计算这两个数时都要考虑新颖性。

首先，如果使用ItemCF算法，根据前面的讨论可知计算出的相似度矩阵中，热门物品倾向于和热门物品相似。那么也就是说，如果用户对一个热门物品j产生了很多行为，有很大的 r_{uj} ，那么和这个热门物品相似的其他热门物品都会在用户的推荐列表中排在靠前的位置。因此，如果要提高推荐结果的新颖度，就需要对 r_{uj} 进行降权，比如使用如下公式：

$$r_{uj} = \frac{r_{uj}}{\log(1+\alpha \cdot \text{popularity}(j))}$$

对于相似度部分，首先，图7-10展示了MovieLens数据集中利用ItemCF算法计算物品相似度后，每个物品和它最相似物品之间流行度之间的关系。从这个图可以发现，热门物品倾向于和热门物品相似，冷门物品倾向于和冷门物品相似。也就是说，如果用户喜欢一个热门的物品，ItemCF算法也很难给他推荐一个冷门的物品。因此可以做如下的设计。首先，考虑到推荐系统是为了给用户介绍他们不熟悉的物品，那么可以假设如果用户知道了物品j，对物品j产生过行为，那么和j相似的且比j热门的物品用户应该也有比较大的概率知道，因此可以降低这种物品的权重，比如：

$$w_{ji} = \frac{w_{ji}}{\log(1+\alpha \cdot \text{popularity}(i))} \quad \left(\text{popularity}(i) > \text{popularity}(j)\right)$$

此外，也可以引入内容相似度矩阵，因为内容相似度矩阵中和每个物品相似的物品都不是很热门，所以引入内容相似度矩阵也能够提高最终推荐结果的新颖度。

利用上面几种考虑新颖性的方法，我们可以通过控制参数 α 控制最终推荐结果的新颖度。

2. 多样性

多样性也是推荐系统的重要指标之一。增加多样性可以让推荐结果覆盖尽可能多的用户兴趣。当然，这里需要指出的是提高多样性并不是时时刻刻都很好。比如在个性化网络电台中，因为用户某一固定时刻的兴趣是固定的，所以不希望听到不同曲风的歌曲，尽管这些曲风可能都是用户之前表示喜欢的。不过，本节主要讨论如果要提高多样性，应该怎么提高。

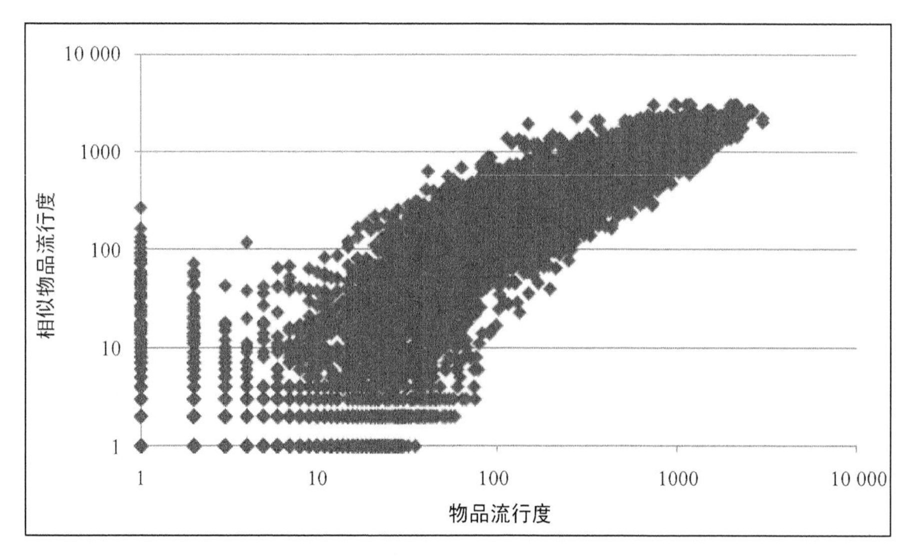

图7-10　相关物品之间流行度之间的关系

第一种提高多样性的方法是将推荐结果按照某种物品的内容属性分成几类，然后在每个类中都选择该类中排名最高的物品组合成最终的推荐列表。比如，如果是电影，可以按照电影的类别（爱情片、动作片、科幻片等）对推荐结果中的电影分类，然后每种类别都选出几部电影组成最终的推荐结果。

这种方法的好处是比较简单直观，但这种方法也有严重的缺点。首先，选择什么样的内容属性进行分类对结果的影响很大。其次，就算选择了某种类别，但物品是否属于某个类别是编辑确定的，并不一定能够得到用户的公认。比如成龙的电影，有人认为是功夫片，有人认为是喜剧片，不同人看法不一。

因此，第二种提高推荐结果多样性的方法是控制不同推荐结果的推荐理由出现的次数。本章提出的推荐系统对于每个推荐出来的物品都有一个推荐理由，这个推荐理由一般是产生推荐结果的重要特征。那么，要提高推荐结果的多样性，就需要让推荐结果尽量来自不同的特征，具有不同的推荐理由，而不是所有的推荐结果都对应一个理由。

下面的代码根据推荐理由增加推荐结果的多样性，这里输入的recommendations是按照权重从大到小排序的，程序中每次拿出一个推荐结果，如果这个结果已经被用过了，就会对推荐结果的权重除以2降权（这里具体除以几可以在实际应用中自己调整），最终将推荐结果重新按照权重从大到小排序。

```
def ReasonDiversity(recommendations):
    reasons = set()
    for i in recommendations:
```

```
        if i.reason in reasons:
            i.weight /= 2
        reasons.add(i.reason)
    recommendations = sortByWeight(recommendations)
```

3. 时间多样性

时间多样性主要是为了保证用户不要每天来推荐系统都看到同样的推荐结果。在第5章已经提到，提高推荐系统的时间多样性要从两个地方着手。首先要保证推荐系统的实时性，在用户有新行为时实时调整推荐结果以满足用户最近的需求。这一点，在本章的推荐系统设计中已经考虑到了。如果用户有实时行为发生，那么行为提取和分析模块就能实时拿到行为数据并转化为新的特征，然后经过特征-物品相关模块转换成和新特征最相关的物品，因而推荐列表中就立即反应了用户最新行为的影响。提高推荐结果多样性的第二个方面是要在用户没有新的行为时，也要保证推荐结果每天都有变化。要实现这一点，只能通过如下方式。

- 记录用户每次登陆推荐系统看到的推荐结果。
- 将这些结果发回日志系统。这种数据不需要实时存储，只要能保证小于一天的延时就足够了。
- 在用户登录时拿到用户昨天及之前看过的推荐结果列表，从当前推荐结果中将用户已经看到的推荐结果降权。

4. 用户反馈

排名模块最重要的部分就是用户反馈模块。用户反馈模块主要通过分析用户之前和推荐结果的交互日志，预测用户会对什么样的推荐结果比较感兴趣。

如果推荐系统的目标是提高用户对推荐结果的点击率，那么可以利用点击模型（click model）预测用户是否会点击推荐结果。点击模型在很多领域得到了广泛应用，比如搜索结果的点击预测[①]、搜索广告的点击预测[②]、上下文广告的点击预测[③]。点击预测的主要问题是预测用户看到某个推荐结果时是否会点击。那么要进行点击率预测，首先需要提取特征。在推荐系统的点击率预测中可以用如下特征预测用户u会不会点击物品i：

- 用户u相关的特征，比如年龄、性别、活跃程度、之前有没有点击行为；
- 物品i相关的特征，比如流行度，平均分，内容属性；
- 物品i在推荐列表中的位置。用户的点击和用户界面的设计有很高的相关性，因此物品i在推荐列表中的位置对预测用户是否点击很重要；
- 用户之前是否点击过和推荐物品i具有同样推荐解释的其他推荐结果；
- 用户之前是否点击过和推荐物品i来自同样推荐引擎的其他推荐结果。

点击模型需要离线计算好，在线将模型加载到内存中。为了提高在线预测的效率，一般只可

① 参见论文“A dynamic bayesian network click model for web search ranking”，作者为Olivier Chapelle和Ya Zhang。

② 参见论文“Online learning from click data for sponsored search”，作者为Massimiliano Ciaramita、Vanessa Murdock和Vassilis Plachouras。

③ 参见论文“Contextual advertising by combining relevance with click feedback”，作者为Deepayan chakrabarti、Deepak Agarwal和Vanja Josifovski。

以使用线性模型。

7.4 扩展阅读

关于推荐系统架构方面的文章很多，不过详细介绍架构的技术报告不多。知名公司亚马逊和Netflix等都只给出了一些简单的线索。本章提到的推荐系统架构主要是基于我在Hulu工作时使用的架构抽象发挥出来的，对于Hulu架构感兴趣的读者可以参考Hulu的技术博客[①]。

MyMedia[②]是一个比较著名的开源推荐系统架构。它是由欧洲研究人员开发的一个推荐系统开源框架。该框架同时支持评分预测和TopN推荐，全面支持各种数据和各种算法，对该项目感兴趣的用户可以访问该项目的网站http://www.mymediaproject.org/default.aspx。

本章提出的推荐系统架构基本上是从基于物品的推荐算法衍生出来的，因此本章的架构并不适合用来解决社会化推荐问题。如果要了解社会化推荐方面的架构，可以参考Twitter公开的一些文档。

① 参见http://tech.hulu.com/blog/2011/09/19/recommendation-system/。

② 参见http://mymediaproject.codeplex.com/。

第8章

评分预测问题

本书到目前为止都是在讨论TopN推荐，即给定一个用户，如何给他生成一个长度为*N*的推荐列表，使该推荐列表能够尽量满足用户的兴趣和需求。本书之所以如此重视TopN推荐，是因为它非常接近于满足实际系统的需求，实际系统绝大多数情况下就是给用户提供一个包括*N*个物品的个性化推荐列表。

但是，很多从事推荐系统研究的同学最早接触的却是评分预测问题。从GroupLens到Netflix Prize到Yahoo! Music的KDD Cup，评分预测问题都是推荐系统研究的核心。评分预测问题最基本的数据集就是用户评分数据集。该数据集由用户评分记录组成，每一条评分记录是一个三元组(u, i, r)，表示用户u给物品i赋予了评分r，本章用r_{ui}表示用户u对物品i的评分。因为用户不可能对所有物品都评分，因此评分预测问题就是如何通过已知的用户历史评分记录预测未知的用户评分记录。表8-1是一个评分预测问题的例子，在该例子中每个用户都对一些电影给出了评分，比如用户A给《虎口脱险》评了1分，给《唐山大兄》评了5分，给《少林足球》评了4分，给《大话西游》评了5分。但是，每个用户都没有对所有电影评分，比如用户A没有给《变形金刚》和《黑客帝国》评分。那么，当用户浏览网页并看到《变形金刚》和《黑客帝国》时，我们希望能够给用户一个分数表明我们认为用户是否会喜欢这部电影，而这个分数也可以帮助用户决策是否要看这部电影，而如何提高这个分数的预测精度就是评分预测要解决的主要问题。

表8-1　评分预测问题举例

	虎口脱险	变形金刚	唐山大兄	少林足球	大话西游	黑客帝国
A	1	?	5	4	5	?
B	4	2	?	3	?	5
C	?	4	?	3	?	5
D	5	?	5	?	2	?
E	?	5	?	?	4	4

本章将主要讨论评分预测这一推荐领域的经典问题。因为这一问题的研究集中在学术界，所以本章的介绍也比较偏学术，相对前面各章会增加一些公式和理论的讨论。

8.1 离线实验方法

评分预测问题基本都通过离线实验进行研究。在给定用户评分数据集后，研究人员会将数据集按照一定的方式分成训练集和测试集，然后根据训练集建立用户兴趣模型来预测测试集中的用户评分。对于测试集中的一对用户和物品（u, i），用户u对物品i的真实评分是 r_{ui} ，而推荐算法预测的用户u对物品i的评分为 $\hat{r}_{ui}$ ，那么一般可以用均方根误差RMSE度量预测的精度：

$$\text{RMSE} = \sqrt{\frac{\sum_{(u,i)\in T}(r_{ui}-\hat{r}_{ui})^2}{|\text{Test}|}}$$

评分预测的目的就是找到最好的模型最小化测试集的RMSE。

关于如何划分训练集和测试集，如果是和时间无关的预测任务，可以以均匀分布随机划分数据集，即对每个用户，随机选择一些评分记录作为训练集，剩下的记录作为测试集。如果是和时间相关的任务，那么需要将用户的旧行为作为训练集，将用户的新行为作为测试集。Netflix通过如下方式划分数据集，首先将每个用户的评分记录按照从早到晚进行排序，然后将用户最后10%的评分记录作为测试集，前90%的评分记录作为训练集。

8.2 评分预测算法

自从Netflix Prize大赛以来，不同国家的不同研究人员提出了很多评分预测算法，而Netflix Prize的获胜队伍更是用了上百个不同的模型才取得了最终的成功。本节将从简单到复杂地介绍具有代表性的算法，并给出它们在Netflix数据集上的效果。

8.2.1 平均值

最简单的评分预测算法是利用平均值预测用户对物品的评分的。下面各节将分别介绍各种不同的平均值。

1. 全局平均值

在平均值里最简单的是全局平均值。它的定义为训练集中所有评分记录的评分平均值：

$$\mu = \frac{\sum_{(u,i)\in \text{Train}} r_{ui}}{\sum_{(u,i)\in \text{Train}} 1}$$

而最终的预测函数可以直接定义为：

$$\hat{r}_{ui} = \mu$$

2. 用户评分平均值

用户u的评分平均值 $\bar{r}_u$ 定义为用户u在训练集中所有评分的平均值：

$$\bar{r}_u = \frac{\sum_{i\in N(u)} r_{ui}}{\sum_{i\in N(u)} 1}$$

而最终的预测函数可以定义为：

$$\hat{r}_{ui} = \overline{r}_u$$

3. 物品评分平均值

物品i的评分平均值$\overline{r}_i$定义为物品i在训练集中接受的所有评分的平均值：

$$\overline{r}_i = \frac{\sum_{u \in N(i)} r_{ui}}{\sum_{u \in N(i)} 1}$$

而最终的预测函数可以定义为：

$$\hat{r}_{ui} = \overline{r}_i$$

4. 用户分类对物品分类的平均值

假设有两个分类函数，一个是用户分类函数ϕ，一个是物品分类函数φ。$\phi(u)$定义了用户u所属的类，$\varphi(i)$定义了物品i所属的类。那么，我们可以利用训练集中同类用户对同类物品评分的平均值预测用户对物品的评分，即：

$$\hat{r}_{ui} = \frac{\sum_{(v,j) \in \mathrm{Train}, \phi(u)=\phi(v), \varphi(i)=\varphi(j)} r_{vj}}{\sum_{(v,j) \in \mathrm{Train}, \phi(u)=\phi(v), \varphi(i)=\varphi(j)} 1}$$

前面提出的全局平均值，用户评分平均值和物品评分平均值都是类类平均值的一种特例。

- 如果定义$\phi(u)=0, \varphi(i)=0$，那么$\hat{r}_{ui}$就是全局平均值。
- 如果定义$\phi(u)=u, \varphi(i)=0$，那么$\hat{r}_{ui}$就是用户评分平均值。
- 如果定义$\phi(u)=0, \varphi(i)=i$，那么$\hat{r}_{ui}$就是物品评分平均值。

除了这3种特殊的平均值，在用户评分数据上还可以定义很多不同的分类函数。

- **用户和物品的平均分**　对于一个用户，可以计算他的评分平均分。然后将所有用户按照评分平均分从小到大排序，并将用户按照平均分平均分成N类。物品也可以用同样的方式分类。
- **用户活跃度和物品流行度**　对于一个用户，将他评分的物品数量定义为他的活跃度。得到用户活跃度之后，可以将用户通过活跃度从小到大排序，然后平均分为N类。物品的流行度定义为给物品评分的用户数目，物品也可以按照流行度均匀分成N类。

下面的Python代码给出了类类平均值的计算方法。

```
def PredictAll(records, user_cluster, item_cluster):
    total = dict()
    count = dict()
    for r in records:
        if r.test != 0:
            continue
        gu = user_cluster.GetGroup(r.user)
        gi = item_cluster.GetGroup(r.item)
        basic.AddToMat(total, gu, gi, r.vote)
        basic.AddToMat(count, gu, gi, 1)
    for r in records:
        gu = user_cluster.GetGroup(r.user)
        gi = item_cluster.GetGroup(r.item)
```

```
        average = total[gu][gi] / (1.0 * count[gu][gi] + 1.0)
        r.predict = average
```

在这段代码中，user_cluster.GetGroup函数接收一个用户ID，然后根据一定的算法返回用户的类别。item_cluster.GetGroup函数接收一个物品的ID，然后根据一定的算法返回物品的类别。total[gu][gi]/count[gu][gi]记录了第gu类用户给第gi类物品评分的平均分。

上文提到，user_cluster和item_cluster有很多不同的定义方式，下面的Python代码给出了不同的user_cluster和item_cluster定义方式。其中，Cluster是基类，对于任何用户和物品，它的GetGroup函数都返回0，因此如果user_cluster和item_cluster都是Cluster类型，那么最终的预测函数就是全局平均值。IdCluster的GetGroup函数接收一个ID，会返回这个ID，那么如果user_cluster是Cluster类型，而item_cluster是IdCluster类型，那么最终的预测函数给出的就是物品平均值。以此类推，表8-2展示了MovieLens数据集中利用不同平均值方法得到的RMSE，实验结果表明对用户使用UserVoteCluster，对物品采用ItemVoteCluster，可以获得最小的RMSE。

```
class Cluster:
    def __init__(self,records):
        self.group = dict()

    def GetGroup(self, i):
        return 0

class IdCluster(Cluster):
    def __init__(self, records):
        Cluster.__init__(self, records)

    def GetGroup(self, i):
        return i

class UserActivityCluster(Cluster):
    def __init__(self, records):
        Cluster.__init__(self, records)
        activity = dict()
        for r in records:
            if r.test != 0:
                continue
            basic.AddToDict(activity, r.user, 1)
        k = 0
        for user, n in sorted(activity.items(), \
                        key=itemgetter(1), reverse=False):
            c = int((k * 5) / (1.0 * len(activity)))
            self.group[user] = c
            k += 1

    def GetGroup(self, uid):
        if uid not in self.group:
            return -1
        else:
            return self.group[uid]
```

```
class ItemPopularityCluster(Cluster):
    def __init__(self, records):
        Cluster.__init__(self, records)
        popularity = dict()
        for r in records:
            if r.test != 0:
                continue
            basic.AddToDict(popularity, r.item, 1)
        k = 0
        for item, n in sorted(popularity.items(), \
                        key=itemgetter(1), reverse=False):
            c = int((k * 5) / (1.0 * len(popularity)))
            self.group[item] = c
            k += 1

    def GetGroup(self, item):
        if item not in self.group:
            return -1
        else:
            return self.group[item]

class UserVoteCluster(Cluster):
    def __init__(self, records):
        Cluster.__init__(self, records)
        vote = dict()
        count = dict()
        for r in records:
            if r.test != 0:
                continue
            basic.AddToDict(vote, r.user, r.vote)
            basic.AddToDict(count, r.user, 1)
        k = 0
        for user, v in vote.items():
            ave = v / (count[user] * 1.0)
            c = int(ave * 2)
            self.group[user] = c

    def GetGroup(self, uid):
        if uid not in self.group:
            return -1
        else:
            return self.group[uid]

class ItemVoteCluster(Cluster):
    def __init__(self, records):
        Cluster.__init__(self, records)
        vote = dict()
        count = dict()
        for r in records:
            if r.test != 0:
                continue
            basic.AddToDict(vote, r.item, r.vote)
            basic.AddToDict(count, r.item, 1)
        k = 0
```

```
        for item, v in vote.items():
            ave = v / (count[item] * 1.0)
            c = int(ave * 2)
            self.group[item] = c

    def GetGroup(self, item):
        if item not in self.group:
            return -1
        else:
            return self.group[item]
```

表8-2　MovieLens数据集上不同平均值方法的RMSE

UserGroup	ItemGroup	Train RMSE	Test RMSE
Cluster	Cluster	1.1171	1.1167
IdCluster	Cluster	1.0289	1.0351
Cluster	IdCluster	0.9754	0.9779
UserActivityCluster	Cluster	1.1100	1.1093
UserActivityCluster	IdCluster	0.9740	0.9914
Cluster	ItemPopularityCluster	1.0902	1.0891
IdCluster	ItemPopularityCluster	1.0004	1.0258
UserActivityCluster	ItemPopularityCluster	1.0860	1.0847
UserVoteCluster	Cluster	1.0370	1.0425
UserVoteCluster	IdCluster	0.9209	0.9441
Cluster	ItemVoteCluster	0.9841	0.9864
IdCluster	ItemVoteCluster	0.9055	0.9449
UserVoteCluster	ItemVoteCluster	**0.9272**	**0.9342**

8.2.2　基于邻域的方法

基于用户的邻域算法和基于物品的邻域算法都可以应用到评分预测中。基于用户的邻域算法认为预测一个用户对一个物品的评分，需要参考和这个用户兴趣相似的用户对该物品的评分，即：

$$\hat{r}_{ui} = \bar{r}_u + \frac{\sum_{v \in S(u,K) \cap N(i)} w_{uv}(r_{vi} - \bar{r}_v)}{\sum_{v \in S(u,K) \cap N(i)} |w_{uv}|}$$

这里，$S(u,K)$是和用户u兴趣最相似的K个用户的集合，$N(i)$是对物品i评过分的用户集合，r_{vi}是用户v对物品i的评分，$\bar{r}_v$是用户v对他评过分的所有物品评分的平均值。用户之间的相似度w_{uv}可以通过皮尔逊系数计算：

$$w_{uv} = \frac{\sum_{i \in I}(r_{ui} - \bar{r}_u) \cdot (r_{vi} - \bar{r}_v)}{\sqrt{\sum_{i \in I}(r_{ui} - \bar{r}_u)^2 \sum_{i \in I}(r_{vi} - \bar{r}_v)^2}}$$

下面的Python代码实现了用户相似度的计算和最终的预测函数：

```
def UserSimilarity(records):
    item_users = dict()
    ave_vote = dict()
    activity = dict()
    for r in records:
        addToMat(item_users, r.item, r.user, r.value)
        addToVec(ave_vote, r.user, r.value)
        addToVec(activity, r.user, 1)
    ave_vote = {x:y/activity[x] for x,y in ave_vote.items()}
    nu = dict()
    W = dict()
    for i,ri in item_users.items():
        for u,rui in ri.items():
            addToVec(nu, u, (rui - ave_vote[u])*(rui - ave_vote[u]))
            for v,rvi in ri.items():
                if u == v:
                    continue
                addToMat(W, u, v, \
                         (rui - ave_vote[u])*(rvi - ave_vote[v]))
    for u in W:
        W[u] = {x:y/math.sqrt(nu[x]*nu[u]) for x,y in W[u].items()}
    return W

def PredictAll(records, test, ave_vote, W, K):
    user_items = dict()
    for r in records:
        addToMat(user_items, r.user, r.item, r.value)
    for r in test:
        r.predict = 0
        norm = 0
        for v,wuv in sorted(W[r.user].items(), \
                    key=itemgetter(1), reverse=True)[0:K]:
            if r.item in user_items[v]:
                rvi = user_items[v][r.item]
                r.predict += wuv * (rvi - ave_vote[v])
                norm += abs(wuv)
        if norm > 0:
            r.predict /= norm
        r.predict += ave_vote[r.user]
```

基于物品的邻域算法在预测用户u对物品i的评分时，会参考用户u对和物品i相似的其他物品的评分，即：

$$\hat{r}_{ui} = \bar{r}_i + \frac{\sum_{j \in S(i,K) \cap N(u)} w_{ij}(r_{uj} - \bar{r}_j)}{\sum_{j \in S(i,K) \cap N(u)} |w_{ij}|}$$

这里，$S(i, K)$是和i最相似的物品集合，$N(u)$是用户u评过分的物品集合，w_{ij}是物品之间的相似度，$\bar{r}_i$是物品i的平均分。对于如何计算物品的相似度，Badrul Sarwar等在论文[①]里做了详细的

① 参见Badrul Sarwar、George Karypis、Joseph Konstan和John Riedl的“Item-based Collaborative Filtering Recommendation Algorithms”（ACM 2001 Article，2001）。

8

研究，文章比较了3种主要的相似度。

第一种是普通的余弦相似度（cosine similarity）：

$$w_{ij}=\frac{\sum_{u\in U}r_{ui}\cdot r_{uj}}{\sqrt{\sum_{u\in U}r_{ui}^2\sum_{u\in U}r_{uj}^2}}$$

第二种是皮尔逊系数（pearson correlation）：

$$w_{ij}=\frac{\sum_{u\in U}(r_{ui}-\overline{r}_i)\cdot(r_{uj}-\overline{r}_j)}{\sqrt{\sum_{u\in U}(r_{ui}-\overline{r}_i)^2\sum_{u\in U}(r_{uj}-\overline{r}_j)^2}}$$

第三种被Sarwar称为修正的余弦相似度（adjust cosine similarity）：

$$w_{ij}=\frac{\sum_{u\in U}(r_{ui}-\overline{r}_u)\cdot(r_{uj}-\overline{r}_u)}{\sqrt{\sum_{u\in U}(r_{ui}-\overline{r}_u)^2\sum_{u\in U}(r_{uj}-\overline{r}_u)^2}}$$

Sarwar利用MovieLens最小的数据集对3种相似度进行了对比①，并将MAE作为评测指标。实验结果表明利用修正后的余弦相似度进行评分预测可以获得最优的MAE。不过需要说明的是，在一个数据集上的实验并不意味着在其他数据集上也能获得相同的结果。

8.2.3　隐语义模型与矩阵分解模型

最近这几年做机器学习和数据挖掘研究的人经常会看到下面的各种名词，即隐含类别模型（Latent Class Model）、隐语义模型（Latent Factor Model）、pLSA、LDA、Topic Model、Matrix Factorization、Factorized Model。

这些名词在本质上应该是同一种思想体系的不同扩展。在推荐系统领域，提的最多的就是潜语义模型和矩阵分解模型。其实，这两个名词说的是一回事，就是如何通过降维的方法将评分矩阵补全。

用户的评分行为可以表示成一个评分矩阵R，其中$R[u][i]$就是用户u对物品i的评分。但是，用户不会对所有的物品评分，所以这个矩阵里有很多元素都是空的，这些空的元素称为缺失值（missing value）。因此，评分预测从某种意义上说就是填空，如果一个用户对一个物品没有评过分，那么推荐系统就要预测这个用户是否会对这个物品评分以及会评几分。

1. 传统的SVD分解

对于如何补全一个矩阵，历史上有过很多的研究。一个空的矩阵有很多种补全方法，而我们要找的是一种对矩阵扰动最小的补全方法。那么什么才算是对矩阵扰动最小呢？一般认为，如果补全后矩阵的特征值和补全之前矩阵的特征值相差不大，就算是扰动比较小。所以，最早的矩阵分解模型就是从数学上的SVD（奇异值分解）开始的。②给定m个用户和n个物品，和用户对物品

---

① 参见Badrul Sarwar、George Karypis、Joseph Konstan和John Riedl的“Item-based Collaborative Filtering Recommendation Algorithms”（ACM 2001 Article，2001）。

② 参见Daniel Billsus和Michael J. Pazzani的“Learning Collaborative Information Filters”（1998）。

的评分矩阵 $R \in \mathbb{R}^{m \times n}$ 。首先需要对评分矩阵中的缺失值进行简单地补全，比如用全局平均值，或者用户/物品平均值补全，得到补全后的矩阵R'。接着，可以用SVD分解将R'分解成如下形式：

$$R' = U^T SV$$

其中$U \in \mathbb{R}^{k \times m}$ ，$V \in \mathbb{R}^{k \times n}$ 是两个正交矩阵，$S \in \mathbb{R}^{k \times k}$ 是对角阵，对角线上的每一个元素都是矩阵的奇异值。为了对R'进行降维，可以取最大的f个奇异值组成对角矩阵S_f，并且找到这f个奇异值中每个值在U、V矩阵中对应的行和列，得到U_f、V_f，从而可以得到一个降维后的评分矩阵：

$$R'_f = U_f^T S_f V_f$$

其中，$R'_f(u,i)$ 就是用户u对物品i评分的预测值。

SVD分解是早期推荐系统研究常用的矩阵分解方法，不过该方法具有以下缺点，因此很难在实际系统中应用。

- 该方法首先需要用一个简单的方法补全稀疏评分矩阵。一般来说，推荐系统中的评分矩阵是非常稀疏的，一般都有95%以上的元素是缺失的。而一旦补全，评分矩阵就会变成一个稠密矩阵，从而使评分矩阵的存储需要非常大的空间，这种空间的需求在实际系统中是不可能接受的。
- 该方法依赖的SVD分解方法的计算复杂度很高，特别是在稠密的大规模矩阵上更是非常慢。一般来说，这里的SVD分解用于1000维以上的矩阵就已经非常慢了，而实际系统动辄是上千万的用户和几百万的物品，所以这一方法无法使用。如果仔细研究关于这一方法的论文可以发现，实验都是在几百个用户、几百个物品的数据集上进行的。

2. Simon Funk的SVD分解

正是由于上面的两个缺点，SVD分解算法提出几年后在推荐系统领域都没有得到广泛的关注。直到2006年Netflix Prize开始后，Simon Funk在博客上公布了一个算法[①]（称为Funk-SVD），一下子引爆了学术界对矩阵分解类方法的关注。而且，Simon Funk的博客也成为了很多学术论文经常引用的对象。Simon Funk提出的矩阵分解方法后来被Netflix Prize的冠军Koren称为Latent Factor Model（简称为LFM）。

第2章曾经简单介绍过LFM在TopN推荐中的应用，因此这里我们不再详细介绍这一方法背后的思想。从矩阵分解的角度说，如果我们将评分矩阵R分解为两个低维矩阵相乘：

$$\hat{R} = P^T Q$$

其中 $P \in \mathbb{R}^{f \times m}$ 和 $Q \in \mathbb{R}^{f \times n}$ 是两个降维后的矩阵。那么，对于用户u对物品i的评分的预测值 $\hat{R}(u,i) = \hat{r}_{ui}$ ，可以通过如下公式计算：

$$\hat{r}_{ui} = \sum_f p_{uf} q_{if}$$

其中 $p_{uf} = P(u,f)$ ，$q_{if} = Q(i,f)$ 。那么，Simon Funk的思想很简单：可以直接通过训练集中的观察值利用最小化RMSE学习P、Q矩阵。

① 参见Simon Funk的博客，文章地址为http://sifter.org/~simon/journal/20061211.html。

Simon Funk认为，既然我们用RMSE作为评测指标，那么如果能找到合适的P、Q来最小化训练集的预测误差，那么应该也能最小化测试集的预测误差。因此，Simon Funk定义损失函数为：

$$C(p,q)=\sum_{(u,i)\in \text{Train}}(r_{ui}-\hat{r}_{ui})^2=\sum_{(u,i)\in \text{Train}}\left(r_{ui}-\sum_{f=1}^{F}p_{uf}q_{if}\right)^2$$

直接优化上面的损失函数可能会导致学习的过拟合，因此还需要加入防止过拟合项$\lambda(\|p_u\|^2+\|q_i\|^2)$，其中$\lambda$是正则化参数，从而得到：

$$C(p,q)=\sum_{(u,i)\in \text{Train}}\left(r_{ui}-\sum_{f=1}^{F}p_{uf}q_{if}\right)^2+\lambda\left(\|p_u\|^2+\|q_i\|^2\right)$$

要最小化上面的损失函数，我们可以利用随机梯度下降法[①]。该算法是最优化理论里最基础的优化算法，它首先通过求参数的偏导数找到最速下降方向，然后通过迭代法不断地优化参数。下面我们将介绍优化方法的数学推导。

上面定义的损失函数里有两组参数（p_{uf}和q_{if}），最速下降法需要首先对它们分别求偏导数，可以得到：

$$\frac{\partial C}{\partial p_{uf}}=-2q_{if}\cdot e_{ui}+2\lambda p_{uf}$$

$$\frac{\partial C}{\partial p_{if}}=-2p_{uf}\cdot e_{ui}+2\lambda q_{if}$$

然后，根据随机梯度下降法，需要将参数沿着最速下降方向向前推进，因此可以得到如下递推公式：

$$p_{uf}=p_{uf}+\alpha(q_{if}\cdot e_{ui}-\lambda p_{uf})$$

$$q_{if}=q_{if}+\alpha(p_{uf}\cdot e_{ui}-\lambda q_{if})$$

其中，α是学习速率（learning rate），它的取值需要通过反复实验获得。

下面的代码实现了学习LFM模型时的迭代过程。在LearningLFM函数中，输入train是训练集中的用户评分记录，F是隐类的格式，n是迭代次数。

```
def LearningLFM(train, F, n, alpha, lambda):
    [p,q] = InitLFM(train, F)
    for step in range(0, n):
        for u,i,rui in train.items():
            pui = Predict(u, i, p, q)
            eui = rui - pui
            for f in range(0,F):
                p[u][k] += alpha * (q[i][k] * eui - lambda * p[u][k])
                q[i][k] += alpha * (p[u][k] * eui - lambda * q[i][k])
        alpha *= 0.9
    return list(p, q)
```

如上面的代码所示，LearningLFM主要包括两步。首先，需要对P、Q矩阵进行初始化，然

① 参见http://en.wikipedia.org/wiki/Stochastic_gradient_descent。

后需要通过随机梯度下降法的迭代得到最终的P、Q矩阵。在迭代时，需要在每一步对学习参数α进行衰减(alpha *= 0.9)，这是随机梯度下降法算法要求的，其目的是使算法尽快收敛。如果形象一点说就是，如果需要在一个区域找到极值，一开始可能需要大范围搜索，但随着搜索的进行，搜索范围会逐渐缩小。

初始化P、Q矩阵的方法很多，一般都是将这两个矩阵用随机数填充，但随机数的大小还是有讲究的，根据经验，随机数需要和1/sqrt(F)成正比。下面的代码实现了初始化功能。

```
def InitLFM(train, F):
    p = dict()
    q = dict()
    for u, i, rui in train.items():
        if u not in p:
            p[u] = [random.random()/math.sqrt(F) \
                    for x in range(0,F)]
        if i not in q:
            q[i] = [random.random()/math.sqrt(F) \
                    for x in range(0,F)]
    return list(p, q)
```

而预测用户u对物品i的评分可以通过如下代码实现：

```
def Predict(u, i, p, q):
    return sum(p[u][f] * q[i][f] for f in range(0,len(p[u]))
```

LFM提出之后获得了很大的成功，后来很多著名的模型都是通过对LFM修修补补获得的，下面的各节将分别介绍一下改进LFM的各种方法。这些改进有些是对模型的改进，有些是将新的数据引入到模型当中。

3. 加入偏置项后的LFM

再次回顾一下上一节提出的LFM预测公式：

$$\hat{r}_{ui} = \sum_f p_{uf} q_{if}$$

这个预测公式通过隐类将用户和物品联系在了一起。但是，实际情况下，一个评分系统有些固有属性和用户物品无关，而用户也有些属性和物品无关，物品也有些属性和用户无关。因此，Netflix Prize中提出了另一种LFM，其预测公式如下：

$$\hat{r}_{ui} = \mu + b_u + b_i + p_u^T \cdot q_i$$

这个预测公式中加入了3项μ、b_u、b_i。本章将这个模型称为BiasSVD。这个模型中新增加的三项的作用如下。

- **μ** 训练集中所有记录的评分的全局平均数。在不同网站中，因为网站定位和销售的物品不同，网站的整体评分分布也会显示出一些差异。比如有些网站中的用户就是喜欢打高分，而另一些网站的用户就是喜欢打低分。而全局平均数可以表示网站本身对用户评分的影响。
- **b_u** 用户偏置（user bias）项。这一项表示了用户的评分习惯中和物品没有关系的那种因素。比如有些用户就是比较苛刻，对什么东西要求都很高，那么他的评分就会偏低，而有些用户比较宽容，对什么东西都觉得不错，那么他的评分就会偏高。

- b_i 物品偏置（item bias）项。这一项表示了物品接受的评分中和用户没有什么关系的因素。比如有些物品本身质量就很高，因此获得的评分相对都比较高，而有些物品本身质量很差，因此获得的评分相对都会比较低。

增加的3个参数中，只有 b_u 、 b_i 是要通过机器学习训练出来的。同样可以求导，然后用梯度下降法求解这两个参数，我们对`LearningLFM`稍做修改，就可以支持BiasLFM模型：

```
def LearningBiasLFM(train, F, n, alpha, lambda, mu):
    [bu, bi, p,q] = InitBiasLFM(train, F)
    for step in range(0, n):
        for u,i,rui in train.items():
            pui = Predict(u, i, p, q, bu, bi, mu)
            eui = rui - pui
            bu[u] += alpha * (eui - lambda * bu[u])
            bi[i] += alpha * (eui - lambda * bi[i])
            for f in range(0,F):
                p[u][k] += alpha * (q[i][k] * eui - lambda * p[u][k])
                q[i][k] += alpha * (p[u][k] * eui - lambda * q[i][k])
        alpha *= 0.9
    return list(bu, bi, p, q)
```

而 b_u 、 b_i 在一开始只要初始化成全0的向量。

```
def InitBiasLFM(train, F):
    p = dict()
    q = dict()
    bu = dict()
    bi = dict()
    for u, i, rui in train.items():
        bu[u] = 0
        bi[i] = 0
        if u not in p:
            p[u] = [random.random()/math.sqrt(F) for x in range(0,F)]
        if i not in q:
            q[i] = [random.random()/math.sqrt(F) for x in range(0,F)] return
list(p, q)

def Predict(u, i, p, q, bu, bi, mu):
    ret = mu + bu[u] + bi[i]
    ret += sum(p[u][f] * q[i][f] for f in range(0,len(p[u]))
    return ret
```

4. 考虑邻域影响的LFM

前面的LFM模型中并没有显式地考虑用户的历史行为对用户评分预测的影响。为此，Koren在Netflix Prize比赛中提出了一个模型①，将用户历史评分的物品加入到了LFM模型中，Koren将该模型称为SVD++。

在介绍SVD++之前，我们首先讨论一下如何将基于邻域的方法也像LFM那样设计成一个可

① 参见Yehuda Koren的“Factor in the Neighbors: Scalable and Accurate Collaborative Filtering”（ACM 2010 Article，2010）。

以学习的模型。其实很简单，我们可以将ItemCF的预测算法改成如下方式：

$$\hat{r}_{ui} = \frac{1}{\sqrt{|N(u)|}} \sum_{j \in N(u)} w_{ij}$$

这里，w_{ij} 不再是根据ItemCF算法计算出的物品相似度矩阵，而是一个和P、Q一样的参数，它可以通过优化如下的损失函数进行优化：

$$C(w) = \sum_{(u,i) \in \text{Train}} \left(r_{ui} - \sum_{j \in N(u)} w_{ij} r_{uj} \right)^2 + \lambda w_{ij}^2$$

不过，这个模型有一个缺点，就是w将是一个比较稠密的矩阵，存储它需要比较大的空间。此外，如果有n个物品，那么该模型的参数个数就是n^2个，这个参数个数比较大，容易造成结果的过拟合。因此，Koren提出应该对w矩阵也进行分解，将参数个数降低到$2*n*F$个，模型如下：

$$\hat{r}_{ui} = \frac{1}{\sqrt{|N(u)|}} \sum_{j \in N(u)} x_i^T y_j = \frac{1}{\sqrt{|N(u)|}} x_i^T \sum_{j \in N(u)} y_j$$

这里，x_i、y_j 是两个F维的向量。由此可见，该模型用 $x_i^T y_j$ 代替了 w_{ij}，从而大大降低了参数的数量和存储空间。

再进一步，我们可以将前面的LFM和上面的模型相加，从而得到如下模型：

$$\hat{r}_{ui} = \mu + b_u + b_i + p_u^T \cdot q_i + \frac{1}{\sqrt{|N(u)|}} x_i^T \sum_{j \in N(u)} y_j$$

Koren又提出，为了不增加太多参数造成过拟合，可以令$x = q$，从而得到最终的SVD++模型：

$$\hat{r}_{ui} = \mu + b_u + b_i + q_i^T \cdot (p_u + \frac{1}{\sqrt{|N(u)|}} \sum_{j \in N(u)} y_j)$$

通过将损失函数对各个参数求偏导数，我们也可以轻松推导出迭代公式。这里，我们给出了SVD++模型训练的实现代码，如下所示。

```
def LearningBiasLFM(train_ui, F, n, alpha, lambda, mu):
    [bu, bi, p, q, y] = InitLFM(train, F)
    z = dict()
    for step in range(0, n):
        for u,items in train_ui.items():
            z[u] = p[u]
            ru = 1 / math.sqrt(1.0 * len(items))
            for i,rui in items items():
                for f in range(0,F):
                    z[u][f] += y[i][f] * ru
            sum = [0 for i in range(0,F)]
            for i,rui in items items():
                pui = Predict()
                eui = rui - pui
                bu[u] += alpha * (eui - lambda * bu[u])
                bi[i] += alpha * (eui - lambda * bi[i])
                for f in range(0,F):
                    sum[f] += q[i][f] * eui * ru
                    p[u][f] += alpha * (q[i][f] * eui \
```

8

```
                    - lambda * p[u][f])
              q[i][f] += alpha * ((z[u][f] + p[u][f]) * eui \
                    - lambda * q[i][f])
        for i,rui in items items():
            for f in range(0,F):
                y[i][f] += alpha * (sum[f] - lambda * y[i][f])
    alpha *= 0.9
return list(bu, bi, p, q)
```

8.2.4　加入时间信息

无论是MovieLens数据集还是Netflix Prize数据集都包含时间信息，对于用户每次的评分行为，都给出了行为发生的时间。因此，在Netflix Prize比赛期间，很多研究人员提出了利用时间信息降低预测误差的方法。

利用时间信息的方法也主要分成两种，一种是将时间信息应用到基于邻域的模型中，另一种是将时间信息应用到矩阵分解模型中。下面将分别介绍这两种算法。

1. 基于邻域的模型融合时间信息

因为Netflix Prize数据集中用户数目太大，所以基于用户的邻域模型很少被使用，主要是因为存储用户相似度矩阵非常困难。因此，本节主要讨论如何将时间信息融合到基于物品的邻域模型中。

Netflix Prize的参赛队伍BigChaos在技术报告中提到了一种融入时间信息的基于邻域的模型，本节将这个模型称为TItemCF。该算法通过如下公式预测用户在某一个时刻会给物品什么评分：

$$\hat{r}_{uit} = \frac{\sum_{j \in N(u) \cap S(i,K)} f(w_{ij}, \Delta t) r_{uj}}{\sum_{j \in N(u) \cap S(i,K)} f(w_{ij}, \Delta t)}$$

这里，$\Delta t = t_{ui} - t_{uj}$ 是用户u对物品i和物品j评分的时间差，w_{ij} 是物品i和j的相似度，$f(w_{ij}, \Delta t)$ 是一个考虑了时间衰减后的相似度函数，它的主要目的是提高用户最近的评分行为对推荐结果的影响，BigChaos在模型中采用了如下的 f ：

$$f(w_{ij}, \Delta t) = \sigma(\delta \cdot w_{ij} \cdot \exp\left(\frac{-|\Delta t|}{\beta}\right) + \gamma)$$

$$\sigma(x) = \frac{1}{1 + \exp(-x)}$$

这里，$\sigma(x)$ 是sigmoid函数，它的目的是将相似度压缩到（0，1）区间中。从上面的定义可以发现，随着 Δt 增加，$f(w_{ij}, \Delta t)$ 会越来越小，也就是说用户很久之前的行为对预测用户当前评分的影响越来越小。

2. 基于矩阵分解的模型融合时间信息

在引入时间信息后，用户评分矩阵不再是一个二维矩阵，而是变成了一个三维矩阵。不过，我们可以仿照分解二维矩阵的方式对三维矩阵进行分解[①]。回顾一下前面的BiasSVD模型：

$$\hat{r}_{ui}=\mu+b_u+b_i+p_u^T\cdot q_i$$

这里，μ 可以看做对二维矩阵的零维分解，b_u、b_i 可以看做对二维矩阵的一维分解，而 $p_u^T\cdot q_i$ 可以看做对二维矩阵的二维分解。仿照这种分解，我们可以将用户–物品–时间三维矩阵如下分解：

$$\hat{r}_{uit}=\mu+b_u+b_i+b_t+p_u^T\cdot q_i+x_u^T\cdot y_t+s_i^T z_t+\sum_f g_{u,f}h_{i,f}l_{t,f}$$

这里 b_t 建模了系统整体平均分随时间变化的效应，$x_u^T\cdot y_t$ 建模了用户平均分随时间变化的效应，$s_i^T z_t$ 建模了物品平均分随时间变化的效应，而 $\sum_f g_{u,f}h_{i,f}l_{t,f}$ 建模了用户兴趣随时间影响的效应。这个模型也可以很容易地利用前面提出的随机梯度下降法进行训练。本章将这个模型记为TSVD。

Koren在SVD++模型的基础上也引入了时间效应[②]，回顾一下SVD++模型：

$$\hat{r}_{ui}=\mu+b_u+b_i+q_i^T\cdot(p_u+\frac{1}{\sqrt{|N(u)|}}\sum_{j\in N(u)}y_j)$$

我们可以对这个模型做如下改进以融合时间信息：

$$\hat{r}_{uit}=\mu+b_u(t)+b_i(t)+q_i^T\cdot(p_u(t)+\frac{1}{\sqrt{|N(u)|}}\sum_{j\in N(u)}y_j)$$

$$b_u(t)=b_u+\alpha_u\cdot \text{dev}_u(t)+b_{ut}+b_{u,\text{period}(t)}$$

$$\text{dev}_u(t)=\text{sign}(t-t_u)\cdot|t-t_u|^\beta$$

$$b_i(t)=b_i+b_{it}+b_{i,\text{period}(t)}$$

$$p_{uf}(t)=p_{uf}+p_{utf}$$

这里，t_u 是用户所有评分的平均时间。period(t) 考虑了季节效应，可以定义为时刻t所在的月份。该模型同样可以通过随机梯度下降法进行优化。

8.2.5 模型融合

Netflix Prize的最终获胜队伍通过融合上百个模型的结果才取得了最终的成功。由此可见模型融合对提高评分预测的精度至关重要。本节讨论模型融合的两种不同技术。

1. 模型级联融合

假设已经有一个预测器 $\hat{r}^{(k)}$，对于每个用户–物品对(u, i)都给出预测值，那么可以在这个预测器的基础上设计下一个预测器 $\hat{r}^{(k+1)}$ 来最小化损失函数：

$$C=\sum_{(u,i)\in \text{Train}}\left(r_{ui}-\hat{r}_{ui}^{(k)}-\hat{r}_{ui}^{(k+1)}\right)^2$$

由上面的描述可以发现，级联融合很像Adaboost算法。和Adaboost算法类似，该方法每次产

8

① 参见Liang Xiang和Qing Yang的“Time-Dependent Models in Collaborative Filtering Based Recommender System”，WI-IAT 09。

② 参见Yehuda Koren的“Collaborative Filtering with temporal dynamics”（ACM 2009 Article，2009）。

生一个新模型，按照一定的参数加到旧模型上去，从而使训练集误差最小化。不同的是，这里每次生成新模型时并不对样本集采样，针对那些预测错的样本，而是每次都还是利用全样本集进行预测，但每次使用的模型都有区别。

一般来说，级联融合的方法都用于简单的预测器，比如前面提到的平均值预测器。下面的Python代码实现了利用平均值预测器进行级联融合的方法。

```
def Predict(train, test, alpha):
    total = dict()
    count = dict()
    for record in train:
        gu = GetUserGroup(record.user)
        gi = GetItemGroup(record.item)
        AddToMat(total, gu, gi, record.vote - record.predict)
        AddToMat(count, gu, gi, 1)
    for record in test:
        gu = GetUserGroup(record.user)
        gi = GetUserGroup(record.item)
        average = total[gu][gi] / (1.0 * count[gu][gi] + alpha)
        record.predict += average
```

表8-3展示了MovieLens数据集上对平均值方法采用级联融合后的RMSE。如果和表8-2的结果对比就可以发现，采用级联融合后，测试集的RMSE从0.9342下降到了0.9202。由此可见，即使是利用简单的算法进行级联融合，也能得到比较低的评分预测误差。

表8-3　MovieLens数据集中对平均值方法采用级联融合后的效果

UserGroup	ItemGroup	Train RMSE	Test RMSE
Cluster	Cluster	1.1171	1.1167
IdCluster	Cluster	1.0282	1.0344
Cluster	IdCluster	0.9186	0.9274
UserActivityCluster	Cluster	0.9165	0.9254
Cluster	ItemPopularityCluster	0.9164	0.9253
UserVoteCluster	Cluster	0.9142	0.9222
Cluster	ItemVoteCluster	0.9140	0.9221
UserVoteCluster	ItemVoteCluster	0.9123	0.9205
UserActivityCluster	ItemPopularityCluster	0.9121	0.9202

2. 模型加权融合

假设我们有K个不同的预测器$\{\hat{r}^{(1)}, \hat{r}^{(2)}, \cdots, \hat{r}^{(K)}\}$，本节主要讨论如何将它们融合起来获得最低的预测误差。

最简单的融合算法就是线性融合，即最终的预测器$\hat{r}$是这K个预测器的线性加权：

$$\hat{r} = \sum_{k=1}^{K} \alpha_k \hat{r}^{(k)}$$

一般来说，评分预测问题的解决需要在训练集上训练K个不同的预测器，然后在测试集上作出预测。但是，如果我们继续在训练集上融合K个预测器，得到线性加权系数，就会造成过拟合的问题。因此，在模型融合时一般采用如下方法。

- 假设数据集已经被分为了训练集A和测试集B，那么首先需要将训练集A按照相同的分割方法分为$A1$和$A2$，其中$A2$的生成方法和B的生成方法一致，且大小相似。
- 在$A1$上训练K个不同的预测器，在$A2$上作出预测。因为我们知道$A2$上的真实评分值，所以可以在$A2$上利用最小二乘法①计算出线性融合系数α_k。
- 在A上训练K个不同的预测器，在B上作出预测，并且将这K个预测器在B上的预测结果按照已经得到的线性融合系数加权融合，以得到最终的预测结果。

除了线性融合，还有很多复杂的融合方法，比如利用人工神经网络的融合算法。其实，模型融合问题就是一个典型的回归问题，因此所有的回归算法都可以用于模型融合。

8.2.6 Netflix Prize 的相关实验结果

Netflix Prize比赛的 3 年时间里，很多研究人员在同一个数据集上重复实验了前面几节提到的各种算法。因此，本章我们引用他们的实验结果对比各个算法的性能。Netflix Prize采用RMSE评测预测准确度，因此本节的评测指标也是RMSE，具体见表8-4。

表8-4 Netflix Prize上著名算法的RMSE

方 法	参 数	RMSE
Global Average		1.1296
Item Average		1.0526
ItemCF	$K=25$	0.9496
RSVD	$F=96$	0.9094②
Bias-RSVD	$F=96$	0.9039③
SVD++	$F=50$	0.8952④
TimeSVD++	$F=50$	0.8824⑤

① 可以参考维基百科对最小二乘法的介绍，地址为http://zh.wikipedia.org/wiki/%E6%9C%80%E5%B0%8F%E4%BA%8C %E4%B9%98%E6%B3%95。

② 参见Arkadiusz Paterek的“Improving regularized singular value decomposition for collaborative filtering”（ACM International Conference on Knowledge Discovery and Data Mining，2007，39-42。

③ 同上。

④ 参见Yehuda Koren的“Factorization Meets the Neighborhood: a Multifaceted Collaborative Filtering Model”（ACM SIGKDD international conference on Knowledge discovery and data mining，2008，426-434。

⑤ 参见Yehuda Koren的“Collaborative Filtering with Temporal Dynamics”（ACM 2009 Article，2009）。

后　　记

本书着重介绍了推荐系统的各种算法设计和系统设计的方法，并且利用一些公开的数据集离线评测了各种算法。对于无法通过离线评测知道算法性能的情况，本书引用了很多著名的用户调查实验来比较不同的算法。

首先需要申明，本书的很多离线实验都是在一两个数据集上完成的，所以本书得到的所有结论都不是定论，可能换一个数据集就会得到完全相反的结论。这主要是因为不同网站中的用户行为有很大的差异，所以推荐系统很难有放之四海而皆准的结论。因此本书非常鼓励读者在自己的数据集上重复本书的实验，再得到适合自己具体情况的结论。这也是本书书名中“实践”一词希望达到的效果。

最后，我想引用2009年ACM推荐系统大会上Strand研究人员做的一个报告“推荐系统十堂课”，在这个报告中Strand的研究人员总结了他们设计推荐系统的经验，提出了10条在设计推荐系统中学习到的经验和教训。

(1) 确定你真的需要推荐系统。推荐系统只有在用户遇到信息过载时才必要。如果你的网站物品不太多，或者用户兴趣都比较单一，那么也许并不需要推荐系统。所以不要纠结于推荐系统这个词，不要为了做推荐系统而做推荐系统，而是应该从用户的角度出发，设计出能够真正帮助用户发现内容的系统，无论这个系统算法是否复杂，只要能够真正帮助用户，就是一个好的系统。

(2) 确定商业目标和用户满意度之间的关系。对用户好的推荐系统不代表商业上有用的推荐系统，因此要首先确定用户满意的推荐系统和商业上需求的差距。一般来说，有些时候用户满意和商业需求并不吻合。但是一般情况下，用户满意度总是符合企业的长期利益，因此这一条的主要观点是要平衡企业的长期利益和短期利益之间的关系。

(3) 选择合适的开发人员。一般来说，如果是一家大公司，应该雇用自己的开发人员来专门进行推荐系统的开发。

(4) 忘记冷启动的问题。不断地创新，互联网上有任何你想要的数据。只要用户喜欢你的产品，他们就会不断贡献新的数据。

(5) 平衡数据和算法之间的关系。使用正确的用户数据对推荐系统至关重要。对用户行为数据的深刻理解是设计好推荐系统的必要条件，因此分析数据是设计系统中最重要的部分。数据分析决定了如何设计模型，而算法只是决定了最终如何优化模型。

(6) 找到相关的物品很容易，但是何时以何种方式将它们展现给用户是很困难的。不要为了推荐而推荐。

(7) 不要浪费时间计算相似兴趣的用户，可以直接利用社会网络数据。

(8) 需要不断地提升算法的扩展性。

(9) 选择合适的用户反馈方式。

(10) 设计合理的评测系统，时刻关注推荐系统各方面的性能。